Kartographie

I

Kartenaufnahme, Netzentwürfe, Gestaltungsmerkmale, topographische Karten

von

Günter Hake

Fünfte, neubearbeitete Auflage

Mit 132 Abbildungen und 8 Anlagen

W DE G

1975

Walter de Gruyter · Berlin · New York

SAMMLUNG GÖSCHEN 9030

Dr.-Ing. *Günter Hake*

o. Professor für Topographie und Kartographie an der Technischen Universität Hannover

Die Gesamtdarstellung umfaßt folgende Bände:

Band I: Einführung, geodätische Grundlagen und topographische Vermessungen, Kartennetzentwürfe, Merkmale und Mittel kartographischer Gestaltung, topographische Karten

Band II: Thematische Karten, Atlanten, kartenverwandte Darstellungen, Kartentechnik, Kartenauswertung, Überblick zur Geschichte der Kartographie

ISBN 3 11 005769 7

Vorbemerkung

Verfasser der 1. bis 3. Auflage (1962—1968) des Bandes ,,Kartographie" war Prof. Dr. *Viktor Heißler*. Nach seinem Tode 1966 bearbeitete Prof. Dr. *Günter Hake* die 4. Auflage als ,,Kartographie I" neu (1970) und schuf durch stoffliche Erweiterung einen zusätzlichen Band ,,Kartographie II" (1970). Die 5. Auflage des Bandes I liegt nunmehr in völlig neuer Bearbeitung vor.

Die Göschen-Bände ,,Kartographie I und II" sind nach der stofflichen Entwicklung, nach Form und Schwierigkeitsgrad so angelegt, daß sie sich möglichst vielseitig verwenden lassen. In erster Linie dienen sie als einführende und begleitende Fachliteratur für Hochschulstudenten der Fachrichtungen Vermessungswesen, Kartographie und Geographie, aber auch der übrigen geowissenschaftlichen Bereiche und der raumbezogenen Planung. Daneben eignen sie sich zum Selbststudium und zur beruflichen Fortbildung für alle diejenigen, die mit der kartographischen Wiedergabe räumlicher Bezüge zu tun haben. Schließlich vermitteln und erleichtern sie den Einstieg in das weiterführende und vertiefende Fachstudium.

Die Anlagen zu diesem Band wurden freundlicherweise von folgenden Stellen zur Verfügung gestellt:

Anlagen 1—5:	Landesvermessungsamt Rheinland-Pfalz, Koblenz
Anlagen 6—7:	Institut für Angewandte Geodäsie, Frankfurt am Main
Anlage 8:	Karl Wenschow GmbH, München

Verfasser und Verlag danken diesen Stellen für ihre großzügige Unterstützung, durch die sie den vorliegenden Göschen-Band ,,Kartographie I" in wertvollster Weise bereichert haben.

Inhalt

Seite

1. Einführung

1.1 Begriff und Aufgabe der Kartographie

1. *Begriffliches.* Zum Begriff „Kartographie" gibt es zahlreiche Definitionen, in denen das Bemühen um Wesen, Inhalt und Umfang dieses Stoffgebietes zum Ausdruck kommt. Versucht man, eine möglichst kurze und doch allgemeine Aussage zu gewinnen, so kann man die Kartographie bezeichnen als *Wissenschaft und Technik der Darstellung räumlicher Beziehungen durch ein System graphischer Zeichen einschließlich der Lehre vom Gebrauch solcher Darstellungen.*

Die Gesamtheit der verschiedenartigen kartographischen Darstellungsmöglichkeiten bezeichnet man auch als *kartographische Ausdrucksformen.* Unter diesen ist die *Karte* am bedeutendsten; die übrigen Ausdrucksformen (z. B. Luftbild, Panorama, Globus) gelten als *kartenverwandte Darstellungen.*

Das mehrsprachige Wörterbuch der Internationalen Kartographischen Vereinigung [53], das rund 1200 kartographische Begriffe erläutert, beschreibt die Kartographie als „Wissenschaft, Technik und Kunst der Herstellung von Karten und kartenverwandten Darstellungen, ausgehend von unmittelbaren Beobachtungen und/oder der Auswertung von Quellen, mit den Arbeitsvorgängen des Kartenentwerfens, der Kartengestaltung, der Ausführung des Kartenoriginals und der Kartenvervielfältigung, sowie der Lehre der Kartenbenutzung". Dieser Begriffserläuterung schließt sich auch das Fachwörterbuch „Benennungen und Definitionen im deutschen Vermessungswesen" [52] an.

Voraussetzung jeder kartographischen Darstellung ist ein sachgerechtes *Erfassen* der Gegenstände, deren *Wiedergabe* beabsichtigt ist. Soweit es sich bei den Erfassungsvorgängen um topographische Vermessungen und deren geodätische Grundlagen handelt, werden sie im Kapitel 2 besprochen, während die thematischen Aufnahmen zu anderen Fachgebieten im Band II, Kap. 1 zur Sprache kommen.

Das Kartennetz bildet das notwendige geometrische Gerüst für die Wiedergabe der erfaßten Objekte; die Möglichkeiten und Verfahren zu seinem Entwurf behandelt das Kapitel 3. Den für jede Wiedergabe gültigen *allgemeinen* kartographischen Gestaltungsmerkmalen widmet sich das Kapitel 4. Im Anschluß daran werden die *speziellen* Gestaltungsmerkmale topographischer Karten (5.) und im Band II die der thematischen Karten (II, 1.), der Atlanten (II, 2.) und der kartenverwandten Darstellungen (II, 3.) näher behandelt. Der Band II befaßt sich ferner mit der Technik der Herstellung und Vervielfältigung der Karten (II, 4.) sowie mit ihrem Gebrauch (II, 5.). Er schließt mit einem kurzen geschichtlichen Abriß (II, 6.).

2. *Aufgabe der Kartographie.* Nach den begrifflichen Erläuterungen kann man jede kartographische Ausdrucksform als ein Medium auffassen, das Informationen über räumliche Zusammenhänge vermittelt. Es ist die Aufgabe der Kartographie, in einem solchen Medium die kartographischen Gestaltungsmittel jeweils so anzuwenden, daß sich bei den Informanden eine möglichst zutreffende Vorstellung oder Erkenntnis von der gewesenen, gegenwärtigen oder geplanten Wirklichkeit einstellt.

Diese Aufgabe ist nicht einmalig oder zeitlich begrenzt. Vielmehr erfordern die sich ständig verändernde Wirklichkeit und die immer wieder neu gewonnenen Aspekte in der Erfassung und Gestaltung der Umwelt auch fortgesetzt die Herstellung neuer sowie die Anpassung vorhandener kartographischer Ausdrucksformen. Die *Kartographie als angewandte Wissenschaft* entwickelt und verbessert dazu ständig eine möglichst vielseitige Methodenlehre einschließlich der technischen Systeme zu ihrer Realisierung, und sie bedient sich dabei der Erkenntnisse und Entwicklungen anderer Disziplinen (z. B. Photogrammetrie, Automation). Auf diesem Wege versucht sie, den weiterhin wachsenden und vielseitigen Anforderungen der Praxis rechtzeitig und in möglichst wirtschaftlicher Weise zu genügen. Wie lückenhaft diese Anforderungen bisher erst erfüllt sind, geht aus dem in Abb. 1 dargestellten Stand der Erschließung der Erde durch topographische Karten hervor. Weitere Einzelheiten dazu enthält ein Bericht der Vereinten Nationen [81].

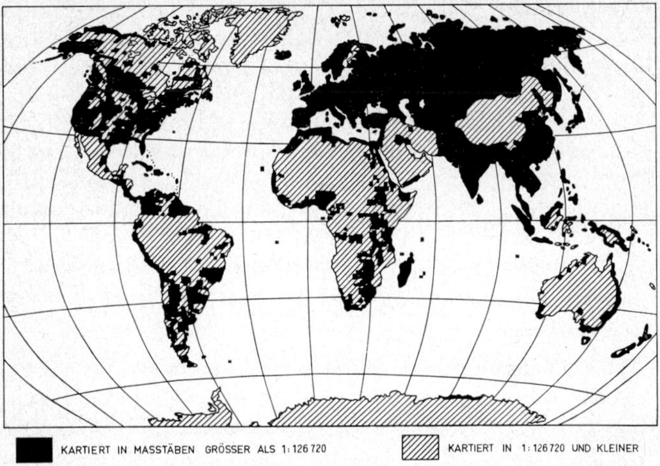

Abb. 1 Kartographische Erschließung der Erde (Nach Bertelsmann Hausatlas 1960 und „World Cartography", Band X, 1970 [81])

1.2 Entwicklung, Stellung und Einteilung der Kartographie

Kartographische Ausdrucksformen gibt es schon seit langer Zeit. Dennoch hat sich die Kartographie erst relativ spät aus einem Hilfsmittel zur Erforschung der Erde, zur Abgrenzung privaten Besitzes und politischer Zuständigkeit, des Verkehrs und militärischer Operationen zu einem eigenständigen Wissenszweig entfaltet. Auf diesem langen Wege war sie gekennzeichnet durch rein empirisch-handwerkliche Techniken der Zeichnung und Vervielfältigung einerseits und graphisch-künstlerische Gestaltung andererseits. Erst mit Beginn einer exakteren Geländedarstellung gegen Ende des 18. Jahrhunderts treten wissenschaftliche Methodenlehren auf, deren weitere Entwicklung bis in die heutige Zeit reicht.

Die *Stellung* der Kartographie ist bei aller Eigenständigkeit der Theorie von der Gestaltung und dem Gebrauch kartographischer Ausdrucksformen gekennzeichnet durch eine enge Verknüpfung mit verschiedenartigen Wissenschaften und Berufsfeldern. Zu den mit ihr verbundenen *Wissen-*

schaften zählen vor allem die Geowissenschaften (Geodäsie [132], Geographie, Geologie, Geophysik), die Raumforschung, die Kommunikationstheorie, die Informatik und die Didaktik. Als benachbarte *Berufsfelder* kommen in Betracht: Das Vermessungswesen (einschließlich Topographie und Photogrammetrie), die raumbezogene Planung, die elektronische Datenverarbeitung, das graphische Gewerbe sowie das Unterrichts- und das Verlagswesen. Darüber hinaus bestehen Verbindungen zu allen Fachgebieten, deren Thematik sich zur Anwendung kartographischer Ausdrucksformen eignet.

Eine *Einteilung* der Kartographie ist nach verschiedenen Gesichtspunkten möglich:

1. Die Gliederung nach *Stoffgebieten* führt zunächst zu der vielfach üblichen Zweiteilung in theoretische und praktische Kartographie. Die *theoretische* Kartographie umfaßt a) Kartennetzentwürfe, b) Grundlagen, Quellen und Methoden der Kartengestaltung, c) Verfahren der Kartenauswertung und d) Geschichte der Kartographie. Die *praktische* Kartographie ist vor allem Kartentechnik, die vom Kartenentwurf bis zum Auflagendruck reicht.

Der häufig benutzte Begriff *Kartenkunde* erstreckt sich im engeren Sinne auf die in b) und c) genannten Bereiche, wird aber auch — vor allem in Lehrbüchern — auf andere Stoffgebiete ausgedehnt und schließt dann auch meist die Besprechung bestimmter Karten und Kartenwerke ein.

2. Die Gliederung nach der *Herkunft* kartographischer Ausdrucksformen führt zur Einteilung in amtliche und private Kartographie.

Die *amtliche* Kartographie wird von öffentlichen Institutionen ausgeübt, die im Rahmen von Gesetzen, Verwaltungsanordnungen oder -vereinbarungen tätig sind. In diesen Bereich fallen die amtlichen topographischen Kartenwerke, die Katasterkarten sowie weitere Karten und Kartenwerke (z. B. Seekarten, Luftverkehrskarten), an derem Vorhandensein aus Gründen der Rechts- und Verkehrssicherheit, der Verwaltung, Planung usw. ein besonderes öffentliches Interesse besteht.

Die *private* Kartographie erfüllt dagegen, von öffentlichen Aufträgen abgesehen, in erster Linie die in der heutigen Zeit rasch wachsenden Bedürfnisse nach Information auf verschiedensten Gebieten. In ihren Bereich gehören vor allem die Atlanten, Schulkarten, Stadtpläne, Straßen- und Wanderkarten sowie zahlreiche thematische Karten.

3. Andere Möglichkeiten zur Einteilung der Kartographie entsprechen der Gruppierung der Karten (1.6). So ist es z. B. üblich, von topographischer und thematischer Kartographie zu sprechen, aber auch von der Kartographie großer, mittlerer und kleiner Maßstäbe.

1.3 Kartographische Ausdrucksformen als Kommunikationsmittel

Die Vorgänge bei Entstehung und Gebrauch kartographischer Ausdrucksformen lassen sich als Teile spezieller Kommunikationsprozesse auffassen und damit auch durch das Begriffssystem der Kommunikationstheorie beschreiben. Eine solche Betrachtungsweise gestattet es, das allgemeine Kommunikationsprinzip auch in der Kartographie zu erkennen und zugleich die Eigenarten kartographischer Kommunikation wahrzunehmen [135].

1.3.1 Kommunikationsphänomene

Jeder Kommunikationsvorgang läßt sich allgemein durch den Satz „Wer sagt was zu wem mit welcher Wirkung?“ beschreiben. Die *Kommunikationsgrößen* oder *Kommunikatoren* (Menschen, Tiere und Automaten) können dabei in einer *wechselseitigen*, sich meist gegenseitig beeinflussenden Beziehung stehen (dialogisierende Kommunikation); es kann aber auch die Kommunikation mit der Außenwelt, wie sie sich für den einzelnen Kommunikator jeweils als Gesamtheit der belebten und unbelebten Umwelt ergibt, den Charakter einer nur *einseitig* verlaufenden Erfassung, Beobachtung, Analyse, Erkenntnis der Umwelt (diagnostische Kommunikation) besitzen.

Kommunikation dient der *Informationsübertragung;* ihre Wirkung besteht in dem Einfluß, den die empfangene Information auf den Kommunikator ausübt. Hierbei bedeutet Information soviel wie Nachricht oder Mitteilung. Der Vorgang ihrer Übertragung läßt sich durch das in der *Informationstheorie* übliche Schema beschreiben, dessen Begriffe weitgehend der Nachrichtentechnik entstammen. Wie aus Abb. 2 hervorgeht, wird ein Kommunikator zum

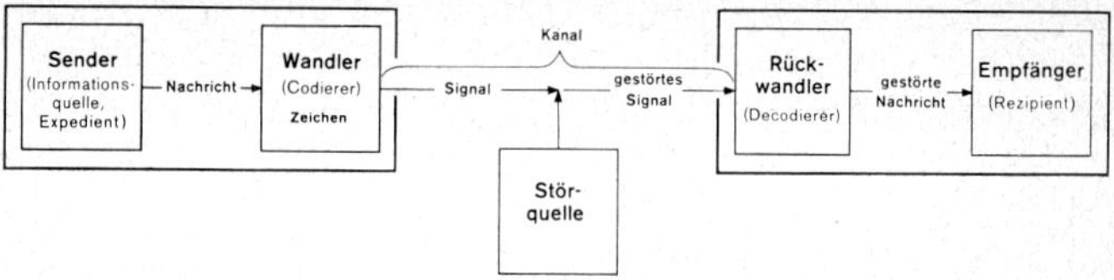

Abb. 2. Schema der Informationsübertragung

Sender (Expedient) und der andere zum *Empfänger* (Rezipient) der Information. Der Inhalt dieser Information wird zunächst beim Sender im Wege der sog. *Codierung* (Verschlüsselung) in bestimmte *Zeichen* (z. B. Buchstaben) umgesetzt. Diese wiederum werden auf einem bestimmten *Kanal* als physikalische *Signale* (z. B. als Schallimpulse) ausgestrahlt und erreichen so den Empfänger. Dort werden sie wieder zu Zeichen zusammengesetzt, die ihrerseits dann im Wege der sog. *Decodierung* (Entschlüsselung) die Nachricht ergeben. Auf den Informationskanal können von außen *Störquellen* (z. B. Lärm) einwirken und die Zeichenbildung und damit auch den Inhalt der Nachricht beim Empfänger beeinflussen.

Aus dieser Beschreibung folgt, daß Informationen stets in codierter Form als Zeichen übertragen werden. Zeichen oder Zeichenfolgen lassen sich demnach auch als Realisationen von Informationsinhalten auffassen. Dabei beschränkt sich der Begriff des Zeichens keineswegs nur auf das, was sich im optischen Wege wahrnehmen läßt. Auch Laute, Gerüche und Berührungen gehören daher zu den Zeichen. Darüber hinaus spricht man von *Zeichensystemen*, wenn mannigfaltige

Kombinationen zusammenhängender Zeichen zu einer Vielzahl von Ausdrucksmöglichkeiten führen.
Die *Zeichentheorie*, die sog. *Semiotik*, befaßt sich als Wissenschaft von den Zeichen und Zeichensystemen mit den Beziehungen der Zeichen untereinander, zu den bezeichneten Objekten und den sie wahrnehmenden Subjekten. Naturgemäß spielt innerhalb der Semiotik das sprachliche Zeichensystem eine zentrale Rolle, da es in den menschlichen Kommunikationsprozessen am häufigsten auftritt.
Von besonderer Bedeutung für das Zustandekommen eines wechselseitigen, also dialogisierenden Kommunikationsvorganges ist es, daß die Kommunikatoren über ein bestimmtes gemeinsames Repertoire an Zeichen verfügen. Nur dann nämlich ist es dem Empfänger möglich, die Bedeutung der Zeichen und damit den Inhalt der Information zu erkennen. Wer z. B. der deutschen Sprache nicht mächtig ist, also nicht weiß, wofür die einzelnen Buchstaben stehen, wird den Inhalt dieses Buches seinem Sinne nach nicht begreifen.
Auch die kartographische Darstellungsweise, die Kartengraphik, läßt sich als ein Zeichensystem auffassen. Seine Gesetzmäßigkeiten und Besonderheiten werden in 4.2 näher behandelt.

1.3.2 Das kartographische Kommunikationsnetz

Wendet man die allgemeinen Erkenntnisse über Kommunikation auf die Kartographie an, so ergibt sich ein Kommunikationsnetz, wie es Abb. 3 in groben Zügen darstellt. Die Umwelt, die dabei zunächst durch eine weitgehend einseitige diagnostische Kommunikation erfaßt wird, kann im Einzelfalle nicht nur die gegenwärtige, sondern auch eine vergangene oder eine geplante Wirklichkeit sein.
Innerhalb des dargestellten Kommunikationsnetzes liegt der Schwerpunkt kartographischer Aktivitäten rund um den Kartographen mit Einschluß der verwendeten Automaten. Der Kartograph ist einerseits Empfänger, dann aber wieder Sender von Informationen. Im letzteren Falle liegt eine vorwiegend visuelle Kommunikation mit dem Benutzer vor,

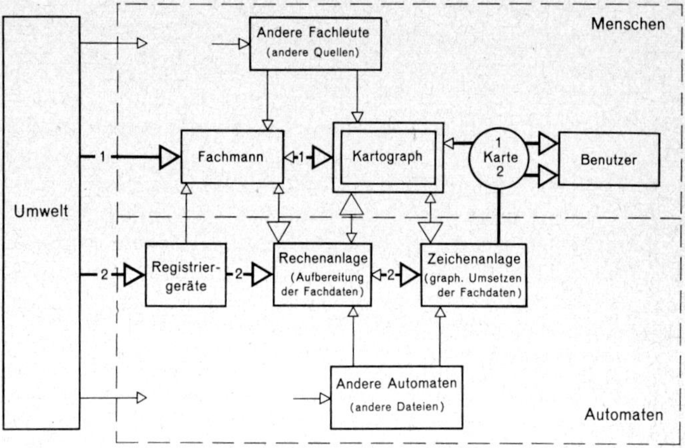

Abb. 3. Das kartographische Kommunikationsnetz

bei der die *kartographische Ausdrucksform als Kommunikationsmittel*, d. h. als Träger kartographischer Zeichen dient.

In Abb. 3 kennzeichnet die Netzlinie 1 den Ablauf der konventionellen Kartenherstellung wie folgt:

1. Informationsübertragung von der Umwelt zum Fachmann: Die Zeichen der Umwelt, die der Fachmann (z. B. Topograph, Geologe, Planer) auf verschiedenen physikalischen Kanälen als Signale empfängt, werden im Gedächtnis oder als Protokolle, Registrierungen, Karteneintragungen usw. gespeichert und zu einer Vorstellung von der Umwelt, meist beschränkt auf die Fachthematik, verarbeitet.

2. Informationsübertragung vom Fachmann zum Kartographen: Die Zeichen des Fachmanns für seine Umweltvorstellung sind in neuen Unterlagen niedergelegt; der Fachmann wird mit diesen zum Sender für den Kartographen. Dieser wiederum verarbeitet die Unterlagen mit dem Ziel, seine aus ihnen gewonnene Umweltvorstellung in eine Kartendarstellung umzusetzen.

3. Informationsübertragung vom Kartographen zum Benutzer: Die Zeichen des Kartographen ergeben in ihrer Gesamtheit die kartographische Ausdrucksform. Der Benutzer als Empfänger verarbeitet die aus seinen Wahrnehmungen gebildeten Informationen zu seiner eigenen Umweltvorstellung.

Dieser zunächst sehr einseitig gerichtete Verlauf der Informationen gilt streng genommen nur dann, wenn der Benutzer auf diesem Wege neue Informationen über die Umwelt erhält. Wird dagegen die kartographische Wiedergabe vorwiegend zu Vergleichen benutzt, so erweitert sich die Informationskette zu einem oder mehreren Regelkreisen. Solche Vergleiche können sich beziehen a) auf die Umwelt selbst (z. B. Geländevergleich), b) auf eine andere kartographische Darstellung und c) auf eine bereits bestehende Vorstellung von der Umwelt. Die Folge solcher Vergleiche könnte darin bestehen, daß der Fachmann neue Sachinformationen codieren muß, der Kartograph die Kartenzeichen zu ändern hat oder der Benutzer sein Weltbild korrigiert.
Gegenüber der Netzlinie 1 in Abb. 3 ergeben sich immer weitere Modifikationen, je mehr Automaten eingesetzt werden. Schließlich verläuft bei der vollautomatischen Kartenherstellung die Netzlinie 2 von der Umwelt nur noch über Automaten bis zum Benutzer. Dabei ist jedoch zu beachten, daß diese Automaten stets mit den Menschen verbunden bleiben, weil Geräte wie Programme menschliche Schöpfungen sind.

1.4 Die Karte — Begriffe und Eigenschaften

Die weiteren Ausführungen dieses Bandes befassen sich ausschließlich mit der *Karte* als der wichtigsten kartographischen Ausdrucksform. Über die *kartenverwandten Darstellungen* enthält Band II, 3 weitere Einzelheiten.

1.4.1 Herkunft und Wandel der Bezeichnungen

Der Name Karte kommt vom lateinischen *charta* (Brief, Urkunde), bürgerte sich jedoch erst im 15. Jahrhundert ein. Bis dahin war die Bezeichnung *mappa* üblich, die im englischen Sprachgebiet noch als *map* für Landkarten erhalten geblieben ist, während mit *chart* ausschließlich Seekarten und Luftfahrtkarten gemeint sind. Vom 15. bis 17. Jahrhundert wurde häufig auch noch die Bezeichnung *Landtafel* bzw. das dieser Bezeichnung entsprechende lateinische Wort *tabula* benutzt.
Die Bezeichnung *Landkarte* im *weiten* Sinne soll die Karte in der hier geltenden Bedeutung sprachlich klarer abgrenzen gegen alle anderen Bedeutungsinhalte des Wortes Karte (z. B. Spielkarte, Fahrkarte usw.). Im *engeren* Sinne versteht man unter Landkarte alle Karten, die im Gegensatz zu den Seekarten ganz oder überwiegend Landflächen darstellen.

1.4.2 Begriffliches zur Karte

1.4.2.1 *Allgemeine Begriffsbestimmungen*

Wie zum Begriff „Kartographie" gibt es auch über die Karte eine Vielzahl von Definitionen. So bezeichnet z. B. das Wörterbuch der Internationalen Kartographischen Vereinigung [53] die Karte als „maßstäblich verkleinerte, generalisierte und erläuterte Grundrißdarstellung von Erscheinungen und Sachverhalten der Erde, der anderen Weltkörper und des Weltraumes in einer Ebene".

Aus den übrigen Definitionen seien einige herausgegriffen. Nach *R. Finsterwalder* [131] ist die Karte „die möglichst richtige und vollständige, durch Bezeichnungen erläuterte Darstellung der Landschaft in der zweidimensionalen Papierfläche unter Hervorhebung und Zusammenfassung des Wesentlichen. Feinheit der Wiedergabe, zugleich aber auch Zweckmäßigkeit und Wirtschaftlichkeit bei der Herstellung und Vervielfältigung sind Kennzeichen und Voraussetzung für eine Karte und ein Kartenwerk.". *E. Imhof* [18] nennt Karten „verkleinerte, vereinfachte, inhaltlich ergänzte und erläuterte Grundrißbilder der Erdoberfläche oder von Teilen derselben". Schließlich spricht *W. Krallert* [167] von „verebneten Abbildungen der Erdoberfläche vermittels konventioneller Zeichen und darauf beruhende Darstellungen verschiedener Thematik".

1.4.2.2 *Bestandteile der Karte*

Eine Karte läßt sich sowohl in formaler als auch in sachlicher Hinsicht in verschiedene Bestandteile gliedern:

a) *Formale (äußere)* Gliederung (Abb. 4a)

1. Das *Kartenfeld* (der *Kartenspiegel*) ist die Fläche, in der der Karteninhalt dargestellt ist. Nach der Gestalt des Kartenfeldes unterscheidet man zwischen Rahmenkarten und Inselkarten. Die heutigen Karten sind meist *Rahmenkarten;* ihr Kartenfeld ist von quadratischer, rechteckiger oder trapezartiger Form, wobei die Begrenzungslinien häufig durch Linien des Kartennetzes gebildet werden (5.5.1). *Inselkarten* stellen bestimmte topographische oder politische Bereiche inselartig dar.

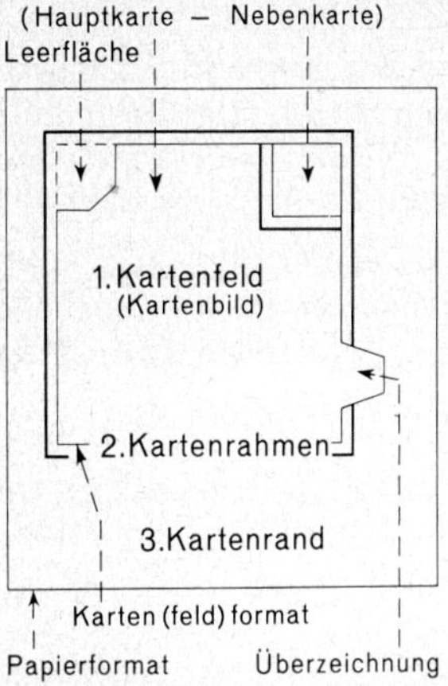

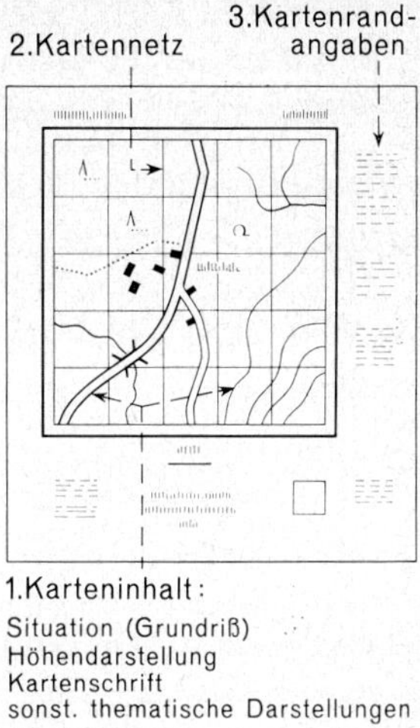

Abb. 4. Bestandteile der Karte

Mitunter (z. B. bei Stadtkarten) tritt im Kartenfeld neben der *Hauptkarte* noch eine *Nebenkarte* auf. Diese enthält entweder einen Hauptkartenausschnitt in größerem Maßstab (z. B. Stadtzentrum) oder einen Anschlußbereich, der bei richtiger Lage über das Kartenfeld hinausgehen würde. *Leerflächen* sind Flächen des Kartenfeldes, die keinen Inhalt aufweisen; *Überzeichnungen* sind Inhaltsdarstellungen, die über die Begrenzungslinien des Kartenfeldes hinausgehen. Vereinzelt bei Karten, häufiger bei Kartenausschnitten und -zusammenfügungen fällt der Kartenrahmen ganz oder teilweise fort, und das Kartenfeld reicht ganz oder an einigen Stellen bis an die Blattbegrenzung. Die sonst im Kartenrand anzutreffenden Angaben befinden sich dann in der restlichen Randfläche oder im Kartenfeld.

2. Der *Kartenrahmen* ist eine streifenförmige schmale Fläche zwischen einer inneren Linie, die das Kartenfeld abgrenzt, und einer äußeren Begrenzungslinie, an der der Kartenrand beginnt. Inselkarten sind in der Regel ohne besonderen Kartenrahmen.

3. Der *Kartenrand* ist die Kartenfläche außerhalb des Kartenrahmens. Er wird durch das quadratische oder rechteckige *Blattformat* (Papierformat) abgegrenzt.

b) *Sachliche (innere)* Gliederung (Abb. 4b)

1. Der *Karteninhalt* besteht aus Situation (Grundriß), Höhendarstellung, Schrift und thematischen Angaben. Karten ohne Schrift gelten als *stumme* Karten (z. B. die sog. Fragekarten oder Lernkarten des Schulunterrichts).

2. Das *Kartennetz* stellt bestimmte Linien des geodätischen oder geographischen Koordinatennetzes in der Kartenebene dar und ermöglicht damit die geometrisch einwandfreie Darstellung des Karteninhalts. Ist das Kartennetz nicht dargestellt, so liegt in den meisten Fällen wenigstens dem Entwurf oder der Vorlage ein Kartennetz zugrunde. Karten, die ein Kartennetz, aber keinen Karteninhalt aufweisen, gelten als *Leerkarten.*

3. Die *Kartenrandangaben* umfassen alle textlichen und graphischen Darstellungen im Kartenrand (z. B. Maßstab, Zeichenerklärung), aber auch im Kartenrahmen (z. B. Koordinatenwerte, Anschlußhinweise). Nebenkarten im Kartenrand werden auch als *Beikarten* bezeichnet.

1.4.2.3 *Erscheinungsformen der Karte*

Als *Kartenwerk* (z. B. topographisches Kartenwerk, Flurkartenwerk) bezeichnet man die Gesamtheit der Karten, die in einheitlicher Gestaltung und meist in gleichem Maßstab ein bestimmtes Gebiet (z. B. den Bereich eines Staates) lückenlos überdecken. Das einzelne Stück daraus ist das *Karten-* oder *Einzelblatt.*

Als *Atlas* gilt die systematische, meist buchförmig gebundene Sammlung von Karten ausgewählter Maßstäbe für ein bestimmtes Gebiet (z. B. Weltatlas, Nationalatlas), zur Darstellung besonderer Themen (z. B. Klimaatlas, Seuchenatlas) oder typischer topographischer Erscheinungen (z. B. topographischer Atlas, Luftbildatlas) (Bd. II, 2.).

Wandkarten sind Karten sehr großen Formats und relativ grober graphischer Gestaltung, um bei Unterricht und Vortrag die Lesbarkeit auch bei größerem Betrachtungsabstand zu ermöglichen. Im Gegensatz dazu bezeichnet man auch Karten des üblichen, handlichen Formats als *Handkarten.*

Deckblattkarten, auch *Oleatenkarten* genannt, sind Karten auf durchsichtigem Druckträger. Sie lassen sich als Deckfolien über anderen Karten einpassen und gestatten damit die Zusammenschau verschiedener Darstellungen (graphische Addition). In besonderen Fällen enthalten sie Angaben über inzwischen eingetretene oder über geplante Veränderungen.

Der Begriff *Plan* wird noch sehr unterschiedlich benutzt:

1. Die überlieferte Auffassung versteht darunter eine geometrisch exakte, aber kartographisch einfach gestaltete Kartierung in sehr großen Maßstäben (z. B. Katasterplan 1 : 1000).

2. Dagegen gilt als Plan häufig auch eine Karte, die vorwiegend der Übersicht dienen soll und daher ihrem Maßstab entsprechend geometrisch und inhaltlich stärker vereinfacht ist (z. B. Stadtplan).

3. Als Plan gilt mitunter auch eine Karte, die nur einen Teil der endgültigen Darstellung enthält (z. B. Lageplan).

4. In neuerer Zeit bezieht man den Begriff Plan im Sinne von „Planung“ immer mehr auf die Darstellung eines künftigen Vorhabens (z. B. Bebauungsplan, Regionalplan), unter anderem auch im Rahmen gesetzlicher Formulierungen. Ein solcher Plan besteht in vielen Fällen aus dem Kartenteil und einem vorgeschriebenen Textteil.

Das äußere Erscheinungsbild von Karten wird in zunehmendem Maße durch die Luftbildmessung und die elektronische Datenverarbeitung (EDV) beeinflußt. *Luftbildkarten* entstehen auf der Grundlage entzerrter Luftbilder, die mit kartographischen Gestaltungsmitteln ergänzt werden (Bd. II, 3.1.1.4). Wird die EDV zur Herstellung ganzer Karten eingesetzt, so läßt sich der auf Speichermedien befindliche, jederzeit abrufbare digitale Karteninhalt auffassen als *latente* Karte oder als maßstabsunabhängiges *digitales Modell*. Der Abruf ist über verschiedene Ausgabeeinheiten möglich, z. B. mit Hilfe eines automatischen Zeichengerätes oder eines Bildschirmsystems, wobei einseitige Eingriffe, aber auch „Dialoge“ zur Modifikation solcher *Computerkarten* stattfinden können (Bd. II, 4.).

1.4.3 Eigenschaften der Karte

Die Eigenschaften der Karte lassen sich beschreiben 1. durch *Merkmale*, in denen sie sich von anderen Kommunikationsmitteln unterscheidet und 2. durch *Forderungen*, denen die Karte zu genügen hat, wenn sie die in 1.1 genannten Aufgaben der Kartographie erfüllen soll.

1.4.3.1 *Merkmale der Karte als Kommunikationsmittel*

1. Karten sind Konfigurationen.
Das kartographische Zeichensystem kann nur räumliche Beziehungen wiedergeben, eignet sich also nicht zur Darstellung solcher Teile der Wirklichkeit, die nicht raumbezogen sind, wie z. B. bestimmte Rechtsverhältnisse, persönliche Empfindungen oder Kunstwerke.

Die Informationstheorie unterscheidet zwischen räumlichen und zeitlichen Folgen physikalischer Signale. Die räumliche Folge, die *Konfiguration*, ist an Ortskoordinaten, nicht aber an die Zeitkoordinate gebunden. Dagegen hängt die zeitliche Folge, der *Vorgang* (die Sequenz), von der Zeitkoordinate ab. Sprache und Musik sind typische Vorgänge,, aber auch die Schriftsprache läßt sich als Vorgang auffassen, da man sich einen Text unter Beibehaltung der Buchstabenfolge ortsungebunden vorstellen kann.
Bei der Auswertung von Karten treten sowohl konfigurative wie sequentielle Wahrnehmungen auf. Dabei liefert die Konfiguration einen besonders hohen Grad von Anschaulichkeit in Bezug auf räumliche Beziehungen im Vergleich zur Beschreibung durch Text, Tabellen usw.

2. Karten sind maßstäblich.
Die Konfiguration der kartographischen Zeichen beruht — im Gegensatz zum originalen Bild des Künstlers oder Photographen — auf einfachen und meist eindeutigen geometrischen Beziehungen.

3. Karten sind Modelle.
Modelle sind mehr oder weniger gute Annäherungen an die Wirklichkeit oder Teile davon, indem sie durch Ansatz mathematischer Beziehungen, graphischer Darstellungen,

physikalischer Sachverhalte und Vorgänge usw. die wesentlichen Merkmale der Wirklichkeit leichter verständlich machen.
Schon die Vorstellung des Fachmanns von der Umwelt (siehe 1.3.2) hat Modellcharakter. Dies ergibt sich vor allem durch die Bildung von Objektklassen und -typen und die damit verbundene Beschränkung auf das Wesentliche und Allgemeingültige unter Fortfall des Unwesentlichen und Zufälligen. Der Fachmann informiert den Kartographen über dieses Modell; damit wird die kartographische Wiedergabe ein sekundäres, graphisches Modell der Wirklichkeit. Der Benutzer bildet sich daraus sein tertiäres Modell der Umwelt [137].

Allgemein lassen sich nach der Theorie der Modellbildung die graphischen Modelle gliedern in ikonische, analoge und symbolische Modelle, wobei die Reihenfolge den steigenden Abstraktionsgrad angibt. Während z. B. Gemälde demnach meist ikonische Modelle sind, muß man Karten zu den symbolischen Modellen rechnen. Wegen ihrer Fähigkeit, räumliche Strukturen erkennbar zu machen, kann man sie zugleich als Strukturmodelle bezeichnen.
Als graphische Modelle sind Karten demnach keine Abbildungen im engen, mathematischen Sinne, da keine eindeutig umkehrbaren Beziehungen zwischen Umwelt und Karteninhalt bestehen, und zwar umso weniger, je kleiner der Kartenmaßstab ist. Dagegen hat das Luftbild mit seiner unselektierten Detailwiedergabe durchaus Abbildungscharakter.
Der Grad der Übereinstimmung zwischen Karten als Modellen und der Wirklichkeit kann durch mehrere Umstände beeinträchtigt sein:

a) Der Erkenntnisstand zur Wirklichkeitserfassung ist nicht ausreichend (Fachproblem).

b) Die kartographische Darstellung ist sachlich oder graphisch unzulänglich (kartographisches Problem).

c) Das Eigenrepertoire des Benutzers reicht für die Auswertung nicht aus (Bildungsproblem).

d) In der zwischen Erfassung und Auswertung liegenden Zeit hat sich die Wirklichkeit teilweise verändert (Aktualitätsproblem).

e) Bei den Informationsübertragungen fehlt das Bemühen um Wahrhaftigkeit (Die Karte als Lüge: ethisches Problem).

1.4.3.2 *Forderungen an die Karte*

Geht man von der in 1.1 näher bezeichneten Aufgabe der Kartographie aus, so folgt daraus, daß die Karten bestimmte Eigenschaften zu erfüllen haben, um der gestellten Aufgabe gerecht zu werden. *M. Eckert* [7] fordert von der Karte, daß sie richtig, vollständig, zweckentsprechend, klar und verständlich, lesbar und schön sein soll. Diese Forderungen sind jedoch der Eigenart und dem Maßstab der einzelnen Karte entsprechend auszulegen.

Die Forderung nach *Richtigkeit* umfaßt zweierlei: 1) Die *geometrische* Richtigkeit, die abhängig ist von a) der geodätischen Grundlage, b) der topographischen Vermessung und thematischen Aufnahme, c) der Wahl des Netzentwurfes und d) der Kartierung und Zeichnung. Neben die geometrische Richtigkeit tritt 2) noch die *qualitative* und *quantitative* Richtigkeit der erfaßten Daten (z. B. die richtige Angabe von Nutzungsarten, Wegeklassen; Temperaturen, Transportmengen) mit Einschluß der graphisch zutreffenden Wiedergabe (Gestaltung). Mit kleiner werdendem Maßstab geht auch der geforderte Grad an Richtigkeit zurück (4.4.1).

Die Forderung nach *Vollständigkeit* kann selbstverständlich nicht bedeuten, daß überhaupt alle erfaßbaren Objekte wiederzugeben sind. Die Karte soll vielmehr die Objekte vollständig enthalten, die nach bestimmten Auswahlregeln in Betracht kommen. Eine solche *relative* Vollständigkeit hängt natürlich stark vom Maßstab ab, denn je kleiner der Maßstab, desto kleiner ist die verfügbare Fläche und desto weniger Einzeldaten lassen sich darstellen. Schließlich wird die Vollständigkeit auch durch die ständigen Veränderungen beeinflußt, die sich durch Naturkräfte und menschliche Eingriffe ergeben: Die Karten veralten und müssen ständig fortgeführt werden. Die Frage nach einer zweckmäßigen und wirtschaftlichen Fortführung ist aber ebenfalls von Einfluß auf den Umfang des Karteninhalts und damit auf die Vollständigkeit (siehe z. B. 5.6.2.10).

Der *Zweck* einer Karte bestimmt sehr stark die Wahl des Maßstabes und des Netzentwurfes, die Gestaltung des Inhalts, die Abgrenzung und das Format. Technische Aufgaben erfordern meist große, Weltatlanten überwiegend kleine Maßstäbe. In der Geographie werden im Hinblick auf bessere Vergleichsmöglichkeiten flächentreue Netzentwürfe, in der Geodäsie sowie in der See- und Luftfahrt winkeltreue Kartenabbildungen bevorzugt. Für die Verwaltungskarte eines Gebietes gelten andere Gestaltungsgrundsätze als z. B. für eine Wanderkarte. Kartenwerke weisen ohne Rücksicht auf die Kartenlage einzelner Objekte einen einheitlichen Blattschnitt auf; einzelne Karten werden dagegen so abgegrenzt, daß sich die wichtigsten Objekte in ihrem Zusammenhang ungeteilt wiedergeben lassen. Karten für den Feldgebrauch sollen möglichst ein kleines, handliches Format aufweisen; Wandkarten sind dagegen verhältnismäßig groß.

Die *Klarheit und Verständlichkeit* einer Karte hängt wesentlich von der Wahl der einzelnen Zeichen und der übersichtlichen Gestaltung ab. Gleiches ist gleich, Ungleiches ungleich darzustellen, wobei die Unterscheidungen deutlich erkennbar sein sollen. Symbolische oder bildhafte Formen können ebenso wie Farbassoziationen die Anschaulichkeit der Darstellung erhöhen. Wird das für den bestimmten Kartenzweck Wesentliche gegenüber dem übrigen Karteninhalt entsprechend hervorgehoben, so ist die Karte übersichtlich und wird damit auch klar und verständlich.

Die *Lesbarkeit* einer Karte hängt einmal von der Größe der Kartenelemente ab, deren kleinste Dimensionen das Auflösungsvermögen des menschlichen Auges nicht unterschreiten dürfen (vgl. 4.2.2). Sie wird weiter von dem gegenseitigen Abstand der Kartenzeichen beeinflußt; überladene Kartenbilder sind schwer lesbar. Die Lesbarkeit ist endlich von der Anordnung der Zeichen und Schriften, vom Kontrast zwischen benachbarten Kartenelementen und insbesondere auch von der Qualität des Druckes abhängig.

Die *Schönheit* des Kartenbildes, d. h. seine ästhetische Wirkung, wird vom Gesamteindruck geprägt. Voraussetzung ist ein harmonisches Zusammenwirkung aller Elemente, eine geschmackvolle Auswahl der Farbtöne, die Anwendung einer sich einordnenden Schriftart und nicht zuletzt eine drucktechnisch einwandfreie Vervielfältigung.

1.5 Kartenmaßstab

Unter dem Kartenmaßstab wird allgemein das *lineare* Verkleinerungs- oder Verjüngungsverhältnis der Karte gegenüber der Natur verstanden. So ergibt sich bei einer bestimmten Kartenstrecke s' und der ihr entsprechenden Naturstrecke s der *Maßstab* zu $M = s' : s$ oder in anderer Schreibweise zu $M = s'/s$. Anstelle einer solchen Angabe für den Einzelfall erhält man eine allgemeine normierte Darstellung, wenn man im Zähler statt der variablen Größe s' die Längeneinheit 1 einführt. Das entspricht einer Kürzung des Bruches s'/s durch s', und man erhält

$$M = \frac{1}{\frac{s'}{s}}.$$

Wird $\frac{s}{s'} = m$ gesetzt, so ergibt sich mit

$$M = 1 : m$$

die übliche Form der Maßstabsangabe. Sie besagt, daß einer Längeneinheit in der Karte m Einheiten in der Natur entsprechen. Dabei wird m als *Maßstabszahl* oder *Maßstabsfaktor*, seltener als *Modul* bezeichnet.

Auf einigen Kartenwerken ist neben der üblichen Maßstabsbezeichnung zusätzlich angegeben, welcher Kartenstrecke in cm die Naturstrecke von 1 km entspricht (z. B. 1 : 5000 „20 cm-Karte").
Die *Umrechnung von Kartenmaßen in Naturmaße* und umgekehrt kann mit Hilfe der Formeln $s = m \cdot s'$ und $s' = s : m$ leicht durchgeführt werden. Streng genommen ist dabei unter der Naturstrecke s stets der auf Meereshöhe reduzierte horizontale Anteil der räumlichen Entfernung zwischen zwei Punkten zu verstehen.
Setzt man in die Formel $M = 1 : m$ Zahlenwerte für m ein, so wird der Betrag von M um so größer, je kleiner m ist. Dementsprechend spricht man von *großen* Maßstäben (bzw. großmaßstäbigen Karten) bei relativ kleinen Maßstabszahlen; umgekehrt bezeichnet man als *kleine* Maßstäbe (bzw. kleinmaßstäbige Karten) solche mit relativ großen Maßstabszahlen.

Zum *Flächenverhältnis* zwischen Natur und Karte führt folgende Überlegung: Eine beliebig begrenzte Fläche kann man sich in ein Rechteck mit den Seiten a und b verwandelt denken. Die Naturlängen der Rechteckseiten ergeben sich aus den Kartenlängen zu $a = m \cdot a'$ bzw. $b = m \cdot b'$; die Naturfläche des Rechteckes ist

$$F = a \cdot b = m \cdot a' \cdot m \cdot b'.$$

Da das Produkt $a'b'$ die Kartenfläche F' darstellt, ist

$$F = F' \cdot m^2,$$

d. h., die Naturfläche ist gleich Kartenfläche mal Maßstabsfaktor zum Quadrat.

Die *Umrechnung zwischen verschiedenen Maßstäben* gestaltet sich wie folgt: Im Kartenmaßstab $M_1 = 1 : m_1$ entspricht der Naturstrecke s die Kartenstrecke $s_1' = s \cdot m_1$, im Maßstab $M_2 = 1 : m_2$ entspricht derselben Strecke s eine Kartenstrecke $s_2' = s \cdot m_2$. Daraus folgt das Verhältnis

$$s_1' : s_2' = m_2 : m_1,$$

d. h., Kartenlängen in verschiedenen Maßstäben verhalten sich umgekehrt wie die entsprechenden Maßstabszahlen. Analog ergibt sich für die Flächen

$$F_1' : F_2' = m_2^2 : m_1^2,$$

d. h., Kartenflächen in verschiedenen Maßstäben verhalten sich umgekehrt wie die Quadrate der entsprechenden Maßstabszahlen.

Der erhebliche Verlust an Zeichenfläche, der damit beim Übergang von einer Karte größeren Maßstabs in eine solche kleineren Maßstabs eintritt, ist die Hauptursache für die bei der Kartengestaltung (4.4) auftretenden Probleme. So geht z. B. bei der Ableitung einer Karte 1 : 100000 aus einer Karte 1 : 25000 die Darstellungsfläche auf 1/16 ihrer ursprünglichen Größe zurück.

Der Maßstab einer Karte ist streng genommen innerhalb eines Kartenblattes nicht konstant, da es theoretisch keine vollständig längentreue Abbildung gibt (3.1.3.3). In Karten größerer Maßstäbe wirkt sich dies jedoch praktisch nicht aus. Bei kleinmaßstäbigen Karten, die große Teile der Erdoberfläche darstellen, wird dagegen entweder der Maßstab der längentreuen Bereiche, ein Maßstabsdiagramm, der Mittelpunktsmaßstab oder ein Durchschnittswert angegeben.

Einen spürbaren Einfluß auf den Maßstab einer z. B. auf Papier gedruckten Karte können die durch Schwankungen der Luftfeuchtigkeit bedingten Längenänderungen des Papiers bewirken. Man erhält den tatsächlichen mittleren Maßstab einer solchen Karte, wenn man für das Kartennetz oder die mitgedruckte Maßstabsskala die Istwerte dem Soll gegenüberstellt. Da der mitgedruckte graphische Längenmaßstab die Dimensionsänderungen mitmacht, kann man ihn direkt und nahezu fehlerfrei zur Längenbestimmung heranziehen (Bd. II, 5).

Die Kartenmaßstäbe beruhen allgemein auf runden Maßstabszahlen, z. B. 1 : 25000, 1 : 100000 usw. Unrunde Maßstabsangaben ergeben sich aus nichtmetrischen Maßsystemen; so liegt z. B. der britischen Karte 1 : 63360 das Verhältnis 1 Zoll (inch) zu 1 Meile (mile) zugrunde (2.2.1.2).

Eine wichtige Rolle spielt in der amtlichen Kartographie die sog. *Maßstabsreihe (Maßstabsfolge)*. Darunter versteht man die Folge aller Maßstäbe, in denen topographische Kartenwerke hergestellt und fortgeführt werden. Die Wahl einer solchen Maßstabsreihe — z. B. 1 : 5000, 1 : 25000, 1 : 50000, 1 : 100000, 1 : 200000, 1 : 500000 und 1 : 1000000 — erfordert in der Praxis die sorgfältige Abstimmung zwischen den mannigfaltigen Kartenwünschen einerseits und dem Aufwand bei der Kartenbearbeitung andererseits.

Die manuelle Herstellung von Karten findet mitunter in einem besonderen *Arbeitsmaßstab* statt, der gewöhnlich größer ist als der endgültige *Originalmaßstab*. Durch die anschließende Verkleinerung lassen sich dann die geometrischen und graphischen Ungenauigkeiten soweit reduzieren, daß sie kaum noch wahrnehmbar sind.

1.6 Kartengruppierung

Karten lassen sich nach verschiedenen Gesichtspunkten gruppieren. Neben den bereits in 1.2 und 1.4 begrifflich geklärten Unterscheidungen zwischen amtlichen und privaten Karten, sowie Rahmen- und Inselkarten sind die wesentlichen Unterscheidungsmerkmale 1. die Art der Entstehung, 2. der Kartenmaßstab und 3. der Karteninhalt.

In den Fällen 2. und 3. läßt sich allerdings heute noch keine allgemein als verbindlich anerkannte und überall benutzte Einteilung geben. Dabei sind die abweichenden Ansichten, die unterschiedlichen Begriffe und auch die uneinheitlichen Deutungen desselben Begriffes nicht nur ein Ausdruck regionaler Verschiedenheiten, sondern auch unterschiedlicher Standpunkte, die noch vielfach aus der Sicht benachbarter Wissenschaften eingenommen werden.

1. Nach der *Art der Entstehung* unterscheidet man zwischen Grundkarten und Folgekarten. *Grundkarten* sind die unmittelbare und exakte Wiedergabe der durch topographische Vermessung oder thematische Aufnahme gewonnenen originalen Daten. *Folgekarten* — auch als *abgeleitete Karten* bezeichnet — entstehen dagegen durch kartographisches Umgestalten (Generalisieren) von Grundkarten oder anderen Folgekarten meist größeren Maßstabs (4.4).

2. Bei der Einteilung nach *Kartenmaßstäben* läßt sich etwa folgende, für den mitteleuropäischen Bereich gültige Gruppierung vornehmen:

Große Maßstäbe: 1 : 10000 und größer,

Mittlere Maßstäbe: kleiner als 1 : 10000 bis etwa 1 : 300000,

Kleine Maßstäbe: kleiner als 1 : 300000.

Selbstverständlich unterliegen auch hier die beiden Grenzbereiche zwischen den drei *Maßstabsgruppen* noch Schwankungen, die in erster Linie durch die Gestaltung des Karteninhalts bedingt ist. So wird man z. B. Wandkarten wegen ihres groben Duktus auch dann noch als kleinmaßstäbig ansprechen müssen, wenn ihr Kartenmaßstab rein zahlenmäßig bereits in die mittlere Maßstabsgruppe fällt.
3. Als Gruppierung nach dem *Karteninhalt* gilt heute vorwiegend die Zweiteilung in topographische und thematische Karten. Während in *topographischen Karten* (griechisch: topos = Ort und graphein = beschreiben) die „Situation, Gewässer, Geländeform, Bodenbewachsung und eine Reihe sonstiger ... Erscheinungen Hauptgegenstand ... sind" [53], stellen die *thematischen Karten* die „Erscheinungen und Sachverhalte zur Erkenntnis ihrer selbst dar" [53], d. h. sie machen ein bestimmtes Thema (z. B. Klima, Planung usw.) durch das Mittel kartographischer Darstellung verständlich.
Aus diesen Definitionen folgt, daß eine weitere Gliederung nach den dargestellten Objekten bei den topographischen Karten kaum mehr möglich ist; die übliche Einteilung dieser Karten beruht daher lediglich auf einzelnen Maßstabsbereichen mit ihren Besonderheiten (5.2). Dagegen lassen sich die thematischen Karten noch sehr weitgehend nach den verschiedenen Themengebieten gliedern (Bd. II, 1.).

Wenn auch die hiermit dargelegte Zweiteilung in topographische und thematische Karten den weiteren Betrachtungen dieses Buches zugrunde liegt, so muß doch erwähnt werden, daß es zu einer Einteilung nach dem Karteninhalt auch einige abweichende Auffassungen gibt.

So unterscheidet z. B. *R. Finsterwalder* [131] zwischen 1) Originalkarten (topographische Karten großer und mittlerer Maßstäbe), 2) geographischen Karten (Karten kleiner Maßstäbe), 3) angewandten Karten (mit speziellen Eintragungen) und 4) Karten besonderer Art (z. B. Katasterkarten). Hierbei entsprechen die Gruppen 1 und 2 den oben definierten topographischen Karten, während die Gruppe 3 mit den thematischen Karten identisch ist. Den Begriff „Originalkarte" muß man dabei als nicht sehr glücklich ansehen, da auch andere Karten originale Schöpfungen sind und der Begriff „Original" ferner leicht zu Verwechslungen mit dem „Zeichenoriginal" usw. im kartentechnischen Sinne führen kann.

H. Schmidt-Falkenberg [221] hat folgende Einteilung vorgeschlagen: 1. Geodätische Karten (Topographische Karten, Katasterkarten, Stadtkarten, Seekarten usw. bis zu den Maßstäben 1 : 300000/ 1 : 500000), 2. Geographische Karten (Karten in kleineren als den bei 1) genannten Maßstäben und vorwiegend geographischen Inhalts), 3. Astronomische Karten (Himmels-, Weltkörperkarten), 4. Sonderkarten (Karten mit vorrangiger Behandlung bestimmter Objekte). Dieser Vorschlag setzt Begriffe fest, die mehr auf den Hersteller bzw. Benutzer als auf den Karteninhalt weisen. Hält man aber an einer Gliederung nach dem Inhalt fest, so ist eine besondere Gruppe für astronomische Karten entbehrlich, denn Himmelskarten kann man zu den Themakarten (Übersichten) rechnen und Weltkörperkarten (Gestirnskarten) als topographische oder thematische Karten auffassen. Schließlich hat sich statt des Begriffes Sonderkarte — siehe auch Gruppe 3 bei Finsterwalder — der der thematischen Karte inzwischen weitgehend eingebürgert.

Die dargelegten Auffassungen zeigen, daß vor allem der Begriff der topographischen Karte häufig nur bis etwa zum Maßstab 1 : 300000 gelten soll, da mit kleiner werdendem Maßstab ein Übergang von der topographisch exakten Darstellung zur geographischen Beschreibung stattfindet. Dagegen vertritt jedoch *E. Imhof* [18] den Standpunkt, daß jede dieser Karten „eine topographische *und* eine geographische Darstellung" sei. Die daraus folgende Ausdehnung des Begriffes der topographischen Karte auf alle Karten allgemeinen Inhalts findet man auch bei *E. Arnberger* [2]. Auch *H. Wilhelmy* [39] teilt zunächst nach topographischen und thematischen Karten ein, stellt aber daneben noch unter der Bezeichnung „angewandte Karten" eine dritte Gruppe auf, in der er die Mischformen aus den beiden erstgenannten Kartengruppen (z. B. Straßenkarten, Wanderkarten) zusammenfaßt. Im Wörterbuch der Internationalen Kartographischen Vereinigung [53] wird diese Mischform als angewandte topographische

Karte bezeichnet. Die Benennung dieser Gruppe läßt allerdings den Eindruck entstehen, als ob bei den Karten der beiden anderen Gruppen von „Anwendung" keine Rede sein könne, wenn man die Bezeichnung „angewandte Karten" wörtlich nimmt, die im übrigen leicht zu Verwechslungen mit den eigentlichen Themakarten führen kann.

1.7 Behörden, Organisationen, Schrifttum, Kartennachweise

Herausgeber ziviler amtlicher Karten sind in der Bundesrepublik Deutschland die Landesvermessungsbehörden und das Institut für Angewandte Geodäsie (Topographische Kartenwerke), die Katasterämter (Flurkarten), die Stadtvermessungsämter (Stadtkarten), das Deutsche Hydrographische Institut (Seekarten), die Bundesanstalt für Flugsicherung (Luftverkehrskarten), die Bundesforschungsanstalt für Landeskunde und Raumordnung (Thematische Karten), die Bundesanstalt für Bodenforschung und die geologischen Landesämter (Geologische Karten, Bodenkarten), der Deutsche Wetterdienst (Wetter- und Klimakarten), die Deutsche Bundesbahn (Eisenbahnkarten). Über die Herausgeber der amtlichen topographischen Kartenwerke anderer Staaten siehe 5.6.3 und 5.6.4.

Der *wissenschaftlichen Forschung* widmen sich vor allem die Hochschulinstitute für Kartographie, Geodäsie und Geographie sowie das Institut für Angewandte Geodäsie.

Die *Deutsche Gesellschaft für Kartographie* ist eine Vereinigung von Kartographen und Angehörigen verwandter Berufe zum Zwecke des fachlichen Gedankenaustausches und der beruflichen Fortbildung. Sie ist Mitglied der 1959 in Bern gegründeten *Internationalen Kartographischen Vereinigung.*

Die wichtigsten Hand- und Lehrbücher sowie eine Auswahl von Zeitschriftenaufsätzen und Dissertationen zur Kartographie sind im Literaturverzeichnis ab Seite 271 aufgeführt. Kartographische Fachaufsätze in *deutscher* Sprache erscheinen vor allem in

1. „Kartographische Nachrichten" (Organ der Deutschen Gesellschaft für Kartographie),

2. „Internationales Jahrbuch für Kartographie" (mehrsprachig, unter der Schirmherrschaft der Internationalen Kartographischen Vereinigung),

3. ferner in den folgenden, nach Erscheinungsland und Fachdisziplin geordneten Zeitschriften bzw. Schriftenreihen:

Erscheinungsland	Fachdisziplin: Vermessungswesen	Fachdisziplin: Geographie
Bundesrepublik Deutschland	Allgemeine Vermessungs-Nachrichten	Berichte zur Deutschen Landeskunde
	Bildmessung und Luftbildwesen	
	Nachrichten aus dem Karten- und Vermessungsw.	Die Erde
	Vermessungswesen und Raumordnung	Erdkunde
	Veröffentlichungen der Deutschen Geodätischen Kommission	Geographische Rundschau
	Zeitschrift für Vermessungswesen	Geographisches Taschenbuch
DDR	Vermessungstechnik	Petermanns Geographische Mitteilungen
	Wissenschaftliche Zeitschr. der Technischen Universität Dresden	Wissenschaftliche Veröffentlichungen d. Geograph. Instituts der deutschen Akademie d. Wiss.
Österreich	Österreichische Zeitschrift für Vermessungswesen und Photogrammetrie	Mitteilungen der Österreichischen Geographischen Gesellschaft
Schweiz	Schweizerische Zeitschrift für Vermessungswesen, Kulturtechnik und Photogrammetrie	Geographica Helvetica

Über weitere ausländische Schriften in *fremden* Sprachen gibt *K.-H. Meine* eine umfassende Zusammenstellung [190]. Die in den Niederlanden erscheinenden „Acta Cartographica" sind Neudrucke kartenhistorischer Veröffentlichungen aus den Jahren nach 1800.

Als Bibliographie des kartographischen Schrifttums — auch in Fremdsprachen — erscheint jährlich die „Bibliotheca Cartographica". Daneben gibt es Bibliographien für einzelne Teilgebiete, z. B. für die Internationale Weltkarte 1 : 1000000 [78] und die Automation in der Kartographie (Bd. II).
Über die von ihnen herausgegebenen Karten führen die Behörden *Kartenverzeichnisse* mit Blattübersichten, Preisangaben usw. Daneben gibt es bei Buchhändlern auch Verzeichnisse aller wichtigen amtlichen und privaten Karten bestimmter Gebiete, wobei vielfach touristische Gesichtspunkte vorherrschen. Nach Vollzähligkeit und Umfang ist besonders der Geo-Katalog des Internationalen Landkartenhauses GEO CENTER (München/Stuttgart) zu erwähnen, in denen Karten aus allen Bereichen der Erde nachgewiesen sind.
Die jährlich bei Kraus-Thomson (Liechtenstein) herausgegebene „Bibliographie Cartographique Internationale" ist ein internationaler Nachweis neu erschienener Karten, Atlanten usw. Die „Berichte zur Deutschen Landeskunde" enthalten einen entsprechenden Nachweis für den Bereich Mitteleuropas.

2. Geodätische Grundlagen und topographische Vermessungen

2.1 Überblick über die geodätischen Arbeiten

Die *Geodäsie* ist die Wissenschaft von der Ausmessung und Abbildung der Erdoberfläche. Sie läßt sich wie folgt einteilen:

1. *Grundlagenvermessungen*
In diesem Bereich der sog. *höheren Geodäsie* dient die *Erdmessung* der Bestimmung von Gestalt und Größe des Erdkörpers durch Vermessung kontinentalen Ausmaßes sowie durch Schwere- und Satellitenmessungen. Als *Landesvermessung* bezeichnet man dagegen die Grundlagenvermessungen in einem Staatsgebiet, mit deren Hilfe Lage- und Höhenfestpunkte geschaffen und in einem aus der Erdmessung gewonnenen Bezugssystem festgelegt werden.

2. *Einzelvermessungen*
Zu diesem Bereich, der mitunter auch noch als *niedere Geodäsie* oder *Feld- und Landmessen* bezeichnet wird, gehören:

a) *Topographische Vermessungen*

Sie erfassen die sichtbaren Gegenstände an der Erdoberfläche und die Geländeformen im Anschluß an die Festpunkte der geodätischen Grundlagen und als Fortsetzung der Landesvermessung (Landesaufnahme).

b) *Katastervermessungen*

Sie dienen der Abgrenzung von Eigentum und Nutzung am Grund und Boden durch Erfassung der Liegenschaften (Grundstücke, grundstücksgleiche Rechte, Grundstücksnutzungen, Gebäude).

c) *Ingenieurvermessungen*

Sie beziehen sich auf Bauwerke und Maschinen im Stadium ihrer Planung, Absteckung, Errichtung und Überwachung.

Eine andere, mehr technisch-methodische Einteilung der Geodäsie ist auch nach den Komponenten der geometrischen Festlegung möglich. Danach unterscheidet man zwischen *Lagemessungen* (Horizontal- oder Grundrißmessungen; 2.4) und *Höhenmessungen* (Vertikalmessungen; 2.5). Während bei den Grundlagenmessungen diese beiden Messungsarten meist in voneinander getrennten Verfahren angewendet werden, ist die *gleichzeitige* Messung von Lage und Höhe das besondere Kennzeichen der meisten topographischen Vermessungen.

Vermessungen, die im Gelände, also unmittelbar am Objekt durchgeführt werden, bezeichnet man auch als *terrestrische* Vermessungen. Als *Bildmessung (Photogrammetrie)* gilt dagegen jede Messung, die sich auf ein photographisches Abbild des Objekts erstreckt.

Im Rahmen dieses Buches sind nur die geodätischen Grundlagen und die topographischen Vermessungen von Interesse. Sie werden aus der Sicht der Kartographie oft auch unter der Bezeichnung *Kartenaufnahme* zusammengefaßt und sind die unabdingbaren Voraussetzungen für die planvolle Herstellung geometrisch einwandfreier Karten.

2.2 Maßeinheiten und Koordinatensysteme

2.2.1 Längenmaße

2.2.1.1 *Metrisches Maßsystem*

In den meisten Staaten der Erde ist die Einheit der Längenmessung das Meter (m). Durch dezimales Vervielfachen bzw. Teilen des Meters ergeben sich die folgenden Längenmaße:

Vielfache des Meters:	1 Kilometer	(km)	= 1000 m	=	10^3 m
	1 Hektometer	(hm)	= 100 m	=	10^2 m
	1 Dekameter	(dam)	= 10 m	=	10^1 m
Teile des Meters:	1 Dezimeter	(dm)	= 0,1 m	=	10^{-1} m
	1 Zentimeter	(cm)	= 0,01 m	=	10^{-2} m
	1 Millimeter	(mm)	= 0,001 m	=	10^{-3} m
	1 Mikrometer	(μm)	= 0,000001 m	=	10^{-6} m
	1 Nanometer	(nm)	= 0,000000001 m	=	10^{-9} m

Das Meter ist seit 1960 international definiert als „das 1650763,73fache der Wellenlänge der von den Atomen des Nuklids ^{86}Kr (Krypton) beim Übergang vom Zustand $5d_5$ zum Zustand $2p_{10}$ ausgesandten, sich im Vakuum ausbreitenden Strahlung". Diese Lichtwellenlänge des Kryptons ist unzerstörbar und kann daher überall und zu jeder Zeit mit höchster Genauigkeit hergestellt werden [104]. In der Bundesrepublik Deutschland ist diese Meterdefinition in das Gesetz über Einheiten im Meßwesen von 1969 (mit Änderungen von 1973) neben der Definition anderer Basiseinheiten wie Kilogramm, Sekunde usw. aufgenommen worden [223].

Um die Schaffung unseres heutigen Maßsystems haben sich die Franzosen besondere Verdienste erworben. Nach einem Beschluß ihrer Nationalversammlung im Jahre 1790 sollte das neue Maßsystem auf einem Naturmaß als Längeneinheit beruhen. Auf Vorschlag von *Borda* wurde dafür der zehnmillionste Teil des Erdmeridianquadraten gewählt und 1799 als *legales Meter* in Frankreich eingeführt.

Das metrische System wurde 1868 in Deutschland, 1871 in Österreich-Ungarn übernommen. Von den aufgrund der „Internationalen Meterkonvention" von 1875 gefertigten 30 Maßstäben wurde einer zum „Internationalen Prototyp" erklärt. Er wird heute im „Internationalen Büro für Maß und Gewicht" in Sèvres bei Paris aufbewahrt. Das davon abgeleitete *internationale Meter* wurde 1893 in Deutschland eingeführt. Bei der Physikalisch-Technischen Bundesanstalt in Braunschweig befindet sich heute der Meter-Prototyp Nr. 23 [174].

2.2.1.2 *Sonstige Maßsysteme*

Nichtmetrische Maßsysteme gelten heute vor allem noch in Großbritannien und den USA.
Dabei ist

1 inch (in.) (Zoll)			=	2,54 cm
1 foot (ft) (Fuß)	=	12 in.	=	30,48 cm
1 yard (yd)	=	3 ft	=	91,44 cm
1 statute (british) mile	=	5280 ft	=	1 609 m
1 engl. (London) mile	=	5000 ft	=	1 524 m

Als nautisches Maß gilt in der Schiffahrt heute noch die Seemeile (sm) = 1852 m als mittlere Länge einer Bogenminute auf dem Erdmeridian.
Vor Einführung des Meters in Deutschland gab es zahlreiche, sehr uneinheitliche Maßsysteme. So war z. B. in Preußen 1 Fuß (′) = 0,314 m; er war in 12 Zoll (″) zu je 12 Linien (‴) geteilt. 12 Fuß ergaben eine Rute = 3,766 m, 2000 Ruten eine Meile = 7532,5 m. Zu den älteren Längenmaßen gehört auch die geographische Meile = 7420,4 m = 1/15 Äquatorgrad.

2.2.2 Flächenmaße

Durch Quadrieren der Längenmaße ergeben sich die Flächenmaße km², hm², m², dm², cm², mm², usw. Dabei bezeichnet man auch 100 m² = 1 Ar (a) und 10000 m² = 1 Hektar (ha).

Einige ältere Flächenmaße sind z. B. 1 preußischer Quadratfuß = 0,099 m², 1 preuß. Quadratrute = 14,18 m², 1 preuß. Morgen = 2553 m², 1 württembergischer Morgen = 3152 m², 1 bayerisches Tagwerk = 3407 m², 1 Wiener Joch = 1600 Quadrat-Klafter = 5755 m², 1 geographische Quadratmeile = 55,0629 km².

2.2.3 Winkelteilungen

Als herkömmliche Winkeleinteilung gilt die sexagesimale Teilung des Vollkreises in 360° (Grad, bisher auch *Altgrad*) mit den Untereinheiten 60′ (Minuten, bisher auch Altminuten) = 1° und 60″ (Sekunden, bisher auch Altsekunden) = 1′. Daneben gibt es die bisher als *Neugrad* bezeichnete Teilung des Vollkreises in 400 gon, wobei 1 gon entsprechend den Festlegungen des neuen Einheitengesetzes von 1969 weiter in 100 cgon bzw. 1000 mgon teilbar ist (siehe auch Normblatt DIN 1315). Die bisherigen Bezeichnungen lauteten 1^g (Neugrad) = 100^c (Neuminuten) = $10\,000^{cc}$ (Neusekunden). Für die gegenseitige Umwandlung ist

$$1^\circ = 1{,}111\,111\,111\ldots \text{ gon} \qquad 1 \text{ gon} = 0{,}9^\circ$$

$$1' = 1{,}851\,851\,851\ldots \text{ cgon} \qquad 1 \text{ cgon} = 0{,}54'$$

$$1'' = 0{,}308\,641\,975\ldots \text{ mgon} \qquad 1 \text{ mgon} = 3{,}24''$$

Im Vermessungswesen ist heute nahezu ausschließlich die Gon-Teilung (Neugrad) wegen ihrer Vorteile bei Messung und Berechnung im Gebrauch; Astronomie und Geographie behalten dagegen die Grad-Teilung (Altgrad) bei.

2.2.4 Koordinatensysteme

Zur rechnerischen Festlegung von Punkten dienen in der Geodäsie rechtwinklige Koordinaten. Dazu sind die Bezeichnungen im *geodätischen Koordinatensystem* so festgelegt, daß die positive x-Achse (Abszissenachse) nach Norden, die positive y-Achse (Ordinatenachse) nach Osten zeigt (Abb. 5).

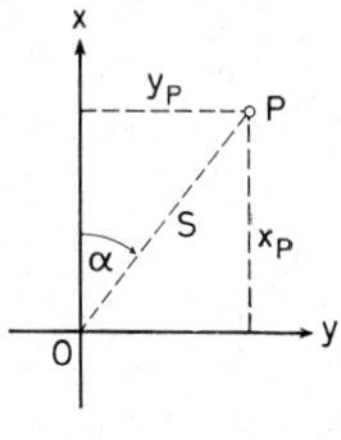

Abb. 5. Geodätisches Koordinatensystem

Die Anordnung solcher Systeme auf dem Erdellipsoid bzw. ihre Abbildung in die Ebene wird in 2.4.2.4 bzw. 3.7 näher erläutert.

Anstelle rechtwinkliger Koordinaten lassen sich Punkte auch durch die beiden Elemente eines *Polarkoordinatensystems* festlegen. Nach Abb. 5 sind dies die von Nullpunkt 0 zum Punkt P führende Strecke s und der von der x-Achse aus rechtsdrehende Richtungswinkel α.

Über *geographische Koordinaten* siehe 3.1.2.

2.3 Gestalt und Größe des Erdkörpers — Bezugsflächen

2.3.1 Die Erde als Kugel

Nach der primitiven Vorstellung der Naturvölker war die Erde eine Scheibe. Doch bereits *Pythagoras* (um 500 v. Chr) erkannte die Erde als Kugel. *Erotasthenes* führte 195 v. Chr. die erste geschichtlich beglaubigte Erdmessung durch, indem er mit einfachsten Mitteln, jedoch methodisch einwandfrei, den Breitenunterschied der beiden etwa im selben Meridian gelegenen Orte Syene (dem heutigen Assuan) und Alexandria durch astronomische Beobachtungen bestimmte und die Entfernung zwischen den beiden Orten (den Bogen auf der Erde) aus direkten Messungen ableitete. Eratosthenes hatte beobachtet, daß in Assuan sich die Sonne alljährlich am Mittag des 21. Juli eine kurze Zeit in einem tiefen Brunnen spiegelte, also im Zenit stand. Zur gleichen Zeit maß er mit Hilfe eines Schattenstabes die Sonnenhöhe in Alexandria und erhielt damit den Zentriwinkel γ im Erdmittelpunkt (Abb. 6). Die Entfernung b der beiden Orte leitete er aus der

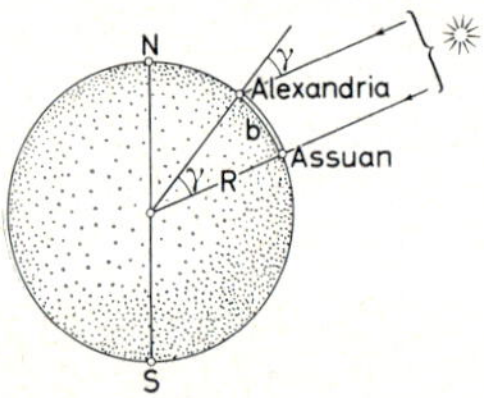

Abb. 6. Erdmessung des Eratosthenes

Reisezeit der Kamelkarawane ab. Durch eine einfache Proportion berechnete er aus den Größen b und γ den Erdumfang und erreichte dabei eine Genauigkeit von etwa 16%.

Nach dieser Methode wurden im Altertum noch weitere Erdmessungen durchgeführt. Im Mittelalter fand das Problem keine Beachtung. Die erste Gradmessung zu Beginn der Neuzeit verdanken wir dem französischen Arzt *Fernel*. Er bestimmte 1525 die Länge des Meridianbogens zwischen Paris und Amiens, indem er die Umdrehungen der Räder seines Reisewagens mit Hilfe einer Klingel zählte. 1617 wandte *Snellius* bei der Messung eines Bogens in Holland erstmalig die Triangulation (2.4.2) an. *Picard* benutzte 1669 bei den Triangulierungsarbeiten als erster ein Fernrohr mit Fadenkreuz. Die Fortsetzung seiner Erdmessungen übernahm 1683 die Familie *Cassini* und führte sie in vier Generationen weiter.

2.3.2 Die Erde als Rotationsellipsoid — Erddimensionen

Zweifel an der Kugelgestalt der Erde tauchten auf, als *Newton* (um 1670) das Gravitationsgesetz fand. Die Schwerkraft auf der Erdoberfläche setzt sich zusammen aus der zum Erdinnern weisenden Anziehungskraft und der normal zur Rotationsachse gerichteten Fliehkraft. Da letztere im Äquator am größten ist und nach den Polen zu abnimmt, muß — nach Newton — die Erde im Flüssigkeitsstadium am Äquator eine Aufwölbung erfahren haben. Da die damals vorliegenden Messungen eher das Gegenteil bewiesen hatten, ließ die Pariser Akademie durch zwei Expeditionen den Krümmungshalbmesser eines Gradbogens am Äquator (1735 bis 1741 im heutigen Ekuador, das damals zu Peru gehörte) und in möglichster Nähe des Poles (1736—1737 in Lappland) bestimmen. Das Ergebnis zeigte den größten Krümmungs-Halbmesser R am Pol (Abb. 7), den kleinsten Wert r am Äquator [79].

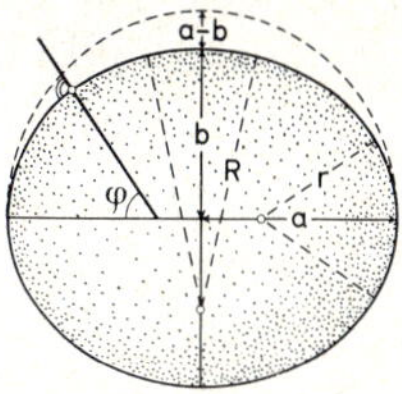

Abb. 7. Erdellipsoid

An den in der Folgezeit ausgeführten Gradmessungen, bei denen es in der Hauptsache galt, die Genauigkeit zu steigern, beteiligten sich bald alle Kulturländer. In Frankreich bekamen die Arbeiten einen besonderen Auftrieb durch den Beschluß der Nationalversammlung vom Jahre 1790, den zehnmillionsten Teil des Erdmeridianquadranten als Einheit für das Längenmaß zu wählen (2.2.1.1). Zu diesem Zweck wurde 1792 der Pariser Meridian von Barcelona bis Dünkirchen gemessen. In Deutschland führte der Göttinger Mathematiker *C. F. Gauß* 1822—1824 zwischen dem Inselsberg und Altona eine Gradmessung durch, die wegen der dabei angewandten verbesserten Methoden ein hohes wissenschaftliches Niveau erreichte. Berühmt geworden ist auch die von *Bessel* 1831 ausgeführte Gradmessung in Ostpreußen.

Bessel faßte 1840 alle ihm bekannten Messungen zusammen und errechnete durch Ausgleichung der Messungswidersprüche die Dimensionen eines Erdellipsoids, das der preußischen Landesvermessung und der deutschen Reichsvermessung zugrunde gelegt wurde. In der Folgezeit wurden noch mehrfach Erddimensionen berechnet. Das von *Hayford* gefundene Ellipsoid wurde 1924 zum „Internationalen Ellipsoid" erklärt und als allgemeine Referenzfläche empfohlen. 1944 hat *Krassowskij* sehr großräumiges Material zu neuen Erddimensionen verarbeitet. Auf ihrer Tagung 1967 in Luzern hat schließlich die *Internationale Union für Geodäsie und Geophysik* (IUGG) ein neues „Geodätisches Bezugssystem 1967" empfohlen [193].

Erddimensionen [25], [192]

Erdmaße nach		Große Halbachse a	Kleine Halbachse b	Abplattung $\mathfrak{a} = \frac{a-b}{a}$
Bessel	1840	6377397 m	6356079 m	1 : 299,15
Hayford	1924	6378388 m	6356912 m	1 : 297
Krassowskij	1944	6378245 m	6356863 m	1 : 298,3
IUGG	1967	6378160 m	6356775 m	1 : 298,25

2.3.3 Das Geoid

Schon die ersten Berechnungen der Erddimensionen aus mehreren Gradmessungen zeigten Differenzen, die sich nicht allein durch Messungsungenauigkeiten erklären ließen, und man kam schließlich zu der Überzeugung, daß der Erdkörper mathematisch nicht genau durch ein Rotationsellipsoid dargestellt werden kann. Seine Form ist physikalisch bestimmt durch die ruhend gedachte Meeresoberfläche, die man sich auch unter den Kontinenten — etwa durch ein System kommunizierender Röhren — fortgesetzt denken kann. Für diese Fläche hat *Listing* 1873 die Bezeichnung „Geoid" geprägt. Die Geoidfläche ist eine Niveaufläche, d. h. sie wird in allen Punkten von den Lotrichtungen senkrecht geschnitten. Die Lotrichtungen hängen aber von der Massenverteilung ab, und da die Massen — insbesondere in der Erdkruste — unregelmäßig gelagert sind, ist die Geoidfläche keine glatte, sondern eine schwach gewellte Fläche (Abb. 8). Die Abweichungen des Geoids von einem ihm optimal angepaßten Rotationsellipsoid, die

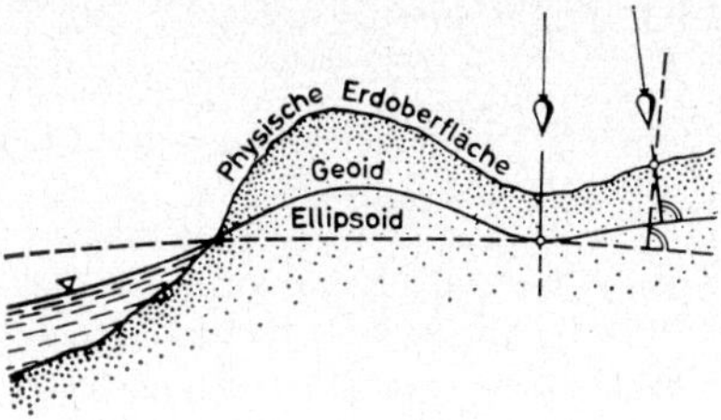

Abb. 8. Geoid

sog. „Geoidundulationen", sind jedoch gering; sie bleiben mit Sicherheit unter 100 m.
Auf das Geoid beziehen sich die Höhenmessungen. Das Ellipsoid ist Rechenfläche für die Bestimmung der Lagekoordinaten einer Landesvermessung über große Bereiche; für kleinere Bereiche kann es durch eine jeweils am besten sich anpassende sog. Schmiegungskugel ersetzt werden.

2.4 Lagemessungen und Lagefestpunkte

2.4.1 Arten der Lagemessung

Lagemessungen, auch als Grundriß- oder Horizontalmessungen bezeichnet, legen die Punkte nach ihrer Grundrißlage fest. Dazu unterscheidet man bei *terrestrischen* Messungen zwischen a) Winkelmessungen (Messung von Horizontalwinkeln) und b) Streckenmessungen. Mit den gemessenen Winkeln und/oder Strecken werden die Koordinaten der Punkte berechnet. In der *Bildmessung (Photogrammetrie)* werden dagegen für die Punkte Koordinaten in einem speziellen Meßsystem unmittelbar bestimmt und in das allgemeine Koordinatensystem umgerechnet.
Die Bezugsfläche für die Lagemessungen ist ein jeweils eindeutig definiertes Rotationsellipsoid [25]. Lagemessungen in Bereichen von geringerer Ausdehnung als etwa 10 km lassen sich auch mit einer Horizontalebene als Bezugsfläche auswerten [12].

2.4.1.1 *Winkelmessung*

In der Geodäsie werden Horizontal- und Vertikalwinkel gemessen. Das Instrument für die Winkelmessung ist der *Theodolit* (Abb. 9). Er besteht aus zwei Hauptteilen: dem bei der Horizontalwinkelmessung feststehenden Unterbau und dem drehbaren Oberbau. Zum Unterbau gehören der Dreifuß mit den Fußschrauben und der meist aus Glas bestehende Horizontalkreis mit den geätzten Strichen der Winkelteilung. Der Oberbau besteht aus dem Zeigerkreis (Alhidade), den beiden Fernrohrträgern, der Kippachse mit dem Fernrohr und dem fest mit der Kippachse verbundenen Vertikal- oder Höhenkreis.

Das *Fernrohr* kann mit dem Oberbau horizontal um die vertikale Stehachse sowie allein vertikal um die horizontale Kippachse gedreht werden. Das im Fernrohr befindliche Strichkreuz (Abb. 10) dient der exakten Einstellung von Zielpunkten.

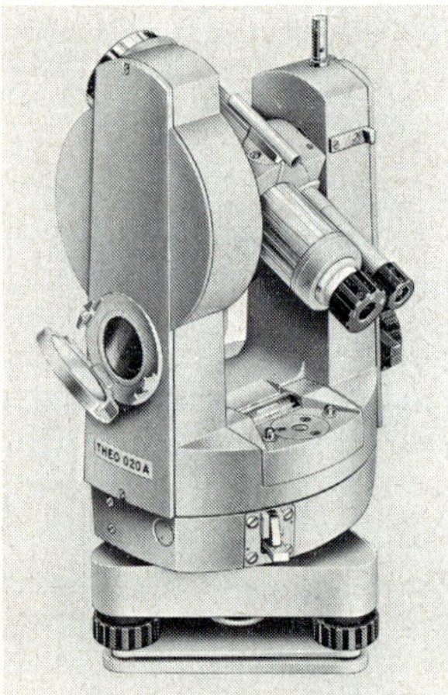

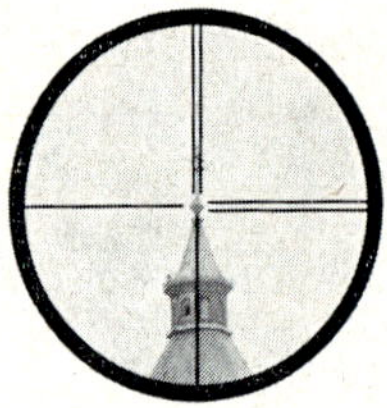

Abb. 10. Strichkreuz mit Zielpunkt (Knopfmitte der Kirchturmspitze)

Abb. 9. Theodolit 020 A —Jenoptik/Jena

Der Theodolit wird beim Feldgebrauch auf einem Stativ befestigt; auf Pfeilern und Brüstungen werden dagegen die Fußschrauben eingegipst. Vor der Winkelmessung sind Horizontierung (mittels Libelle und Fußschrauben) und Zentrierung (mittels Lot) durchzuführen. Der Vertikalkreis wird mit der Höhenzeigerlibelle oder einem sog. Kompensator auf eine Bezugslinie ausgerichtet [6].

Am Horizontalkreis wird stets nur die *Richtung* zu einem Punkt abgelesen; ein *Horizontalwinkel* ergibt sich demnach als Differenz zweier Richtungen. In der Vertikalwinkelmessung wird dagegen durch die Festlegung des Vertikalkreises auf eine Bezugslinie der *Vertikalwinkel* unmittelbar gemessen und zwar vorzugsweise als *Zenitwinkel* z gegen die Zenitrichtung (senkrecht nach oben) oder seltener als *Höhenwinkel* α gegen die Horizontale. Damit gilt $z = 100 - \alpha$ (gon). Je nach Leistungsfähigkeit des Theodolits liegt die Genauigkeit einer gemessenen Richtung etwa zwischen $\pm$ 0,1 mgon und $\pm$ 10 mgon.

2.4.1.2 *Streckenmessung*

Nach dem Meßprinzip unterscheidet man zwischen mechanischer, optischer und elektronischer Streckenmessung. Als endgültige Strecke zwischen zwei Punkten gilt in der Regel die auf den Meeresspiegel reduzierte horizontale Komponente der räumlichen Entfernung.

Die *mechanische Streckenmessung* wird hauptsächlich mit Rollbändern aus Stahl durchgeführt; diese sind 20, 25, 30, 50 oder auch 100 m lang. Derartige Meßgeräte findet man vor allem bei Kataster- und bei Ingenieurvermessungen.

Die *optische Streckenmessung* ist die in der topographischen Vermessung vorherrschende Methode der Entfernungsbestimmung. Sie wird in (2.6.3.1) näher behandelt.

Die *elektronische Streckenmessung* hat sich als jüngstes Streckenmeßverfahren erst nach dem Kriege entwickelt. Dabei wird die Laufzeit elektromagnetischer Wellen ermittelt, die am Anfangspunkt in Streckenrichtung ausgestrahlt, am Endpunkt reflektiert und am Anfangspunkt wieder empfangen werden. Hohe Meßgenauigkeit und wirtschaftliche Arbeitsweise haben diesem Verfahren sowohl Eingang in die Grundlagenvermessungen wie auch in die Einzelvermessungen verschafft [26].

Man erhält die räumliche (schräge) Entfernung zwischen Standpunkt und Zielpunkt durch Multiplikation der halben Laufzeit mit der Ausbreitungsgeschwindigkeit c der Wellen in der Atmosphäre. Dabei ist $c = c_0 : n$, worin $c_0 = 299\,792{,}5$ km/s die Ausbreitungsgeschwindigkeit im Vakuum und n der Brechungsindex der Luft ist. Letzterer schwankt in mittleren Breiten zwischen 1,00029 und 1,00034 und ist durch Messung von Temperatur, Druck und Feuchtigkeit der

Luft zu ermitteln. Die Laufzeit wird nicht direkt gemessen, sondern ergibt sich durch Vergleich zwischen den Phasen der gesendeten und der empfangenen Meßwelle, deren Frequenz z. B. oft 30 MHz beträgt, was einer Wellenlänge von 10 m entspricht. Um eine eindeutige Ausbreitung der Meßwelle zu gewährleisten, wird sie durch Modulation der eigentlichen Trägerwelle aufgeprägt, die im Bereich der Mikrowellen (z. B. 10 GHz ≙ 3 cm Wellenlänge) oder des sichtbaren bis infraroten Lichtes liegt.

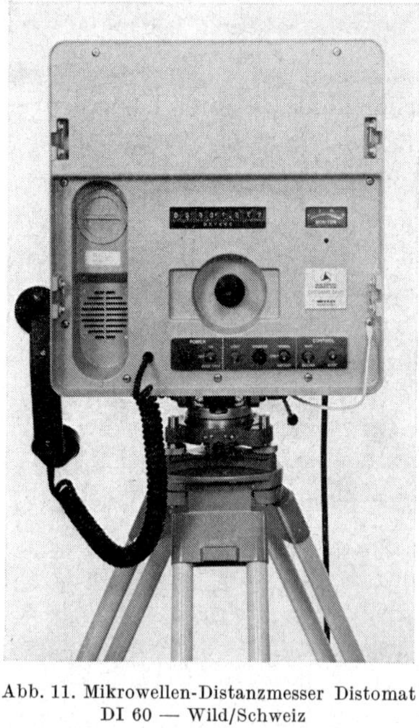

Abb. 11. Mikrowellen-Distanzmesser Distomat DI 60 — Wild/Schweiz

Geräte langer Reichweite wie z. B. der auch von Wild/Schweiz vertriebene Mikrowellen-Distanzmesser SIAL MD 60 von Siemens-Albis (Abb. 11) arbeiten mit Trägerwellen im Mikrowellenbereich. Das genannte Gerät mißt Strecken bis zu etwa 150 km. Durch Auslösen einer Starttaste läuft in 30 s ein Meßprogramm mit 5 Meßfrequenzen und anschließender digitaler Anzeige der Distanz ab. Das eingebaute

Sprechfunkgerät sorgt für Verständigung zwischen Haupt- und Nebenstation. Die Meßgenauigkeit einer Strecke S wird mit Einschluß der meteorologischen Korrektionen zu $\pm$ (1 cm + $3 \cdot 10^{-6} \cdot S$) angegeben.
Geräte mittlerer Reichweite sind teils Mikrowellen-, teils elektrooptische Geräte. Letztere liefern etwas genauere Meßergebnisse, sind aber in ihrer maximalen Reichweite relativ stark von den Lichtverhältnissen in der Luft (z. B. Tag- oder Nachtbetrieb) abhängig.

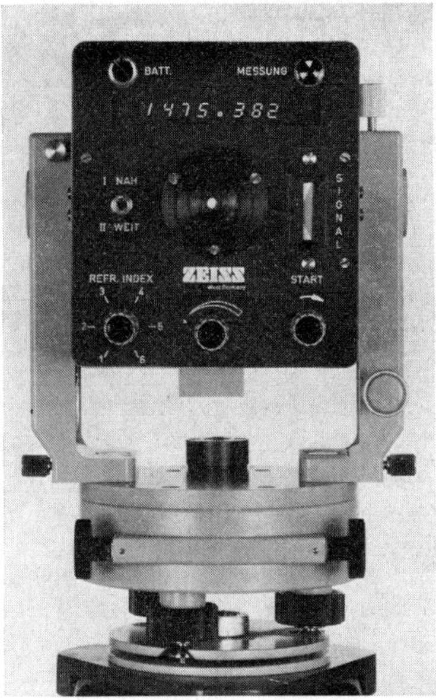

Abb. 12. Elektrooptischer Distanzmesser ELDI 2 — Carl Zeiss/Oberkochen

Geräte relativ kurzer Reichweite sind meist elektro-optische Distanzmesser wie z. B. der ELDI 2 von Zeiss (Abb. 12), der mit einer infraroten Trägerwelle von 910 nm arbeitet und je nach Objektiv bis zu einer Entfernung von etwa 3000 m bzw. 5000 m messen kann. Mit einem besonderen Schalter kann die meteorologische Situation ausreichend berücksichtigt werden, so daß die nach weniger als 5 s

Meßzeit eintretende digitale Anzeige unmittelbar die Schrägstrecke liefert. Das Gerät, dessen Meßgenauigkeit mit ± 5 bis ± 20 mm angegeben wird, kann mit einem Theodolit kombiniert werden.

Über Tachymeter mit elektronischer Streckenmessung siehe 2.6.3.1.

2.4.1.3 *Bildmessung*

Die Bildmessung besteht in der Auswertung photographischer Aufnahmen; man bezeichnet sie daher auch als *Photogrammetrie*. Am bedeutendsten sind dabei die aus Luftfahrzeugen aufgenommenen Bilder (Luftbilder). Die Genauigkeit der Auswertung gestattet die Anwendung dieses Verfahrens bei fast allen geodätischen Arbeiten. Zur Bestimmung von Festpunkten wird meist das Verfahren der Luftbildtriangulation eingesetzt. Nährer Einzelheiten siehe (2.6.4).

2.4.2 Das Dreiecksnetz

2.4.2.1 *Aufbau und Abmarkung*

Soll ein größerer Teil der Erdoberfläche — ein Land — zusammenhängend vermessen werden, so wird das ganze Gebiet mit einem Netz von Festpunkten, den „trigonometrischen Punkten" (TP) überzogen. Dieses Festpunktfeld besteht aus einer großen Anzahl von Bodenpunkten und Hochpunkten. Die Bodenpunkte werden durch Steinpfeiler vermarkt; eine darunterliegende Platte dient als Sicherung (Abb. 13). Hochpunkte sind Kirchturmspitzen (Abb. 14), Fahnenstangen auf Aussichtstürmen usw.

Zunächst wählt man Punkte in einer Entfernung von 30 ... 50 km aus, die möglichst gleichseitige Dreiecke bilden und wegen der notwendigen gegenseitigen Sicht vornehmlich auf beherrschenden Geländehöhen liegen. Es sind die TP 1. Ordnung.

Das Dreiecksnetz 1. Ordnung bildet den großen Rahmen für alle folgenden Messungen. Es wird durch die Netze 2. O. (mit Seitenlängen von 10 ... 20 km), 3. O. (3 ... 10 km) und 4. O. (1 ... 3 km) verdichtet.

Abb. 13. TP-Vermarkung (Bodenpunkt)

Abb. 14. Trigonometrischer Hochpunkt mit Beobachtungsstand

2.4.2.2 *Messung von Dreiecksnetzen*

In den Dreiecksnetzen werden auf allen trigonometrischen Punkten die Dreieckswinkel gemessen *(Triangulation)*. Damit ist die Form des Dreiecksnetzes festgelegt. Seinen Maßstab erhält man durch Bestimmung der Länge mindestens einer Dreiecksseite. Diese bestimmt man aus einem Basisvergrößerungsnetz (2.4.2.3) oder unmittelbar durch elektronische Streckenmessung (2.4.1.2).

Man kann das Verfahren der elektronischen Streckenmessung auch auf alle Dreiecksseiten ausdehnen *(Trilateration)*. Solche Trilaterationsnetze (Streckennetze) (Abb. 15) unterscheiden sich in ihrer Anlage von den klassischen Triangulationsnetzen (Winkelnetzen) (Abb. 16) vor allem durch die Diagonalverbindungen.

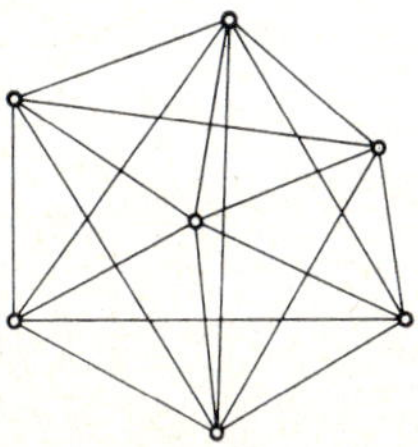

Abb. 15. Trilaterationsnetz

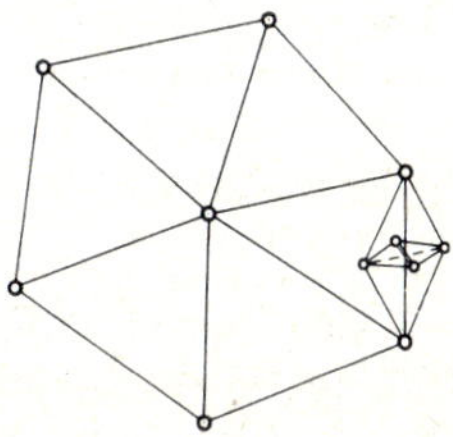

Abb. 16. Triangulationsnetz

Schließlich kann man anstelle des Dreiecksnetzes noch ein Netz großräumiger *Polygonzüge* (Traversen) bestimmen. Weitere Einzelheiten zur Messung von Polygonzügen siehe (2.4.3).

Bei der Triangulierung höherer Ordnung sind weite Sichten notwendig. Um diese zu erreichen und um die für eine genaue Winkelmessung ungünstigen bodennahen Luftschichten zu vermeiden, müssen Beobachtungsstände und Ziele möglichst hoch gelegt werden. Zu diesem Zweck errichtet man über den Bodenpunkten Signaltürme aus Holz oder Stahl, die eine Höhe von 30 m und mehr erreichen können (Abb. 17). Die Türme bestehen aus zwei getrennten Teilen: einem stabilen Beobachtungsgerüst für die erschütterungsfreie Aufstellung des Theodolits und einem leichteren Gerüst, das mit Leitern und einer Plattform für den Beobachter versehen ist und an der Spitze die Zielmarke (Heliotrop oder Scheinwerfer) trägt. Bei Kirchtürmen ist gewöhnlich der Knauf Zielpunkt, und die Beobachtung wird exzentrisch von Brüstungen oder aufgemauerten Pfeilern aus durchgeführt (siehe Abb. 14).

Abb. 17. Beobachtungsturm

2.4.2.3 *Basismessung*

Eine Basis von etwa 5 bis 8 km Länge wird in möglichst ebenem und offenem Gelände angelegt und direkt und mit hoher Genauigkeit gemessen. Von dieser Basis leitet man über ein *Basisvergrößerungsnetz* die Länge einer Dreiecksseite ab. Ein solches Netz besteht meist aus einem einfachen oder doppelten Rhombus, in dem alle Winkel gemessen werden. Abb. 18 zeigt einen Ausschnitt aus dem klassischen Netz der Preußischen Landesaufnahme von 1880 mit der südlich von Göttingen gelegenen Basis.

Die Basis wird durch Stative in Teilstrecken von nahe 24 m Länge aufgeteilt und dann mit mehreren 24-m-Drähten aus Invar (einer Eisen-Nickel-Legierung mit sehr geringem thermischen Ausdehnungskoeffizienten) gemessen (Abb. 19). Wegen der angestrebten hohen Genauigkeit, die bei etwa $\pm$ 0,3 bis 0,4 mm/km liegt, müssen Zugspannung, Bandlage und -temperatur sowie weitere Einflüsse sorgfältig ermittelt und rechnerisch berücksichtigt werden.

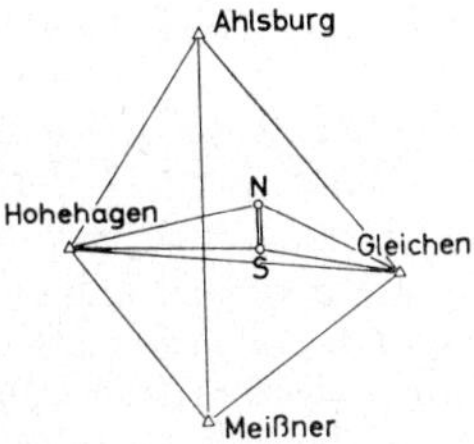

Abb. 18. Göttinger Basis
Länge der Basis N-S 5195 m
Hohehagen-Gleichen 19168 m
Ahlsburg-Meißner 57519 m
(Seite im Netz 1.O.)

Abb. 19. Basismessung

2.4.2.4 *Astronomische Ortsbestimmung*

Um das Dreiecksnetz auf dem Ellipsoid festlegen zu können, muß man die geographische Breite φ und die geographische Länge λ mindestens eines Netzpunktes P sowie das Azimut α einer von diesem ausgehenden Dreiecksseite (Winkel zwischen der geographischen Nordrichtung und dieser Dreiecksseite) durch astronomische Messungen ermitteln. Danach können für alle Netzpunkte durch rechnerische Übertragung die geographischen Koordinaten bestimmt werden. Da diese jedoch für Folgearbeiten wenig geeignet sind, rechnet man von den Netzpunkten geodätische, im vorliegenden Falle also

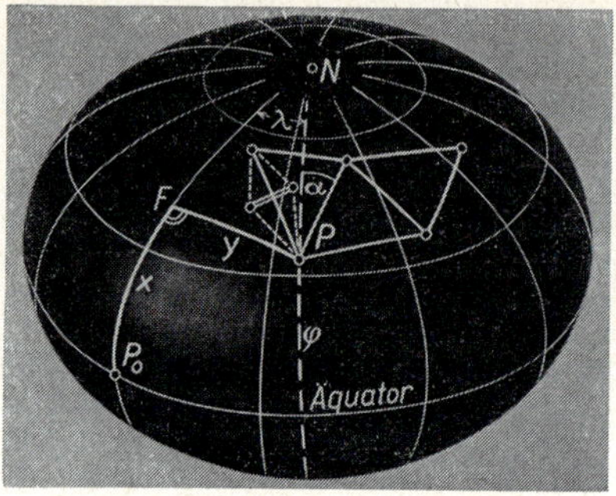

Abb. 20. Punktfestlegung auf dem Ellipsoid

ellipsoidische rechtwinklige Koordinaten (x, y in Abb. 20), die schließlich nach den in 3.7 angegebenen Verfahren in ebene rechtwinklige Koordinaten umgewandelt werden [22].

Für die astronomischen Messungen und Berechnungen denkt man sich das Himmelsgewölbe als eine Kugel von unendlich großem Radius. Verlängert man nun die Lotrichtungen in den einzelnen Punkten des Geoids bis zum Schnitt mit dieser Himmelskugel, so entspricht dies einer Übertragung der geographischen Koordinaten auf die Himmelssphäre. Die Verlängerung der Erdachse ergibt die *Himmelspole* P und P', die Verlängerung der Erdäquatorebene den *Himmelsäquator* (Abb. 21). In diesem sphärischen sog. *äquatorialen*

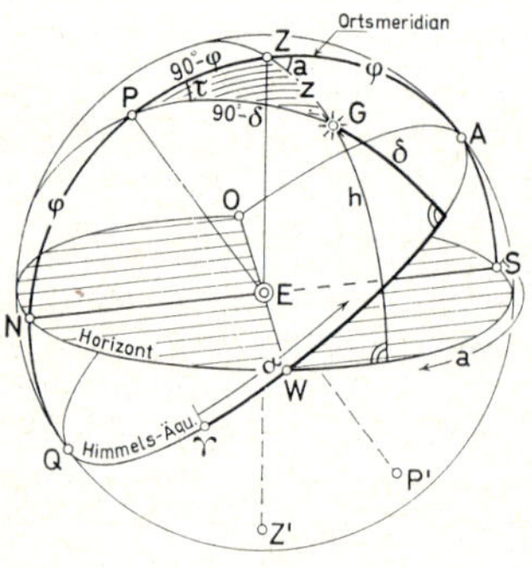

Abb. 21. Astronomische Ortsbestimmung

Koordinatensystem werden Gestirnspositionen festgelegt durch die *Deklination* δ (der geographischen Breite φ vergleichbar) und die *Rektaszension* α (der geographischen Länge λ vergleichbar), die jedoch im *Stundenmaß* ($24^h \triangleq 360°$) vom *Frühlingspunkt* (Widderpunkt) aus gezählt wird. Für die wichtigsten Gestirne sind die Werte δ und α in den *astronomischen Jahrbüchern* enthalten.

Daneben spielt noch das ortsabhängige *horizontale* System eine Rolle (Abb. 21). Dieses ist festgelegt durch den *Zenit* Z als Schnitt der örtlichen Lotrichtung mit der Himmelskugel und dem zur Lotrichtung senkrechten *Horizont* durch den Beobachtungspunkt. Die Lage eines Gestirns G in diesem System ist gegeben durch den *Vertikalwinkel* (Zenitwinkel z oder Höhenwinkel $h = 90° - z$) und das *Azimut* a als Horizontalwinkel gegen die Süd- bzw. Nordrichtung.

Die Verbindung beider Systeme liefert das sog. *Poldreieck* mit den Eckpunkten Pol (P), Zenit (Z) und Gestirn (G). Dabei folgt bereits unmittelbar, daß die Polhöhe PN gleich der geographischen Breite φ ist. Ferner ist im Pol P der Stundenwinkel $\tau = \theta - \alpha$, wobei θ der Stundenwinkel des Frühlingspunktes (d. h. die *Sternzeit* des Beobachtungsortes) ist. Das Poldreieck bildet die Grundlage für die astronomische Bestimmung von Breite, Länge und Azimut.

Die *Bestimmung der geographischen Breite* geht aus von einem gemessenen und wegen der Refraktion korrigierten Zenitwinkel z zu einem Gestirn mit bekannten Werten α und δ. Hierfür sind besonders günstig die polnahen Sterne wie z. B. der Polarstern. Die gleichzeitig gemessene Uhrzeit wandelt man in Sternzeit um und berechnet daraus den Stundenwinkel τ. Aus dem Cosinussatz im sphärischen Poldreieck

$$\cos z = \sin \varphi \sin \delta + \cos \varphi \cos \delta \cos \tau$$

erhält man nach Umwandlung und Einführung der Hilfsgröße $\tan M = \tan \delta \,/\, \cos \tau$

$$\cos(\varphi - M) = \frac{\cos z \sin M}{\sin \delta}.$$

Zur *Bestimmung der geographischen Länge* ermittelt man aus dem Zenitwinkel z, der bereits bekannten geographischen Breite φ und den Gestirnskoordinaten α und δ den Stundenwinkel τ zu

$$\cos \tau = \frac{\cos z - \sin \varphi \sin \delta}{\cos \varphi \cos \delta}.$$

Mit $\theta = \tau + \alpha$ erhält man die Sternzeit, die mit Hilfe der gleichzeitig durchgeführten Zeitbestimmung einen Vergleich mit der aus Jahrbüchern zu entnehmenden Sternzeit in Greenwich gestattet. Der Unterschied der beiden Sternzeiten entspricht der Länge λ.
Die *Bestimmung des Azimuts* ergibt sich aus dem gemessenen und reduzierten Zenitwinkel z und den bekannten Größen δ und φ zu

$$\tan \frac{a}{2} = \sqrt{\frac{\sin(\sigma - \varphi) \cdot \cos(\sigma - z)}{\sin(\sigma - \delta) \cdot \cos \sigma}}$$

mit $2\sigma = \varphi + \delta + z$. Durch Ablesen der Horizontalrichtungen 1. zum Gestirn und 2. zu einem terrestrischen Zielpunkt läßt sich das Azimut zu diesem Punkt ermitteln und später auf andere Ziele übertragen.
Bei den genannten Verfahren werden die Größen φ, λ und a einzeln bestimmt. In der geodätischen Praxis kommen in der Regel Methoden zur Anwendung, bei denen durch Beobachtung mehrerer Sterne die gesuchten Elemente gemeinsam ermittelt werden können (sog. *Standlinienverfahren)*. Neuerdings benutzt man auch künstliche Erdsatelliten zur Ortsbestimmung *(Satellitengeodäsie)*. Dabei werden Richtungen, Strecken (mit Laserstrahlen) und Dopplerfrequenzverschiebungen gemessen, teilweise auch unter Einsatz photogrammetrischer Methoden.

2.4.2.5 *Verdichtung des Dreiecksnetzes*

Während die Dreiecksnetze 1. und 2. Ordnung meist durch geschlossene Messung und Berechnung entstehen, herrscht in den Netzen 3. und 4. Ordnung das Verfahren der *Einzelpunkteinschaltung* vor. Hierbei werden die neuen Punkte einzeln — mitunter auch zu zweit oder zu dritt — im Anschluß an vorhandene Festpunkte gemessen und berechnet. Die wichtigsten dabei auftretenden Meßverfahren sind das trigonometrische Einschneiden, das polare Anhängen, der Bogenschlag, die Polygonierung (letztere siehe 2.4.3) [12] und die Aerotriangulation (2.6.4.3).

Die einfachste trigonometrische Einschneideaufgabe ist das *Vorwärtseinschneiden* (Abb. 22): Auf den nach ihren Koordinaten bekannten

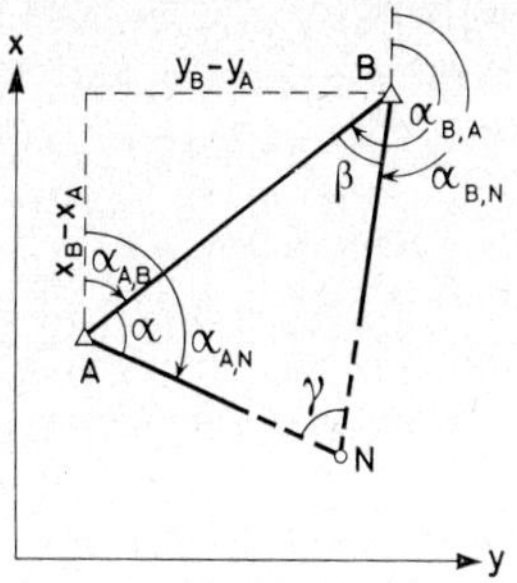

Abb. 22. Vorwärtseinschneiden

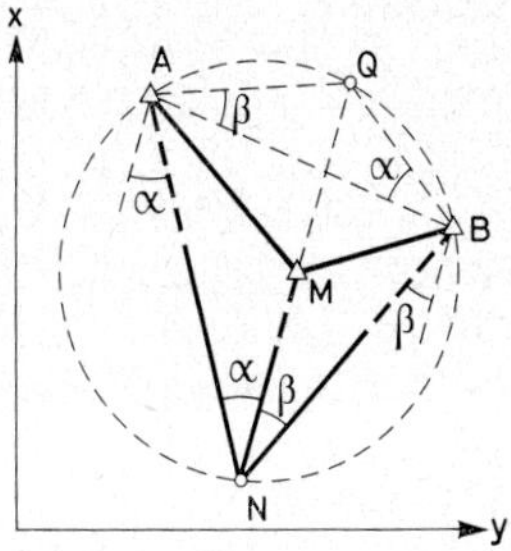

Abb. 23. Rückwärtseinschneiden

Standpunkten A bzw. B werden die Winkel α bzw. β zum Neupunkt N gemessen. Dessen Koordinaten erhält man aus

$$x_N = x_A + \overline{AN} \cdot \cos \alpha_{A,N} = x_B + \overline{BN} \cdot \cos \alpha_{B,N}, \quad (1\,\text{a})$$

$$y_N = y_A + \overline{AN} \cdot \sin \alpha_{A,N} = y_B + \overline{BN} \cdot \sin \alpha_{B,N}. \quad (1\,\text{b})$$

Dabei ist

$$\alpha_{A,N} = \alpha_{A,B} + \alpha \qquad \alpha_{B,N} = \alpha_{B,A} - \beta \quad (2)$$

$$\tan \alpha_{A,B} = \frac{y_B - y_A}{x_B - x_A} \qquad \alpha_{B,A} = \alpha_{A,B} \pm 200 \text{ gon} \quad (3)$$

$$\overline{AN} = \overline{AB} \cdot \frac{\sin \beta}{\sin \gamma} \qquad \overline{BN} = \overline{AB} \cdot \frac{\sin \alpha}{\sin \gamma} \quad (4)$$

$$AB = \sqrt{(x_B - x_A)^2 + (y_B - y_A)^2} \quad (5)$$

$$\gamma = 200 \text{ gon} - (\alpha + \beta). \quad (6)$$

Beim *Rückwärtseinschneiden* (Abb. 23) müssen drei Festpunkte — A, M, B — durch ihre Koordinaten gegeben sein. Die Festlegung des Neupunktes N erfolgt durch Messung der Winkel α und β im Neupunkt. Von den zahlreichen Lösungsmöglichkeiten des Rückwärtseinschnittes sei hier lediglich die Berechnung nach *Collins* angedeutet, bei der diese Aufgabe auf zwei Vorwärtseinschnitte zurückgeführt wird. Dazu denken wir uns über ABN einen Hilfskreis gelegt, der die Verlängerung NM im Punkt Q schneidet. Bei B bzw. A treten wieder die beiden Winkel α bzw. β auf, so daß Q durch Vorwärtseinschneiden über AB bestimmt werden kann. Der aus den Koordinaten von Q und M zu berechnende Richtungswinkel $\alpha_{Q,M}$ ist gleich $\alpha_{Q,N}$; mit dessen Hilfe werden $\alpha_{A,N}$ und $\alpha_{B,N}$ gefunden. Nun läßt sich der Neupunkt von A und B aus vorwärtseinschneiden. Jeder Rückwärtseinschnitt wird unmöglich, d. h. die Lösung unbestimmt, wenn der Neupunkt und die drei gegebenen Festpunkte auf einem Kreis liegen.

Beim *polaren Anhängen* läßt sich z. B. der Punkt N in Abb. 22 allein von A aus bestimmen, wenn neben der Messung des Anschlußwinkels α auch die Strecke $\overline{AN}$ gemessen wird. Die beim Vorwärtseinschneiden aufgeführten Formeln (1) bis (3) gelten dafür sinngemäß.

Ein *Bogenschlag (Bogenschnitt)* liegt vor, wenn von den Standpunkten A und B in Abb. 22 die Strecken $\overline{AN}$ und $\overline{BN}$ gemessen werden. Da im Dreieck ABN dann alle Strecken bekannt sind, lassen sich auch die Winkel errechnen. Die weitere Berechnung ist somit auf den Fall des Vorwärtseinschneidens zurückgeführt.

In der Praxis der Netzverdichtung werden häufig mehrere der beschriebenen Verfahren miteinander verknüpft. Fast immer werden aber mehr Messungsgrößen ermittelt, als zur Bestimmung eines neuen Punktes erforderlich wären. In diesem Falle der sog. überschüssigen Beobachtungen würden sich aus den verschiedenen Kombinationen der Messungsgrößen jeweils Neupunktkoordinaten ergeben, die gegeneinander kleine Abweichungen aufweisen. Mit Hilfe der *Ausgleichsrechnung* erhält man den wahrscheinlichsten Wert für die Neupunktkoordinaten, wenn die Quadratsumme der einzelnen Restabweichungen gegen diesen Wert ein Minimum wird *(Methode der kleinsten Quadrate)*.

2.4.3 Das Polygonnetz

2.4.3.1 *Aufbau und Abmarkung*

Das Netz der trigonometrischen Punkte reicht im allgemeinen für den unmittelbaren Anschluß von Einzelvermessungen noch nicht aus. Es wird daher durch ein Netz von *Polygonzügen* verdichtet. Ein Polygon- oder Streckenzug ist ein gebrochener Linienzug; die Brechpunkte bezeichnet man als *Polygonpunkte*.

Die Polygonpunkte liegen so auf Straßen und Wegen, an Wasserläufen usw., daß zwischen benachbarten Polygonpunkten freie Sicht besteht und daß der Anschluß von Einzelvermessungen nicht durch Hindernisse (z. B. Mauern,

Strauchwerk) erschwert wird. Sie werden durch Granitsteine, unterirdische senkrechte Rohre, ebenerdige Metallbolzen, Kunststoffmarken usw. abgemarkt. Die Länge der Polygonseiten schwankt zwischen 50 m und 300 m.

2.4.3.2 *Der Polygonzug*

Polygonzüge, die trigonometrische Punkte miteinander verbinden, bezeichnet man als *Hauptzüge*. Von diesen gehen dann *Nebenzüge* in dem Umfang ab, wie es zur Erschließung des Geländes erforderlich ist.
Die Messung eines Polygonzuges besteht aus der Messung der *Brechungswinkel* β und der *Polygonseiten* s (Abb. 24).

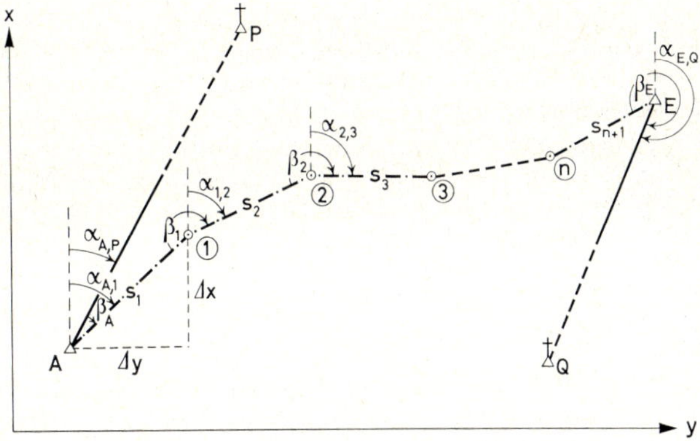

Abb. 24. Polygonzug

Gewöhnlich werden dabei auch auf den mit ihren Koordinaten bekannten Anfangs- und Endpunkten die Brechungswinkel β_A und β_E mit Hilfe der Richtungen zu bekannten Festpunkten gemessen.

Für die Berechnung der Koordinaten der einzelnen Polygonpunkte ermittelt man zunächst die Richtungswinkel $\alpha_{A,P}$ und $\alpha_{E,Q}$ nach Formeln entsprechend Gl. (3) in 2.4.2.5. Nun besteht die Bedingung

$$\alpha_{A,P} + \Sigma\beta - j \cdot 200 \text{ gon} = \alpha_{E,Q} \qquad (j = \text{ganze Zahl}).$$

Der Widerspruch, der in dieser Bedingung wegen der unvermeidlichen Messungsungenauigkeiten auftritt, wird zu gleichen Teilen auf die Werte β verteilt. Mit den so verbesserten Brechungswinkeln werden die Richtungswinkel $\alpha_{i,i+1}$ der einzelnen Seiten berechnet. Danach erhält man die Koordinatenunterschiede

$$\varDelta x = s \cdot \cos \alpha \qquad \varDelta y = s \cdot \sin \alpha$$

und mit ihnen die Bedingungen

$$x_A + \Sigma\, \varDelta x = x_E \qquad y_A + \Sigma\, \varDelta y = y_E.$$

Die hierbei auftretenden Widersprüche werden auf die Werte $\varDelta x$ und $\varDelta y$ proportional zur Länge der Seiten verteilt. Mit den so verbesserten Koordinatenunterschieden werden die endgültigen Koordinaten der Polygonpunkte berechnet.

2.5 Höhenmessungen und Höhenfestpunkte

2.5.1 Höhenbezugsfläche

Höhenmessungen, auch als Vertikalmessungen bezeichnet, legen die Punkte nach ihrer Höhe fest. Sie sind zusammen mit den Lagemessungen erforderlich, wenn es darauf ankommt, das Gelände mit all seinen Formen, d. h. die physische Erdoberfläche, zu erfassen und in einer topographischen Karte darzustellen. Bei allen Höhenmessungen werden *Höhenunterschiede* bestimmt [11, 13].

Unter der Höhe eines Geländepunktes versteht man seinen in der Lotlinie gemessenen Abstand von einer bestimmten Niveaufläche. Eine für Höhenangaben besonders gut geeignete Niveaufläche ist das Geoid (2.3.3) als die in Ruhe gedachte Meeresoberfläche. Tatsächlich haben die meisten Staaten auch eine Höhenbezugsfläche gewählt, die angenähert mit dem mittleren Wasserstand eines benachbarten Meeres zusammenfällt, im übrigen aber durch eine bestimmte Marke exakt festgelegt ist. Man spricht wegen dieses Zusammenhanges daher auch oft von *Meereshöhen.*

Im *Deutschen Reich* erfolgte die Einführung eines einheitlichen Bezugsniveaus im Jahre 1879 durch die Anlage eines Normalhöhenpunktes (NHP) an einem Pfeiler der alten Berliner Sternwarte. Die genau

37,000 m unter der Höhenmarke verlaufende Niveaufläche ist die sog. Normalnullfläche. Auf sie werden alle Höhenangaben bezogen und als *Höhen über Normal-Null* (NN) bezeichnet. Die Normalnullfläche stimmt auf etwa 1 dm mit dem mittleren Meeresspiegel der Nordsee (Amsterdamer Pegel) überein. Vor dem im Jahre 1913 erfolgten Abbruch der Berliner Sternwarte wurde etwa 40 km östlich der Berliner Stadtmitte — beim Ort Hoppegarten — der „Normalhöhenpunkt von 1912" geschaffen. Die Bezugsfläche blieb dabei unverändert. Der neue NHP ist durch einen Granitpfeiler unterirdisch vermarkt und durch zehn Kontrollmarken versichert.

In *Österreich* beziehen sich die Angaben der Meereshöhe auf eine Höhenmarke, die im Häuschen des selbstregistrierenden Pegels am Molo Sartorio in Triest angebracht ist und 3,352 m über dem Mittelwasser des Adriatischen Meeres liegt [1].

Der Ausgangspunkt für die Höhen in der *Schweiz* ist eine Höhenmarke an der Pierre du Niton, einem Felsblock im Hafen von Genf. Die Höhe dieses Punktes bezieht sich auf den mittleren Wasserstand des Mittelländischen Meeres bei Marseille und wurde beim alten Horizont zu 376,86 m, beim neuen Horizont zu 373,60 m ü. M. angenommen. Auf letzteren beziehen sich die neuen amtlichen Kartenwerke der Schweiz [17].

Die Höhen- bzw. Tiefenangaben in den Seekarten der deutschen Nordseeküste sind auf ein besonderes *Seekartennull* (SKN) bezogen, das als örtliches mittleres Springniedrigwasser definiert ist und etwa um den halben mittleren Springtidenhub (Borkum 1,4 m, Wilhelmshaven 2,2 m, List/Sylt 1,0 m) unter NN liegt. Im Bereich der deutschen Ostseeküste ist SKN praktisch gleich NN.

Die unterschiedliche Festlegung der Höhensysteme in den europäischen Staaten führt an den Grenzen der Bundesrepublik Deutschland etwa zu folgenden, nur als Durchschnittswerte geltenden Abweichungen zwischen den Bezugsflächen (NN — 0,10 m bedeutet, daß die angrenzende Bezugsfläche 0,10 m tiefer liegt als Normal Null):

Österreich	NN — 0,31 m	Belgien	NN — 2,30 m
Schweiz	NN — 0,06 m	Niederlande	NN + 0,02 m
Frankreich	NN — 0,25 m	Dänemark	NN — 0,09 m

Die osteuropäischen Staaten beziehen sich auf den Kronstädter Pegel. Im Bereich der DDR, die sich diesem Höhensystem angeschlossen hat, liegt die Bezugsfläche etwa bei NN + 0,16 m.

2.5.2 Arten der Höhenmessung

2.5.2.1 *Geometrisches Nivellement*

Bei ihm wird der Höhenunterschied benachbarter Punkte durch horizontales Zielen nach lotrecht gestellten Skalen (Nivellierlatten) bestimmt. Bezeichnen wir die Lesung an

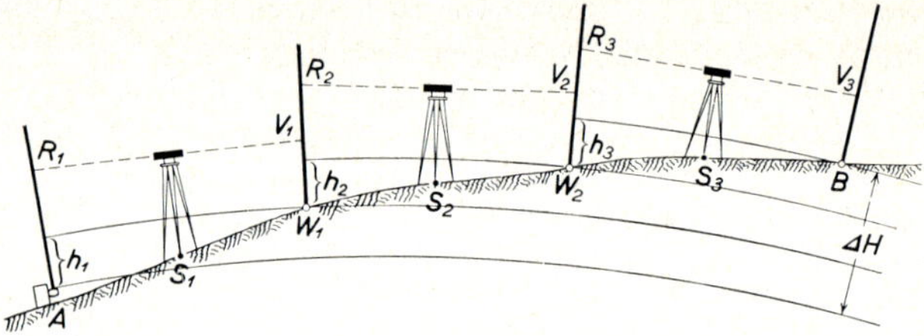

Abb. 25. Nivellement

der Latte im Punkt A (Abb. 25) mit R_1 (Rückblick), die in W_1 mit V_1 (Vorblick), so ist der Höhenunterschied zwischen A und W_1

$$h_1 = R_1 - V_1.$$

Auf gleiche Weise wird der Höhenunterschied zwischen W_1 und W_2 erhalten. Durch fortlaufende Summierung einzelner Höhenunterschiede ergibt sich endlich der Höhenunterschied von Punkten in beliebig großer Entfernung mit

$$\Delta H = h_1 + h_2 + h_3 + \ldots = \Sigma h = \Sigma R - \Sigma V.$$

Hat $R - V$ positives Vorzeichen, so steigt das Gelände; negatives Vorzeichen bedeutet Gefälle. Ist der Anschlußpunkt durch seine Höhe über NN gegeben, so errechnet sich die NN-Höhe des Punktes B aus

$$H_B = H_A + \Delta H.$$

Zur Sicherung der Ergebnisse wird entweder zurücknivelliert (Nivellementsschleife) oder das Nivellement bis zu einem zweiten Festpunkt weitergeführt (Nivellementslinie oder

-strecke). Im letzteren Falle ergibt sich zugleich eine Kontrolle für die Höhe der Anschlußpunkte. Die Zielweiten beim Nivellement wählt man im allgemeinen zu 30 ... 50 m.

Wie aus Abb. 25 hervorgeht, wird auch bei der kugelförmigen Erdgestalt der wahre Höhenunterschied zwischen den Punkten A und B erhalten, sofern die Zielung aus der Mitte erfolgt.

Das zur Ausführung von geometrischen Nivellements notwendige Gerät besteht aus dem Nivellierinstrument [6] mit Stativ und den Nivellierlatten.

a) Nach der Vorrichtung zur Horizontierung unterscheidet man:

1. *Nivelliere mit Libellenhorizontierung.* Der Hauptteil dieser Instrumente ist das mit einer Röhrenlibelle fest verbundene Meßfernrohr, das durch Achse und Fernrohrträger auf einem Dreifuß mit Fußschrauben ruht (Abb. 26). Vor jeder Zielung wird die Libelle zum

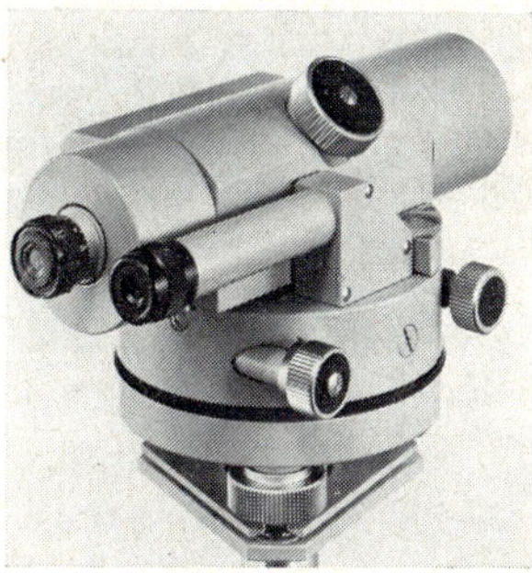

Abb. 26.
Libellennivellier FNK 2 Steinheil-Lear Siegler(Fennel)/Kassel

Einspielen gebracht. Damit bei einspielender Libelle die Zielachse horizontal verläuft, muß das Nivellier justiert sein, d. h. es müssen Zielachse und Libellenachse parallel sein.

Ist das Fernrohr mit dem Dreifuß fest verbunden (sog. norddeutscher Typ), so muß die Libelle mit den Fußschrauben eingespielt werden. Kann das Fernrohr jedoch für sich mit Hilfe einer Kippschraube in beschränktem Maße gekippt werden (sog. süddeutscher Typ), so wird nur die Grobhorizontierung mit den Fußschrauben durchgeführt, die Feineinspielung der Libelle dagegen mit der Kippschraube vorgenommen.

2. *Nivelliere mit selbsthorizontierender Ziellinie.* 1950 gelang es der Fa. Zeiss-Oberkochen, durch optische Bauelemente die Ziellinie so zu beeinflussen, daß sie sich automatisch mit der notwendigen Genauigkeit horizontal stellt. Seither haben auch andere mechanische Werkstätten derartige Nivelliere herausgebracht. Abb. 27 zeigt einen

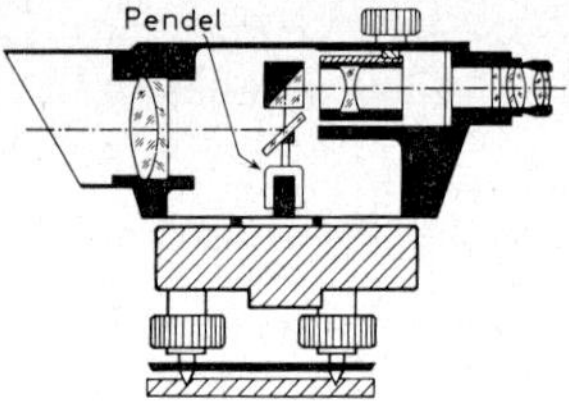

Abb. 27.
Schnitt durch das selbsthorizontierende Nivellier AUTOM — Breithaupt/Kassel

Schnitt durch ein solches Gerät. Selbsthorizontierende Nivelliere haben gegenüber den Libellennivellieren wesentliche Vorteile. Sie verlangen lediglich eine Grobhorizontierung mittels der Fußschrauben entsprechend der Anzeige einer Dosenlibelle, ein Umstand, der sich günstig auf den Arbeitsfortschritt auswirkt. Außerdem sind sie unempfindlich gegen stärkere Sonnenbestrahlung.

b) Je nach Leistungsfähigkeit werden unterschieden:

1. *Baunivelliere.* Sie dienen für einfache technische Zwecke, für Flächenaufnahmen und kurze Anschlußnivellements. Baunivelliere mit Libellen gehören vornehmlich dem norddeutschen Typ an. Sie lassen eine Genauigkeit von $\pm$ 1 cm/km erwarten.

2. *Ingenieurnivelliere,* die bei Ingenieurarbeiten und zu Festpunktnivellements eingesetzt werden. Sie sind heute meist selbsthorizontierend. Libellennivelliere besitzen in der Regel eine Kippschraube. Die erreichbare Genauigkeit beträgt $\pm$ 3 bis 5 mm/km.

3. *Fein- oder Präzisionsnivelliere* dienen für Festpunktnivellements höchster Genauigkeit. Bei ihnen kann mit Hilfe einer vor dem Objektiv befindlichen drehbaren planparallelen Platte der Zielstrahl parallel zu sich selbst bis zur Deckung mit dem cm-Strich verschoben und der Verschiebungsbetrag an einer Trommel abgelesen werden. Feinnivellements liefern Genauigkeiten von $\pm$ 1 mm/km und besser.

c) Die *Nivellierlatten* sind aus Holz gefertigt, 3 bis 5 m lang und zur Verhinderung von Durchbiegungen durch Leisten versteift. Die Vorderseite trägt die sehr genaue Teilung, in der Regel Zentimeterfelder, die zu Dezimeterfeldern zusammengefaßt sind. Die Farbe dieser Felder — rot oder schwarz — wechselt von Meter zu Meter. Abb. 28

Abb. 28. Ausschnitte von Nivellierlatten

zeigt je ein Beispiel für a) einfache und b) doppelte Felderteilung (DIN 18703). Die Latten für Feinnivellements haben meist Strichteilung mit 1/2 cm-Intervallen auf Invarbändern.

2.5.2.2 *Hydrostatisches Nivellement*

Die für das Prinzip des Nivellements erforderliche horizontale Bezugslinie wird hier nach dem Gesetz der kommunizierenden Röhren durch eine sog. *Schlauchwaage* erzeugt. An den beiden Enden eines 20 m und mehr langen, mit Wasser gefüllten Schlauches befinden sich Standgläser, in denen der Wasserstand an Skalen abgelesen und auf andere Punkte der Höhe nach bezogen werden kann. Das Verfahren läßt sich bis zu Genauigkeiten von etwa $\pm$ 1 mm verfeinern und wird daher vor allem bei Ingenieurvermessungen dort eingesetzt, wo geometrische Nivellements infolge von Hindernissen oder aus anderen Gründen nicht geeignet sind. Die gegenwärtige Erprobung wesentlich längerer Schläuche kann dem Verfahren weitere Anwendungen, z. B. beim Stromübergang, erschließen.

2.5.2.3 *Trigonometrische Höhenmessung*

Bei diesem Verfahren wird der Höhenunterschied $\Delta H = H_A - H_P$ zwischen den Punkten A und P (Abb. 29) aus dem in J nach der Zieltafel T gemessenen Zenitwinkel z (bzw. Höhenwinkel α) und der Horizontalentfernung s bestimmt. Man erhält s durch Streckenmessung oder — bei bekannten Festpunkten — durch Rechnung aus Koordinaten (2.4.2.5 Gl. 5). Dann ist $h = s \cdot \cot z$ $(= s \cdot \tan \alpha)$. Mit der Instrumentenhöhe i in A und der Zieltafelhöhe t in P ist $\Delta H = h + i - t$, und mit der bekannten Höhe H_A ergibt sich damit die Höhe des Punktes P über NN zu

$$H_P = H_A + s \cdot \cot z + i - t.$$

Diese Formel gilt jedoch nur für kurze Entfernungen bis etwa 250 m. Bei größeren Strecken müssen Erdkrümmung und atmosphärische Strahlenbrechung (Refraktion) berücksichtigt werden.

Zur Verdeutlichung gibt Abb. 30 die Verhältnisse stark verzerrt wieder; in Wirklichkeit ist der übertrieben groß dargestellte Zentriwinkel γ sehr klein und der Winkel bei C praktisch ein rechter. Nunmehr ist der Höhenunterschied $\Delta H = BP = s \cdot \cot z + i - t + c_1 - c_2$; hierbei ist c_1 der Einfluß der Erdkrümmung, c_2 der der Refraktion. Da man genau genug auch $s \approx \overline{DB}$ und $c_1 \approx \overline{DA}$ setzen kann, ergibt

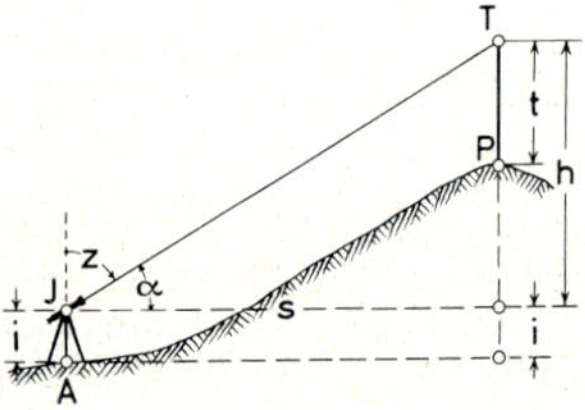

Abb. 29. Trigonometrische Höhenmessung über kurze Strecken

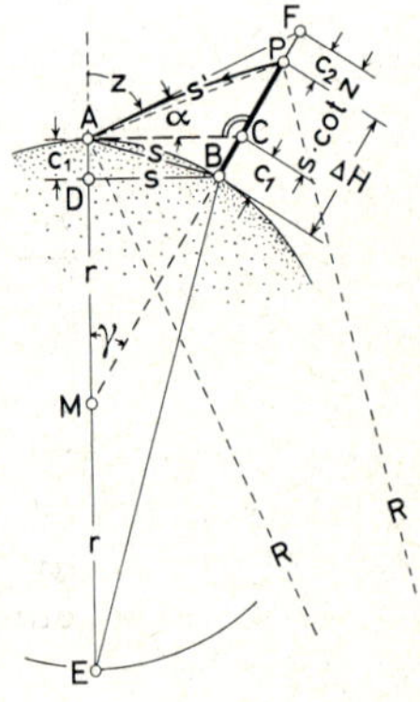

Abb. 30. Trigonometrische Höhenmessung über lange Strecken

sich aus den ähnlichen Dreiecken DAB und DBE die Proportion $c_1 : s = s : (2r - c_1)$ und weil $c_1 \ll 2r$ schließlich $c_1 \approx s^2/2r$.
Da die Dichte der Luft mit wachsender Höhe abnimmt, wird ein von P nach A verlaufender Lichtstrahl nach den Brechungsgesetzen ständig zum Lot abgelenkt. Die dabei entstehende Lichtkurve läßt sich näherungsweise als flacher Kreisbogen mit dem Radius R ansehen. Analog zur Formelentwicklung für c_1 wird daher mit $s \approx s'$

$$c_2 \approx \frac{s'^2}{2R} \approx \frac{s^2}{2r}\frac{r}{R} \approx \frac{s^2}{2r}k.$$

Dabei ist $r/R = k$ der Refraktionskoeffizient, für den man als Durchschnittswert 0,13 ansetzt.
Damit ergibt sich die Höhe des Punktes P über NN unter Berücksichtigung von Erdkrümmung c_1 und Refraktion c_2 zu

$$H_P = H_A + s \cdot \cot z + \frac{s^2}{2r}(1 - k) + i - t$$

und mit den Werten $k = 0{,}13$ und $r = 6370$ km zu

$$H_P = H_A + s \cdot \cot z + 0{,}068 \cdot s^2{(km)} + i - t \qquad [m].$$

Die folgende Tabelle enthält für einige Werte s den Einfluß c_1 der Erdkrümmung und den Einfluß $(c_1 - c_2)$ von Erdkrümmung und Refraktion gemeinsam. Darunter sind die mittleren Fehler M. F. aufgeführt, mit denen für den Wert ΔH unter normalen Beobachtungsbedingungen zu rechnen ist.

s(km)	0,5	1,0	2,0	3,0	4,0	5,0	10,0
c_1(m)	0,02	0,08	0,31	0,71	1,26	1,96	7,85
$(c_1 - c_2)$(m)	0,02	0,07	0,27	0,61	1,09	1,71	6.83
M. F.(cm)	—	—	±4,8	±7,0	±10,1	±13,6	±44,8

Der Einfluß von Erdkrümmung und Refraktion läßt sich weitgehend beseitigen, wenn sowohl in A wie in P gleichzeitig die gegenseitigen Zenitwinkel z_A und z_P beobachtet werden und auf beiden Seiten vergleichbare atmosphärische Verhältnisse herrschen. Dann ergibt sich (ohne Ableitung) mit H_m als mittlerer Höhe

$$H_P = H_A + s\left(1 + \frac{H_m}{r}\right)\tan\frac{z_P - z_A}{2} + i - t.$$

2.5.2.4 *Barometrische Höhenmessung*

Diesem Verfahren liegt die physikalische Tatsache zugrunde, daß der Luftdruck mit wachsender Höhe abnimmt. Den Höhenunterschied zweier Stationen leitet man daher aus der zwischen diesen beiden Punkten gemessenen Luftdruckdifferenz ab. Zur Luftdruckmessung dienen Barometer, die auf verschiedenen Prinzipien beruhen.

1. Die *Quecksilberbarometer* — auch Flüssigkeits- oder Hg-Barometer genannt — gehen auf Beobachtungen von *Torricelli* (1643) zurück, nach denen der Luftdruck auf eine Flüssigkeitsoberfläche dem Gewicht einer Flüssigkeitssäule die Waage hält, die sich in einem einseitig geschlossenen luftleeren Rohr befindet. Verwendet man dabei als Flüssigkeit Quecksilber (Hg), so ergibt sich eine Säulenhöhe von durchschnittlich 760 mm. Da Quecksilberbarometer für den Feldgebrauch ungeeignet sind, benutzt man sie heute nur noch als Standbarometer.
Als Maßeinheit für den Luftdruck setzte man zunächst den Druck von 1 mm Hg-Säule fest und bezeichnete sie nach dem Entdecker des Prinzips als 1 *Torr*. Später führte man als Einheit des Drucks das *Millibar* (mbar) ein, wobei 1 Torr = 1,33322 mbar und umgekehrt 1 mbar = 0,75006 Torr. Für runde Rechnungen gilt also: 1000 mbar = 750 Torr. Nach der Neuregelung des Einheitensystems gilt nunmehr 1 mbar = 100 Pa (Pascal) = 100 N/m² (N = Newton) = 100 γ kg/m² (γ = Erdbeschleuningung).

2. Die *Federbarometer* — auch Trockenbarometer oder Aneroide genannt — eignen sich für Feldarbeiten besser. Sie bestehen aus einer fast luftleeren Dose, deren Deckel, eine gewellte Metallmembran, sich bei Luftdruckänderungen hebt bzw. senkt. Diese kleinen Bewegungen werden mechanisch oder optisch auf einen Zeiger übertragen, mit dem auf einer Skala z. B. 0,2 Torr abgelesen und 0,02 Torr geschätzt werden können (wie bei dem Gerät der schwedischen Firma *Paulin* in Abb. 31). Temperatureinflüsse werden nach Ablesung eines Thermometers rechnerisch berücksichtigt oder bei *Kompensationsbarometern* konstruktiv ausgeschaltet. *Altimeter* wie z. B. der Bodenhöhenmesser der Firma *Thommen* (Schweiz) sind Geräte, die statt der Torr-Teilung eine lineare Meterskala besitzen und damit das unmittelbare Ablesen der Höhenwerte gestatten. Mit acht vollen Zeigerumläufen läßt sich ein großer Meßbereich (bis maximal 5000 m) noch ausreichend genau erfassen.

3. Das *Siedebarometer* oder Hypsometer ist ein Gerät zum Messen des Luftdrucks durch Bestimmung des Siedepunktes von Wasser. Das Wasser siedet, wenn der Dampfdruck gleich dem Luftdruck ist. Das vom Dampf siedenden Wassers umspülte Thermometer (Abb. 32)

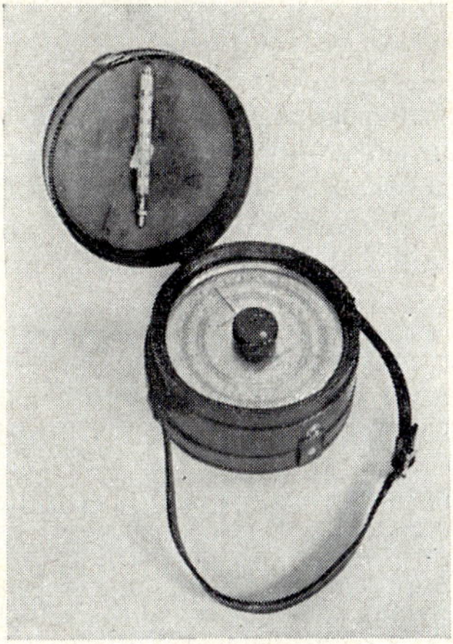

Abb. 31. Paulin-Barometer

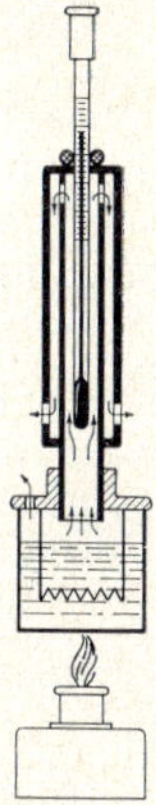

Abb. 32. Siedebarometer

trägt eine Skala, die nach 0,1° C oder nach Doppel-Torr geteilt ist, so daß man den Luftdruck auf 0,2 Torr schätzen kann. Solche Geräte haben sich beim praktischen Einsatz als sehr beständig erwiesen; sie werden deshalb auf Expeditionen und auch zur Kontrolle der Aneroide gern benutzt. Korrekturen der Messungen sind nicht erforderlich.

Das *barometrische Meßverfahren* sieht meist ein Standbarometer (Quecksilber- oder gutes Federbarometer) in einem Zentralpunkt sowie ein oder mehrere Aneroide zur Messung auf den einzelnen Punkten vor. Durch Ablesung des Standbarometers in regelmäßigen Zeitabständen (15—30 Minuten) und durch Vergleich mit den Aneroiden am Anfang und Ende der Messung — möglichst aber alle 2 Stunden — lassen sich die meteorologisch bedingten Druckschwankungen rechnerisch berücksichtigen. Dazu ist bei jeder Aneroidmessung auch die Zeit zu notieren. Im Meßweg der Aneroide sind Gefällwechsel möglichst zu vermeiden, oder es wird auf den Umkehrpunkten ein längerer Aufenthalt erforderlich, um das Gerät anzupassen.

Für die *Berechnung der Höhenunterschiede* geht man in der Praxis die folgenden zwei Wege:

1. *Verfahren der rohen oder fingierten Meereshöhen.* Die barometrische Höhenformel (t = Temperatur in °C, B = Luftdruck in Torr)

$$(H)_i = (H)_0 + 18464 \cdot (1 + 0{,}0037\, t_i)(\lg B_0 - \lg B_i)$$

ist von *Jordan* [23] so vertafelt worden, daß für $(H)_0$ der Meeresspiegel mit dem Luftdruck 762 Torr eingeführt wird. Für 2 Punkte A und B entnimmt man der Tafel jeweils die rohen Meereshöhen $(H)_A$ und $(H)_B$ und erhält daraus den Höhenunterschied $\Delta H = (H)_B - (H)_A$. Mit diesem Wert ergibt sich dann z. B. die endgültige Höhe von B zu $H_B = H_A + \Delta H$.

2. *Verfahren der barometrischen Höhenstufen.* Die barometrische Höhenstufe gibt den Höhenunterschied an, der einer Druckänderung um 1 Torr entspricht. Sie ergibt sich mit $B = 1/2\,(B_A + B_B)$ zu

$$\Delta h = -\frac{8019}{B}(1 + 0{,}0037\, t).$$

Daraus folgt für den Höhenunterschied $\Delta H = \Delta h \cdot (B_B - B_A)$. Auch hierfür hat Jordan Tafeln berechnet. Aus diesen ergibt sich z. B. für $t = 10°$ C und 760 Torr die Höhenstufe zu 10,94 m, bei 660 Torr zu 12,60 m.

Die *Genauigkeit der barometrischen Höhenmessung* läßt sich an Hand der Höhenstufe abschätzen. Da die Luftdruckdifferenz $B_B - B_A$ infolge der Ableseungenauigkeiten höchstens auf $\pm$ 0,15 Torr genau anzugeben ist, folgt daraus eine Höhenungenauigkeit von etwa $\pm$ 1,5 bis 2 m. Dazu kommen jedoch noch Fehler aus den nicht vollständig erfaßbaren Veränderungen des meteorologischen Feldes.

2.5.2.5 *Höhenmessung mit Freihandgeräten*

Solche Geräte eignen sich bei geringeren Genauigkeitsansprüchen zur Bestimmung von Höhenunterschieden oder Gefällsangaben. Sie beruhen meist auf dem Pendelprinzip oder besitzen einfache Libellen. Bekannte Geräte dieser Art sind der Handgefällmesser der Firma *Breithaupt* (Kassel) und der Taschengefällmesser der Firma *Möller* (Wedel/Holstein).

Der durchsichtige Teilkreis des Handgefällmessers von Breithaupt (Abb. 33) wird durch ein Pendelgewicht nach der Lotrichtung orientiert. Befindet sich das Okular links vom Teilkreis, kann man eine

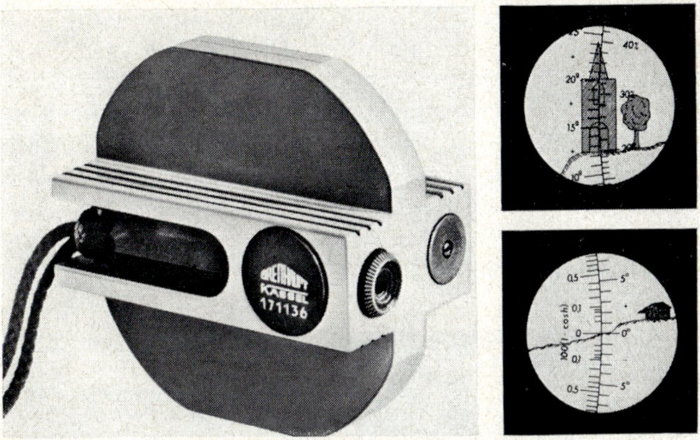

Abb. 33. Handgefällmesser mit Okulareinblick links und rechts — Breithaupt/Kassel

Prozentskala oder Winkelwerte in gon ablesen; ist der Okulareinblick rechts, so erscheinen Altgradteilung und eine Teilung zur Horizontalreduktion schräg gemessener Strecken. Mit der Prozentskala p % läßt sich bei bekannter Strecke s ein Höhenunterschied $h = s \cdot p/100$ bestimmen. Umgekehrt kann man auch bei bekanntem Wert h (z. B. Fluchtstabhöhe von 2 m) die Entfernung mit $s = 100 \cdot h/p$ erhalten. Mit dem Nullstrich der Teilungen ist ein grobes Nivellieren möglich.

2.5.2.6 *Photogrammetrische Höhenmessung*

Auch mit Hilfe der Photogrammetrie lassen sich Höhen bestimmen, wenn die aufgenommenen Bilder im Wege der Zweibildauswertung (Stereophotogrammetrie) ausgewertet werden. Solche Meßverfahren wendet man heute zunehmend in der topographischen Vermessung an. Weitere Einzelheiten siehe 2.6.4.3.

2.5.3 Das Höhennetz

2.5.3.1 *Aufbau und Abmarkung*

Ähnlich wie ein Dreiecksnetz ein Land mit Lagefestpunkten versieht, so werden durch ein Höhennetz die Anschlußpunkte für Höhenmessungen geschaffen. Die Höhenfestpunkte sind dabei ihrer Bedeutung entsprechend abgemarkt. Neben unterirdischen Festlegungen aus Granitpfeilern für Haupthöhenpunkte finden sich an Kirchen und öffentlichen Gebäuden vielfach kreisförmige Höhenmarken; die meisten Höhenpunkte sind durch metallische Höhenbolzen festgelegt, die in Außenwänden von Gebäuden, in Mauern oder in Granitpfeilern eingelassen sind (Abb. 34).

Abb. 34. Höhenbolzen

Das Höhennetz gliedert sich in der Bundesrepublik Deutschland in das Netz 1. Ordnung mit einer Maschenweite von 30 bis 50 km, das Netz 2. O. mit Maschen von 15 bis 20 km Weite und das Netz 3. O., das je nach Örtlichkeit oder Bedarf eine Maschenweite von höchstens 10 km aufweist. Ein Netz 4. O. wird nur in besonderen Fällen angelegt.

2.5.3.2 *Messungen im Höhennetz*

Solche Messungen sind Feinnivellements, die zunächst das Netz 1. O. in Verbindung bringen mit dem Normalhöhenpunkt, also mit der definierten Bezugsfläche. Zu den Nivellements im Netz 1. O. treten häufig auch Schweremessungen, um Massenanomalien und ihre Auswirkung auf die Form der Bezugsfläche berücksichtigen zu können. Die methodisch sehr verfeinerten Nivellements ergeben Genauigkeiten, die im Netz 1. O. bei $\pm$ 0,4 mm/km und genauer, in den Netzen 2. und 3. O. bei etwa $\pm$ 0,7 mm/km liegen. Das Verknüpfen vieler Nivellementslinien zu einem ausgedehnten Nivellementsnetz ermöglicht es, die Messungsergebnisse rechnerisch auszugleichen und damit zugleich auch die erreichten Genauigkeiten zu ermitteln.

2.6 Topographische Vermessungen

2.6.1 Ziel, Gegenstände und Verfahren

Ziel jeder topographischen Vermessung ist die Herstellung einer *topographischen Karte*. Diese soll ein umfassendes Bild des Geländes vermitteln. Der Umfang des Darstellbaren und mithin zu Erfassenden hängt in erster Linie vom *Aufnahmemaßstab*, d. h. vom Maßstab der *Grundkarte* (1.6), ab. Während man im vorigen Jahrhundert noch verhältnismäßig kleine Maßstäbe (bis 1 : 25000 und kleiner) anwandte, sind heute immer mehr größere Maßstäbe (1 : 2500 bis 1 : 10000) üblich, die weitgehend eine grundrißtreue Darstellung (4.4.4) gestatten.
Wie beim Karteninhalt unterscheidet man auch bei der topographischen Erfassung zwischen der Situation (5.3.1) und den Geländeformen (5.3.2). Die Gegenstände der Situation — Gebäude, Verkehrswege, Gewässer, Bodenbedeckungen usw. — werden nach ihren Umrissen eingemessen und als orthogonale Projektion auf der Kartenebene dargestellt. Die Geländeformen kommen vorwiegend durch Höhenlinien (5.3.2.4), daneben auch durch Formzeichen (5.3.2.6) zum Ausdruck. Dabei erwartet man von einer Höhenliniendarstellung, daß sie im Rahmen bestimmter Grenzen geometrisch genau und zugleich morphologisch richtig ist. Über die Genauigkeit und Prüfung der Lage- und der Höhendarstellung in topographischen Karten siehe 5.3.1.6 und 5.3.2.9.
Topographische Vermessungen sind Messungen nach Lage und Höhe. Man führt sie entweder nach den klassischen

terrestrischen Methoden oder — heute immer mehr — mit Hilfe der Photogrammetrie durch [113].

2.6.2 Bestimmung neuer Festpunkte und Anschlußpunkte

Die sachgemäße Ausführung topographischer Vermessungen setzt voraus, daß im Arbeitsgebiet eine ausreichende Anzahl örtlich markierter und nach Lage und Höhe bestimmter Anschlußpunkte verfügbar ist. Im allgemeinen reichen dafür die vorhandenen Lage- und Höhenfestpunkte der Landesvermessung nicht aus.

Mitunter ist sogar noch eine Verdichtung dieser Festpunktfelder durch trigonometrische oder polygonometrische Messungen, durch Luftbildtriangulation, Nivellement und andere Verfahren vorzunehmen. Solche Festpunktverdichtungen sollten stets unter dem Gesichtspunkt des allgemeinen Verwendungszwecks der Festpunkte, d. h. unter sorgfältiger Abmarkung, Beachtung von Genauigkeitsvorschriften usw. vorgenommen werden.

Die Bestimmung weiterer Anschlußpunkte richtet sich dagegen überwiegend nach den Erfordernissen der topographischen Vermessung und nach den örtlichen Verhältnissen. Bei terrestrischen Vermessungen werden die Punkte meist nur vorübergehend durch Holzpflöcke oder Eisenrohre abgemarkt oder auf Bordsteinen, Baumstümpfen usw. markiert. Ihr gegenseitiger Abstand liegt etwa bei 50 bis 300 m. Soweit möglich, sollen sich die Anschlußpunkte unmittelbar als Standpunkte der örtlichen Aufnahme eignen.

Die *Lagebestimmung* der Anschlußpunkte wird meist durch Polygonzüge oder einfaches polares Anhängen vorgenommen. Vielfach genügen dafür *Tachymeterzüge*, bei denen die Längen der Polygonseiten optisch bestimmt werden. Polygonzüge mit vielen und kurzen Seiten — z. B. in Waldgebieten — werden mitunter auch als *Bussolenzüge* gemessen. Dabei beobachtet man statt der Brechungswinkel die magnetischen Richtungen der Zugseiten, wobei es ausreicht, das Instrument nur in jedem zweiten Punkt aufzustellen (Messung in sog. Sprungständen). Um die geodätischen Richtungswinkel der

Seiten zu erhalten, ist an den magnetischen Richtungen die Nadelabweichung (3.7.3) anzubringen, die sich im Anfangs- und im Endpunkt mit Hilfe der beobachteten Festpunkte ermitteln läßt.
Die *Höhenbestimmung* der Anschlußpunkte ist im Zuge der Lagemessung möglich, indem die Höhenunterschiede zwischen den Polygonpunkten tachymetrisch gemessen werden; sie läßt sich aber auch gesondert im Wege einfacher Nivellements vornehmen.

Beim Einsatz der Photogrammetrie werden die Paßpunkte der Modellorientierung, der Höhenkontrolle usw. durch terrestrische Anschlußmessungen oder durch Luftbildtriangulation (bzw. Luftbildnivellement) bestimmt. Dabei müssen die Paßpunkte in den Luftbildern gut erkennbar sein; evtl. ist dazu noch eine besondere Signalisierung durch weißen Farbanstrich oder mit weißen Platten erforderlich.

2.6.3 Terrestrische Verfahren

2.6.3.1 *Grundlagen und Geräte der Tachymetrie*

Unter einem Tachymeter versteht man ein Instrument, mit dem man von einem Standpunkt aus einen zweiten Punkt durch Richtung, Entfernung und Höhenunterschied festlegen kann. Die Richtung wird an einem Teilkreis abgelesen, die Entfernung auf optischem oder elektronischem Wege bestimmt und der Höhenunterschied entweder aus Entfernung und Höhenwinkel berechnet oder ebenfalls optisch ermittelt [6, 13].

1. *Tachymetertheodolite* besitzen auf der Strichplatte des Fernrohrs (vgl. 2.4.1.1) zwei im Abstand $p/2$ parallel zum horizontalen Mittelfaden verlaufende „Distanzfäden“ (Abb. 35); sie wurden erstmals durch *G. v. Reichenbach* um 1810 in München eingeführt. Wird im Zielpunkt eine Distanzlatte (Nivellierlatte, Abb. 27) aufgehalten, so beobachtet man zwischen den Distanzfäden den Lattenabschnitt l als Differenz der Ablesungen o minus u. Aus Abb. 35 läßt sich dann mit den durch die Distanzfäden verlaufenden achsparallelen Strahlen sowie mit der Objektivbrennweite f und der Distanz

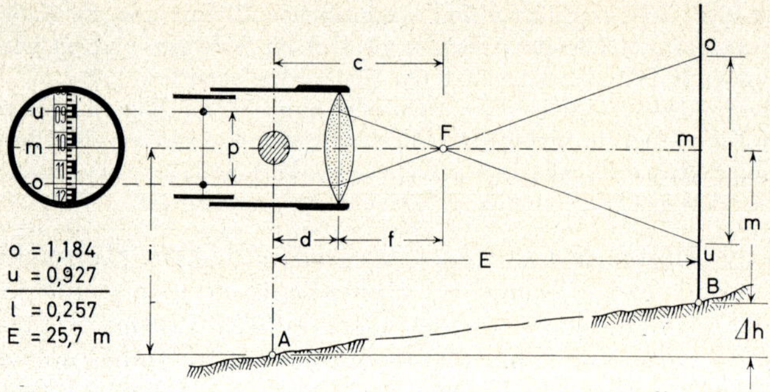

Abb. 35. Optische Distanzmessung nach Reichenbach

d zwischen Instrumentenachse und Objektivmitte die folgende Beziehung ablesen:

$$\frac{E - (d + f)}{l} = \frac{f}{p}.$$

Setzt man $d + f = c$ (Additionskonstante) und $f/p = k$ (Multiplikationskonstante), so ergibt sich für die Entfernung E von A nach B die Formel der optischen Distanzmessung

$$E = c + k \cdot l. \tag{1}$$

Bei den modernen Fernrohrkonstruktionen läßt sich c sehr klein halten und $p = f/100$ festlegen, so daß $k = 100$ wird. Damit ergibt sich die für die topographische Praxis meist ausreichende Formel $E = 100 \cdot l$.

Diese Formeln gelten zunächst nur für horizontale Visuren. Bei schrägen Sichten unter dem Höhenwinkel α denkt man sich vorerst einen zur Zielachse senkrecht stehenden Lattenabschnitt l' (Abb. 36). Da für diesen in großer Näherung $l' \approx l \cdot \cos \alpha$ gilt, ergibt sich die schräge Entfernung E' zu

$$E' = c + k \cdot l' = c + k \cdot l \cdot \cos \alpha$$

und damit die Horizontalentfernung $E = E' \cdot \cos \alpha$ zu

$$E' = c \cdot \cos \alpha + k \cdot l \cdot \cos^2 \alpha.$$

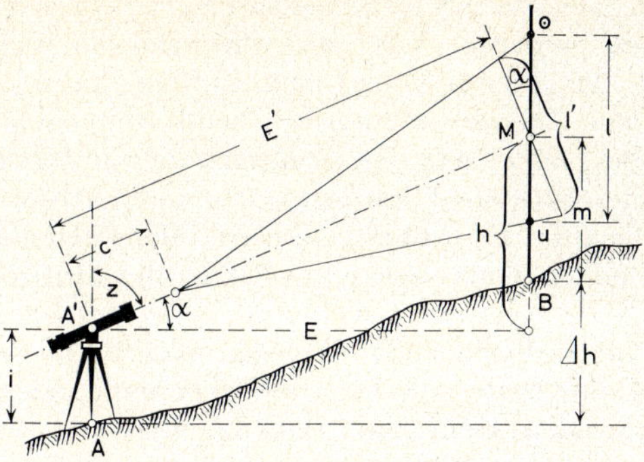

Abb. 36. Optische Distanzmessung bei schräger Sicht

Da ausreichend genau $c' \cdot \cos\alpha \approx c \cdot \cos^2\alpha$, erhält man

$$E = (c + k \cdot l) \cdot \cos^2\alpha \text{ bzw. } E = 100 \cdot l \cdot \cos^2\alpha \tag{2}$$

bzw. für Zenitwinkel $z = 100 \text{ gon} - \alpha$

$$E = (c + k \cdot l) \cdot \sin^2 z \text{ bzw. } E = 100 \cdot l \cdot \sin^2 z. \tag{3}$$

Für die Höhenermittlung ist zunächst $h = E \cdot \tan\alpha$, also

$$h = (c + k \cdot l) \cdot \cos^2\alpha \cdot \tan\alpha = (c + k \cdot l) \cdot \sin\alpha \cdot \cos\alpha.$$

Damit wird

$$h = (c + k \cdot l) \cdot \frac{1}{2} \cdot \sin 2\alpha \quad \text{bzw.} \quad h = 100 \cdot l \cdot \frac{1}{2} \cdot \sin 2\alpha, \tag{4}$$

$$h = (c + k \cdot l) \cdot \frac{1}{2} \cdot \cos 2z \quad \text{bzw.} \quad h = 100 \cdot l \cdot \frac{1}{2} \cdot \cos 2z. \tag{5}$$

Mit der Instrumentenhöhe i und der Zielhöhe m erhält man schließlich die NN-Höhe des Punktes B zu

$$H_B = H_A + h + (i - m), \tag{6}$$

wobei der Klammerausdruck $(i - m)$ zu Null wird, wenn man den Mittelfaden m an der Latte auf das Maß i einstellt. Zur Berechnung der Formeln für E und h gibt es Zahlentafeln, Diagramme und topographische Rechenschieber.

2. *Reduktionstachymeter* sind solche Instrumente, die unmittelbar die horizontale Entfernung und den Höhenunterschied liefern und damit die zeitraubenden Reduktions-

rechnungen ersparen. Von den verschiedenen Typen, die seit etwa 100 Jahren konstruiert wurden, haben sich die *Kurven-* oder *Diagrammtachymeter* heute weitgehend durchgesetzt. Bei ihnen befinden sich statt der festen Distanzstriche im Gesichtsfeld Kurvenpaare, deren Abstände sich beim Kippen des Fernrohrs verändern. Der Lattenabschnitt zwischen einem Kurvenpaar entspricht der Horizontalentfernung E; er verringert sich mit zunehmendem Höhenwinkel α nach Formel (2). Dagegen vergrößert sich nach Formel (4) der Lattenabschnitt zwischen dem anderen Kurvenpaar, der dem Höhenunterschied h entspricht.

Man erhält den Wert E, wenn man den Lattenabschnitt zwischen den Entfernungskurven mit einer Konstanten — in der Regel 100 — multipliziert. In gleicher Weise ergibt sich der Wert h, doch sind die Höhenkurven meist in einzelne Äste aufgeteilt, an denen die jeweilige Multiplikationskonstante (10, 20, 50) vermerkt ist. Meist haben die Kurvenpaare eine Kurve gemeinsam (Grundkurve, Nullkurve). Die Kurven befinden sich auf einem besonderen Glas und werden in den Strahlengang des Fernrohrs eingeschaltet. Die Abb. 37 gibt Beispiele einiger Instrumententypen mit den Ablesungen für E und h.

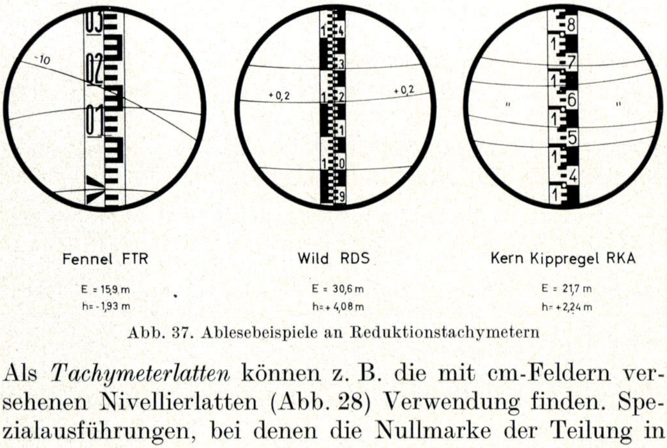

Abb. 37. Ablesebeispiele an Reduktionstachymetern

Als *Tachymeterlatten* können z. B. die mit cm-Feldern versehenen Nivellierlatten (Abb. 28) Verwendung finden. Spezialausführungen, bei denen die Nullmarke der Teilung in

Instrumentenhöhe liegt ($i = 1{,}40$ m) oder die 1 m-Marke durch einen verstellbaren Fuß auf den Wert i gebracht werden kann, bieten den Vorteil, daß beim Einstellen der Grundkurve auf diese Marken $i = m$ ist und damit nach Gl. (6) $H_B = H_A + h$ wird.

3. *Bussolentachymeter* sind Tachymetertheodolite, die einen Kompaß besitzen. Liest man am Horizontalkreis den Richtungswert für die auf magnetisch Nord einspielende Nadel ab, so läßt sich danach für jede beliebige Richtung das magnetische Azimut ermitteln. Mit Hilfe der gesondert zu bestimmenden Nadelabweichung (3.7.3) lassen sich dann die magnetischen Azimute in geodätische Richtungswinkel (2.2.4) überführen.

4. Der *Meßtisch mit Kippregel* ist das älteste heute noch gebrauchte Gerät für topographische Aufnahmen. Die Meßtischausrüstung besteht aus einer auf einem kräftigen Stativ drehbar befestigten Tischplatte und der Kippregel. Letztere besitzt ein Meßfernrohr, das in der auf einem säulenförmigen Fernrohrträger ruhenden Kippachse gelagert ist, und dessen Neigungswinkel an einem Höhenkreis abgelesen werden kann.

Abb. 38. Meßtisch und Kippregel RKA — Kern/Schweiz

Zur optischen Entfernungsmessung ist das Fernrohr entweder mit Reichenbachschen Distanzfäden oder mit einem Diagramm für automatische Reduktion versehen. Die Säule steht auf einer Grundplatte, an der ein Zeichenlineal angebracht ist. Die Richtungen nach den Zielpunkten werden beim Meßtisch graphisch festgehalten. Abb. 38 zeigt die Kippregel RKA der Fa. *Kern* (vgl. auch Abb. 37).

5. Die *Genauigkeit der optischen Längen- und Höhenmessung* beträgt bei mäßigen Neigungen für Strecken von 20 bis etwa 130 m rd. $\pm$ 0,2% und nimmt darüber schnell ab; als mittleren Fehler für einen über eine Strecke von 100 m ermittelten Höhenunterschied kann man bei einer Geländeneigung bis 10° etwa $\pm$ 5 cm erwarten. Diese Genauigkeiten übersteigen vielfach das für topographische Zwecke erforderliche Maß, womit die Vereinfachungen bei den Formelentwicklungen in Nr. 1 als zulässig erscheinen.

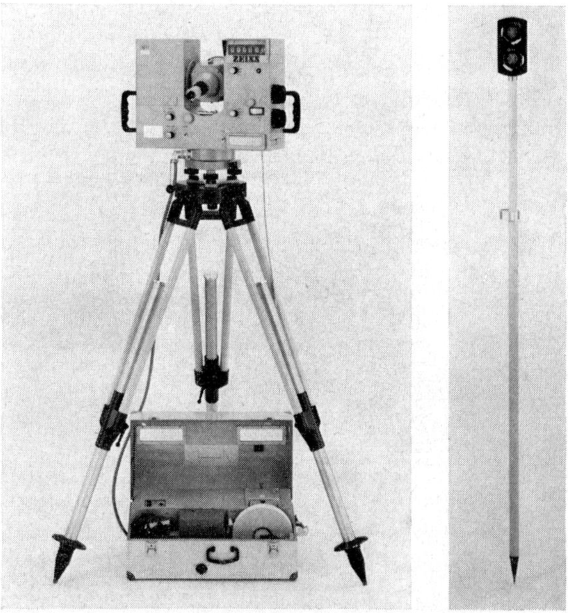

Abb. 39. Registrierendes elektronisches Tachymeter Reg Elta 14 mit Streifenlocher sowie Prismenhalter mit 2 Prismen — Zeiss/Oberkochen

6. *Elektronische Tachymeter* sind Tachymeter, bei denen die Entfernung nicht optisch, sondern elektronisch bestimmt wird (siehe 2.4.1.2). Die so gemessene schräge Strecke s' wird mit dem gemessenen Zenitwinkel z nach der Formel $s = s' \cdot \sin z$ auf die Horizontale reduziert. Der Höhenunterschied ergibt sich nach den Formeln der trigonometrischen Höhenmessung (2.5.2.3)

Das *registrierende elektronische Tachymeter* RegElta 14 der Firma Carl Zeiss/Oberkochen (Abb. 39) arbeitet mit infrarotem Licht als Trägerwelle, das am Ziel durch Tripelreflektoren zurückgeworfen wird. Durch Betätigen eines Stufenschalters wird die Modulationsfrequenz von 15 MHz so geändert, daß die meteorologischen Einflüsse ausreichend kompensiert werden. Die Reichweite beträgt etwa 2 km, und die Streckenmeßgenauigkeit wird mit $\pm$ 2 cm angegeben. Das Gerät registriert nach Zieleinstellung durch Knopfdruck Horizontalrichtung, Zenitwinkel und Schrägentfernung auf einem Lochstreifen und gestattet damit die unmittelbare Auswertung der Messungselemente im Wege der elektronischen Datenverarbeitung.

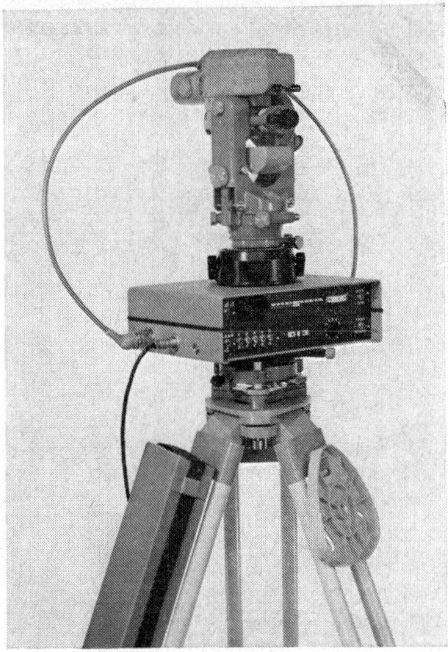

Abb. 40.
Reduzierender Infrarot-Tachymeter DI 3 — Wild/Schweiz

Der *Kurzdistanzmesser mit Reduktionsrechner* DI 3 der Firma Wild/Schweiz (Abb. 40) ist ein Baukastensystem, das in Verbindung mit einem Wild-Theodolit verwendet werden kann. Die Streckenmessung mit dem auf 7,5 MHz modulierten Infrarotstrahl ist mit einem Einer-Prisma im Durchschnitt bis zu 300 m möglich. Die Schrägentfernung wird im Meßteil digital angezeigt; nach Eintasten des Zahlenwertes für den gemessenen Vertikalwinkel werden daraus die Horizontalentfernung und der Höhenunterschied berechnet und angezeigt.

2.6.3.2 *Kennzeichen der terrestrischen Verfahren*

Hauptmerkmal der terrestrischen Verfahren ist die punktweise Erfassung der topographischen Gegenstände und der Geländeoberfläche. Die Begrenzungslinien der Gegenstände ergeben sich durch zeichnerische Verbindung entsprechender Punkte, die Höhenlinien durch Interpolation (Bd. II, 5.2.5) zwischen den gemessenen Punkten. Für eine einwandfreie Darstellung der Formen ist es daher erforderlich, alle charakteristischen Geländelinien und -punkte meßtechnisch zu erfassen bzw. zu berücksichtigen.

Zu den *Geländelinien* als Hilfslinien zur Erfassung der Geländeformen (Abb. 41) gehören:

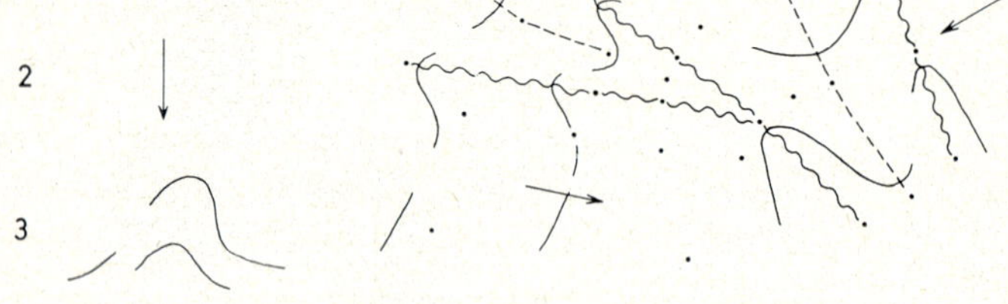

Abb. 41. Darstellung von Geländelinien in Feldrissen und Kartierungen mit einem Beispiel für die Verteilung von Geländepunkten

1. Die *Geripplinien*, die als a) Rückenlinien (Wasserscheiden) oder b) Muldenlinien (Wassersammler) die Geländeoberfläche in Teilbereiche sinnvoll gliedern;

2. die *Fallinien*, die die Richtung des stärksten Geländegefälles aufzeigen;

3. die *Formlinien* (Leitlinien), die — vor allem im Bereich der Geripplinien — den ungefähren Verlauf der Höhenlinien andeuten und den Grad der Ausprägung von Rücken und Mulden anzeigen.

Die *Geländepunkte* sind die höchsten Stellen der Kuppen, die tiefsten der Mulden sowie die Sattelpunkte. Sie liegen ferner auf den Geripplinien sowie in den übrigen Geländeteilen in profilartiger Anordnung. In den beiden letzten Fällen sind sie so zu verteilen, daß zwischen benachbarten Punkten in Fallrichtung möglichst konstantes Gefälle herrscht, so daß die spätere lineare Interpolation der Höhenlinien weitgehend den örtlichen Verhältnissen entspricht. Die notwendige Punktzahl ist damit abhängig von den Geländeverhältnissen, den Genauigkeitsansprüchen und dem Kartenmaßstab. Für den Maßstab 1 : 5000 schwankt sie zwischen 300 und 700 Punkten je km² [27].

2.6.3.3 *Meßtischtachymetrie*

Sie ist die älteste Art der topographischen Aufnahme. Die Ausrüstung besteht aus der mit Zeichenfolie oder -karton bespannten Tischplatte samt Stativ, der Kippregel (2.6.3.1 Nr. 4), einem Schirm und meist zwei Latten. Bei Neuaufnahmen enthält die Folie das Kartennetz sowie die nach Koordinaten oder Maßzahlen kartierten Fest-, Anschluß- und Standpunkte; bei Fortführungen oder Ergänzungen ist die Unterlage meist eine Kopie der Karte. Beim Aufstellen des Tisches ist die Tischplatte mit der Kippregel so zu orientieren, daß die Kartenverbindungslinie zwischen Standpunkt und einem kartierten Festpunkt mit der entsprechenden örtlichen Richtung zusammenfällt.

Bei der Einzelaufnahme wird nach Messung von Strecke und Höhenunterschied die Linealkante über die Kartenlage des Standpunktes gelegt, der Punkt durch Absetzen der Strecke kartiert und die berechnete Höhe beigeschrieben. Situationspunkte werden zeichnerisch verbunden; Geländepunkte, die zum Entwurf der Höhenlinien erforderlich sind, werden zunächst örtlich markiert.
Ist ein genügend großes Gebiet gemessen, beginnt — mit Tisch und Gefällmesser — der Entwurf der Höhenlinien (das *Krokieren*) im Anblick des Geländes. Zunächst werden auf den Geripplinien die Höhenlinienpunkte interpoliert und die entsprechenden Höhenlinienstücke formgerecht gezeichnet. Nach und nach entstehen auch in den übrigen Bereichen Höhenlinienausschnitte, die schließlich miteinander verbunden und den Geländeformen entsprechend gestaltet werden. So lassen sich durch das Krokieren alle Kleinformen — auch die nicht direkt gemessenen — erfassen, und es entsteht damit eine geomorphologisch einwandfreie Höhendarstellung.
Die Meßtischmethode ist besonders vorteilhaft in offenem, übersichtlichem und — wegen der ziemlich schweren Ausrüstung — leicht erreichbarem Gelände. Sie liefert, obwohl sie die relativ geringste Punktzahl erfordert, die zutreffendsten Ergebnisse. Messungsfehler lassen sich noch bei der Feldarbeit aufdecken und beheben.

2.6.3.4 *Zahlentachymetrie*

Das Instrumentarium besteht aus einem Tachymeter-(Bussolen-) Theodolit mit meist zwei Latten. Nach Orientierung mit einer Anschlußrichtung zu einem bekannten Festpunkt werden zu den einzelnen Punkten Entfernung, Höhenunterschied und Richtung gemessen und in einem *Feldbuch* eingetragen. Der Topograph führt einen ungefähr maßstäblichen *Feldriß (Feldskizze)*, in dem er die gemessenen Punkte mit ihrer Nummer, die Situation und die Geländelinien darstellt. Das Verfahren, bei dem die graphische Auswertung häuslich stattfindet, wurde früher bei der Herstellung der Höhenflurkarte 1: 2500 in Württemberg angewendet und wird daher auch als *Württembergisches Verfahren* bezeichnet. Der Einsatz elektronischer Tachymeter gestattet — je nach Gerät — auch die Bildung größerer Standpunktbereiche, vor allem, wenn höhere Stative und Reflektorenträger sowie Funksprechgeräte verwendet werden. Bei selbstregistrierenden Tachymetern entfällt das Feldbuch; im Falle einer reinen Höhenaufnahme ist evtl. auch der Feldriß entbehrlich.
Die Zahlenmethode ist wegen der leichten Ausrüstung beweglicher und deshalb auch in schwierigerem Gelände anwendbar. Die Feld-

arbeit schreitet rasch fort, und die Ergebnisse können — im Gegensatz zur Meßtischmethode — in verschiedenen Maßstäben kartiert werden. Diese Methode erfordert eine größere Punktdichte, weil etwaige Messungsfehler zwar auf Grund einer guten Feldskizze entdeckt, aber nicht mehr berichtigt werden können. Es muß daher mit einem gewissen Ausfall gerechnet werden.

2.6.3.5 *Kombinierte Methode*

Diese Aufnahmemethode ist eine Kombination der zahlenmäßigen Bussolentachymetrie mit der graphischen Meßtischaufnahme. Sobald die zahlentachymetrische Messung auf einem Standpunkt erledigt ist, werden die Punkte im Aufnahmeblatt kartiert, das nun der Topograph übernimmt, der im Felde, also angesichts des Geländes, die Höhenlinien und den Grundriß einzeichnet. Während der Topograph kartiert, wird die Messung auf einem weiteren Standpunkt fortgesetzt. Die Methode wird auch als *bayerisches Verfahren* bezeichnet, weil sie bei der Aufnahme der Höhenflurkarte 1 : 5000 in Bayern angewendet wurde.

Das bayerische Verfahren verbindet den Vorteil der Zahlenmethode (schnelle Messung) mit dem des Meßtisches (Höhenlinienentwurf im Ansehen der Natur). Es verlangt mehr und gut ausgebildete Kräfte. Das Ergebnis gleicht dem der Meßtischmethode.

Es gibt auch *instrumentelle* Kombinationen, mit denen die Vorteile der beiden Verfahren verknüpft werden sollen. Beispiele dafür sind der Reduktionstachymeter Dahlta 010 A von *Jenoptik/Jena* mit angeschlossenem kreisrunden Kartiertisch, ferner das Gerät Media von *Breithaupt/Kassel*, bei dem sich unter dem gabelförmig aufgehängten Reduktionstachymeter eine quadratische Meßtischplatte befindet.

2.6.3.6 *Nivelliertachymetrie*

Bei diesem Verfahren wird ein Nivelliergerät mit Horizontalkreis und Reichenbachschen Distanzfäden eingesetzt. Wegen der horizontalen Ziellinie ergibt sich die Entfernung in einfacher Weise zu $E = 100 \cdot l$ (2.6.3.1); man erhält ferner die Höhe des Zielpunktes durch einfache Subtraktion der Lattenablesung des Mittelfadens vom Instrumentenhorizont. Das Verfahren führt daher zu einer zügigen Punktmessung, eignet sich aber wegen des Zwangs zur horizontalen Visur nur für sehr ebenes und offenes Gelände.

2.6.4 Photogrammetrische Verfahren

Je nach Lage der Aufnahmeorte unterscheidet man zwischen der *Erdbildmessung* (Terrestrische Photogrammetrie) und der *Luftbildmessung* (Aerophotogrammetrie). Für die Herstellung topographischer Karten kommt überwiegend die Luftbildmessung zum Einsatz. Die Erdbildmessung wird dagegen nur noch im Hochgebirge, vor allem auf Expeditionen, angewandt; sie hat jedoch in anderen Fachgebieten, bei denen es auf rasche Bestandsaufnahme oder Dokumentation ankommt (Kriminalistik, Archäologie, Architektur) durchaus ihren festen Platz [9, 24, 28, 36].

2.6.4.1 *Meßbild und Luftbildaufnahme*

Das zur photogrammetrischen Vermessung benutzte photographische Meßbild entsteht in einem Aufnahmegerät, das als *Meßkammer* bezeichnet wird. Bei dieser besteht zwischen der durch einen Anlegerahmen gegebenen Bildebene und dem aus einer Anzahl von Einzellinsen zusammengesetzten Objektiv ein *fester* Abstand.

Die Voraussetzungen, die erfüllt sein müssen, um eine photographische Aufnahme als Meßbild verwenden zu können, lassen sich am einfachsten an einer Lochkamera erläutern, die anstelle eines Objektivs ein kleines Loch besitzt (Abb. 42). Die Lochmitte ist das Projektionszentrum 0. Der Fußpunkt des Lotes, das von 0 auf die Bildebene fällt, ist der Bildhauptpunkt H'. Er soll möglichst mit dem Bildmittelpunkt M' zusammenfallen, der sich als Schnittpunkt der Verbindungslinien der Rahmenmarken ergibt. Der Abstand der Bildebene vom Projektionszentrum $c = 0H'$ heißt Kammerkonstante. Das über 0 verlängerte Lot ist die Aufnahmerichtung. Jeder von einem Objektpunkt P ausgehende Strahl, der mit der Aufnahmerichtung den Winkel τ einschließt, wird in der Bildebene im Abstand $r' = c \cdot \tan \tau$ von H' als Bildpunkt P' abgebildet.
Meßkammern mit Objektiven sind auf die Gegenstandsweite ∞ eingestellt, und daher stimmt die Kammerkonstante c sehr nahe mit der Brennweite f des Objektivs überein. Die Verzeichnung der Objektive, d. h. die Abweichung der Abbildungsergebnisse von einer exakten Zentralperspektive soll sehr gering sein, so daß die Abbildung damit weitgehend der radialen Abbildungsfunktion $r' = c \cdot \tan \tau$ entspricht.

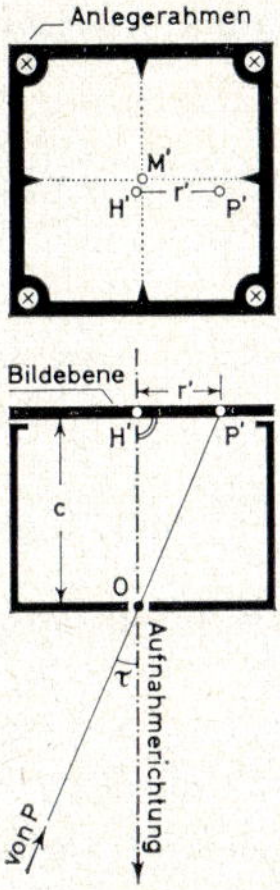

Abb. 42. Lochkammer und Anlegerahmen

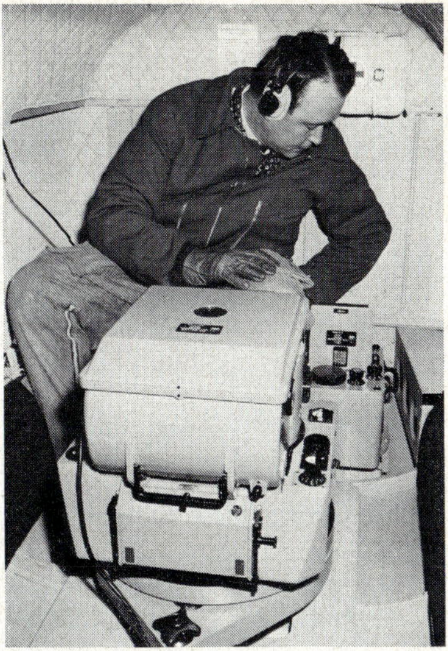

Abb. 43. Weitwinkel-Standard-Reihenmeß-kammer RMK A 15/23 im Flugzeug — Carl Zeiss/Oberkochen

Durch die Größe *c*, die gegenseitige Lage von *H'* und *M'* und das radiale Abbildungsgesetz (die Verzeichnungsfunktion) ist die sog. *innere Orientierung* eines Bildes beschrieben. Als Meßbild gilt nun jedes photographische Bild, dessen innere Orientierung bekannt ist und aus dem damit das objektseitige Aufnahmestrahlenbündel exakt wiederherstellbar ist. Um dieses Strahlenbündel noch im Raum festzulegen, muß die Lage des Projektionszentrums und der Aufnahmerichtung bekannt sein. Diese Größen bestimmen die sog. *äußere Orientierung*.

Bei der *Luftbildaufnahme* werden die Meßbilder vom Flugzeug aus aufgenommen. Für topographische Zwecke verwendet man im allgemeinen *Senkrechtaufnahmen*. Das übliche Aufnahmegerät ist die vollautomatische *Reihenmeßkammer* (Abb. 43), bei der die Teilvorgänge der Aufnahme — Spannen des Verschlusses, Anlegen des Films, Belichtung und Transport des Films — selbständig ablaufen. Das Bildformat beträgt meist 23 × 23 cm^2, seltener 18 × 18 cm^2. Nach dem Verhältnis f/s' zwischen Brennweite f und Bildformatseite s' und dem daraus sich ergebenden Öffnungswinkel 2τ des Objektivs über die Bilddiagonale lassen sich folgende *Kammertypen* unterscheiden (f und s' jeweils in cm):

Schmalwinkelkammer	60/23		2τ etwa 34 gon
Normalwinkelkammer	30/23	(seltener 21/18)	2τ etwa 60 gon
Zwischenwinkelkammer	21/23		2τ etwa 85 gon
Weitwinkelkammer	15/23		2τ etwa 95 gon
Überweitwinkelkammer	9/23		2τ etwa 135 gon

Der *Luftbildfilm (Fliegerfilm)* ist eine bis zu 60 m lange Rolle aus weitgehend maßbeständigem Polyester oder ähnlichem Material als Träger der photographischen Schicht. Für topographische Vermessungen werden auch heute noch überwiegend panchromatische Schwarz-Weiß-Emulsionen benutzt, die relativ hochempfindlich und von steiler Gradation sind. Infrarot-, Farb- und sog. Falschfarbenfilme lassen sich vor allem für zahlreiche Zwecke der Luftbildinterpretation besonders erfolgreich einsetzen (2.6.4.5).

Die *Merkmale eines Bildfluges* ergeben sich neben dem Kammertyp und der Filmsorte aus Flughöhe, Bildmaßstab sowie Längs- und Querüberdeckung. Die *Flughöhe über Grund* h_g ist durch *Bildmaßstab* $M_b = 1 : m_b$ und Brennweite f festgelegt. Nach Abb. 44 erhält man für das Verhältnis der Geländestrecke s und der ihr entsprechenden Bildstrecke s' die Beziehung $s : s' = h_g : f$, und da $s : s' = m_b$, so wird

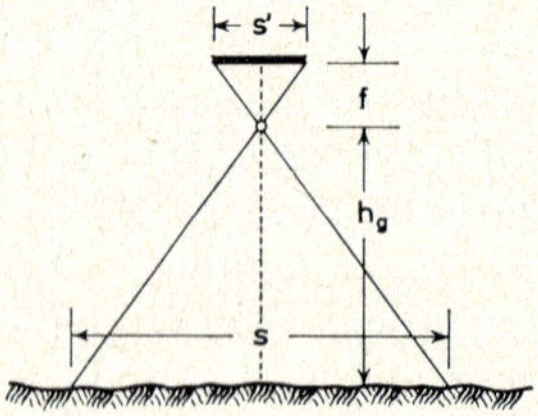

Abb. 44. Flughöhe und Bildmaßstab

$h_g = f \cdot m_b$. Zwischen Bildmaßstab $M_b = 1 : m_b$ und dem vorgesehenen Kartenmaßstab $M_k = 1 : m_k$ besteht die ungefähre empirisch gefundene Beziehung $m_b = 200 \sqrt{m_k}$ [139]. Daraus ergeben sich z. B. für die Kartenmaßstäbe 1 : 2000, 1 : 5000, 1 : 10000 und 1 : 25000 die Bildmaßstäbe zu rund 1 : 9000, 1 : 14000, 1 : 20000 und 1 : 30000.
Das aufzunehmende Gebiet wird in parallelen Flugstreifen beflogen, die möglichst in OW- oder NS-Richtung verlaufen (Abb. 45). Innerhalb eines Flugstreifens besteht zwischen

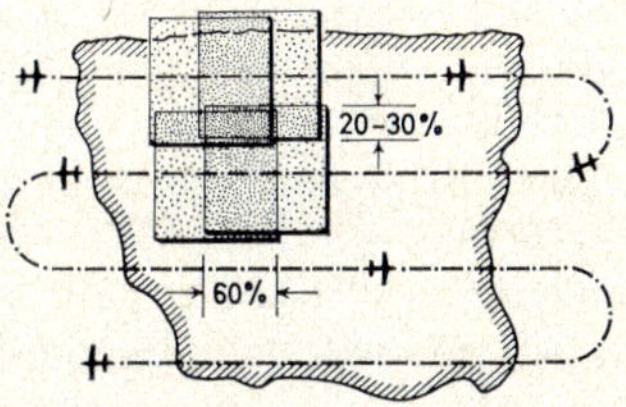

Abb. 45. Anordnung eines Bildfluges

benachbarten Bildern eine mindestens 60%ige *Längsüberdeckung*. Damit ist jeder Geländepunkt in mindestens zwei Luftbildern abgebildet und läßt sich demzufolge stereoskopisch betrachten und messen. In der Praxis werden häufig noch höhere Längsüberdeckungen — z. B. 80%, 87%, 90% — gewählt, um noch eine günstigere Bildauswahl vornehmen zu können. Zwischen benachbarten Flugstreifen besteht eine *Querüberdeckung* von meist 20 bis 30%.
Über zivile Bildflüge führen in der Bundesrepublik Deutschland die Landesvermessungsbehörden und das Institut für Angewandte Geodäsie (1.7, 5.6.1) Nachweise mit Angabe der Bildflugdaten und des Aufnahmezeitpunktes.

2.6.4.2 *Einbildmessung*

Sie ist das einfachere Verfahren der Photogrammetrie und beruht meist auf der *Entzerrung*, d. h. der optischen Umbildung der Originalaufnahme mit Hilfe von Paßpunkten an einem Entzerrungsgerät. Ein solches Gerät ist etwa einem photographischen Vergrößerungsgerät vergleichbar, bei dem man zusätzlich die Projektionsfläche neigen kann. Damit lassen sich perspektive Verzerrungen beseitigen, die im Originalbild dadurch entstehen, daß die Aufnahmerichtung meist nicht exakt lotrecht ist. Beim Entzerrungsvorgang kann man gleichzeitig das Vergrößerungsverhältnis so einstellen, daß die Luftbildentzerrung in einem runden Maßstab entsteht.

Auch nach einer solchen Entzerrung bleiben allerdings die Lagefehler bestehen, die durch Geländeunebenheiten bedingt sind. Das läßt sich leicht zeigen am Abbild eines Gebäudes, dessen Dach gegenüber dem Sockel mehr oder weniger zum Bildrand verschoben liegt. Streng genommen sind daher nur Luftbilder eines völlig ebenen Geländes fehlerfrei zu entzerren. Es stehen jedoch in den *Orthoprojektoren* Geräte zur Verfügung, mit deren Hilfe sich der Einfluß von Höhenunterschieden im Gelände nahezu völlig tilgen läßt (Abb. 46). Dabei entsteht das Ergebnis als eine zeitliche Folge diffe-

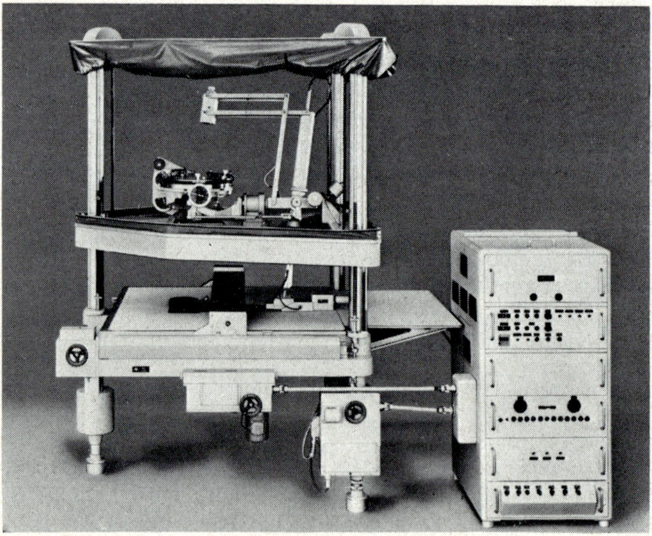

Abb. 46. Orthoprojektor GZ 1 mit Lesegerät LG 1 — Carl Zeiss/Oberkochen

rentieller Entzerrungen durch eine kleine Spaltblende, die in parallelen Streifen über die Photoschicht läuft; dazu wird der Projektor seiner Höhe nach so verändert, wie es den örtlichen Höhenunterschieden entspricht. Die so entstehenden maßstäblichen *Orthophotos* eignen sich als Ausgangsgangsmaterial für die Herstellung von Luftbildplänen und Luftbildkarten (Bd. II, 3.1.1.4), aber auch zur Ableitung konventioneller Grundrißkarten.

Die Einbildmessung läßt sich damit wie folgt kennzeichnen: 1. Der bildhafte Charakter des Luftbildes bleibt durch den photographischen Entzerrungsvorgang erhalten. 2. Das Verfahren liefert nur Grundrißangaben und keine Höhenwerte; in der Orthoprojektion kann man jedoch mit Zusatzeinrichtungen auch Höhendarstellungen gewinnen [142].

Die *Radialtriangulation* ist ein Verfahren der Luftbildtriangulation, bei dem man in den Originalbildern oder Abzügen davon die von einem Hauptpunkt ausgehenden Strahlenbüschel zu benachbarten Hauptpunkten und zu Neupunkten mißt und für einen viele Luftbilder umfassenden Bereich zu einem großen Strahlenverband verknüpft. Mit Hilfe einiger bekannter Festpunkte lassen sich dann die Neupunkte nach ihrer Grundrißlage ermitteln und damit als Entzerrungspaßpunkte verwenden.

2.6.4.3 *Zweibildmessung*

Dieses Verfahren — auch *Doppelbildmessung* oder *Stereophotogrammetrie* genannt — ist die universellere und genauere Auswertemethode. Sie gestattet es, zwei an verschiedenen Aufnahmeorten entstandene Meßbilder, soweit sie dasselbe Geländestück darstellen (Abb. 47), an einem dafür geeigneten Gerät räumlich, d. h. nach Lage und Höhe auszuwerten.

Das Auswerteprinzip läßt sich am besten an der Funktion des *Doppelprojektors* (Abb. 48) veranschaulichen, einem Gerät, das die Verhältnisse des Bildfluges in einem kleineren Maßstab rekonstruiert. Diesen Rekonstruktionsvorgang bezeichnet man als *äußere Orientierung*. An die Stelle der Aufnahmekammern treten zwei Projektoren, in denen die Meßbilder (Filmnegative oder Diapositive) so eingelegt sind, daß ihre *innere Orientierung* (2.6.4.1) wiederhergestellt ist.

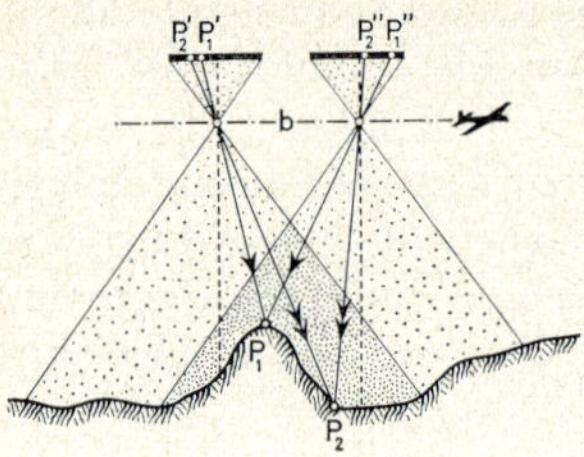

Abb. 47. Zweibildmessung

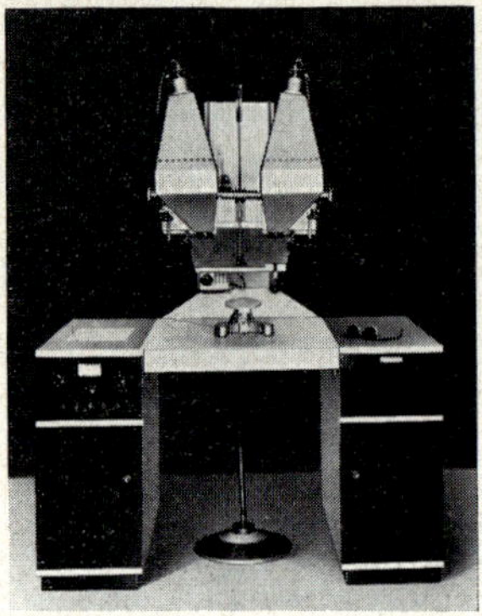

Abb. 48. Doppelprojektor DP 1 — Carl Zeiss

Lichtquellen projizieren die Bilder auf ein Tischchen, das über der Zeichenfläche lagemäßig verschoben und höhenmäßig verstellt werden kann. Zunächst bringt man durch das Verfahren der *gegenseitigen Orientierung* die Strahlenbündel der beiden Bilder in dieselbe gegenseitige Lage, in der sie sich zum Aufnahmezeitpunkt befanden. Werden nun die beiden Bilder so betrachtet, daß dem linken Auge das vom linken Projektor, dem rechten Auge das vom rechten Projektor stammende Bild zugeführt wird (z. B. nach dem Anaglyphenverfahren), so sieht der Betrachter ein *räumliches Modell* des Geländestücks. Dieses Modell muß noch durch die *absolute Orientierung* auf den richtigen Maßstab gebracht und im Raum (bezogen auf Landeskoordinaten und Höhen über NN) orientiert werden, was in der Regel mit bekannten Paßpunkten geschieht. Nunmehr sind die Verhältnisse der Aufnahme in einem sog. Modellmaßstab rekonstruiert. Dem Aufnahmeabstand b der Kammern entspricht der Abstand b' der Projektoren, und die Schnitte entsprechender Bildstrahlen (z. B. von P_1' und P_1'' in Abb. 47) erzeugen den zugehörigen Geländepunkt (z. B. P_1) in maßstäblicher Lage und Höhe.

Nach diesen vorbereitenden Arbeiten beginnt die topographische Ausmessung des Raummodells (Stereokartierung). In der Mitte des Tischchens befindet sich über einem Zeichenstift eine Leuchtmarke. Werden mit dieser Marke die Be-

grenzungslinien der im Geländemodell sichtbaren Situation — Straßen, Wege, Eisenbahnen, Wasserläufe, Gebäude usw. — abgefahren, so zeichnet der Stift die entsprechenden Situationslinien als Kartenentwurf. Er zeichnet kontinuierliche Höhenlinien, wenn die Marke auf einen gewünschten Höhenwert fest eingestellt und in dieser Höhe ständig tangierend auf der Modelloberfläche entlanggeführt wird.
Ähnlich wie beim Doppelprojektor wird auch bei den meisten anderen Zweibildauswertegeräten die äußere Orientierung exakt wiederhergestellt, jedoch in zum Teil sehr unterschiedlichen konstruktiven Lösungen. Statt der objektiven Projektion auf ein Tischchen benutzt man dabei vorwiegend Betrachtungssysteme, durch die sich die Modelle subjektiv wahrnehmen und mit eingeschalteten Meßmarken abfahren lassen. Bei einfacheren Geräten treten meist konstruktive Näherungslösungen auf, womit jedoch Verwendbarkeit und Genauigkeit mehr oder weniger eingeschränkt sind.
Neben diesen, den Aufnahmevorgang ganz oder teilweise wiederherstellenden, gewissermaßen *analogen* Verfahren gibt es auch noch solche, bei denen im Meßbild die Koordinaten mit hoher Genauigkeit (wenige μm) an einem sog. *Stereokomparator* gemessen und mit einem Computer über Paßpunkte in Landeskoordinaten und Höhen über NN transformiert werden. Solche *analytischen* Verfahren lassen nur punktweise Messungen zu und eignen sich besonders gut für Bildtriangulationen. Nach dem Prinzip der Komparatormessung arbeitet auch der *Analytical Plotter* der OMI/Rom, der noch aus einem Digitalrechner und einem Zeichenautomaten besteht, so daß nunmehr auch im analytischen Wege eine graphische, also auch eine linienhafte Auswertung möglich ist.

Mit dem *Doppelprojektor DP 1* hat die Firma Carl Zeiss, Oberkochen, erst in jüngerer Zeit das weiter oben beschriebene Auswerteprinzip neu realisiert (Abb. 48). Das Gerät gestattet eine Auswertung bis etwa zum 2,5fachen des Bildmaßstabes. Dabei wird die Höhenverstellung jedoch nicht mit dem Tischchen vorgenommen, sondern durch gemeinsame Höhenveränderung der beiden Projektoren. In die Projektoren lassen sich Bilder vom Format 23 × 23 cm² einlegen.

Das Gerät ist nicht nur für die *Herstellung* von Karten mittlerer und kleiner Maßstäbe vorgesehen, sondern auch zur *Fortführung* vorhandener Karten, die man auf den Zeichentisch legt und dann mit dem projizierten Bildpaar zur Einpassung bringt.

Von der Firma Wild, Heerbrugg-Schweiz, stammt eine andere Konstruktion, mit deren Hilfe eine wirtschaftliche Kartierung großer Flächen in kleinen Maßstäben ermöglicht wird. Für die eigentliche topographische Auswertung ist neben dem mit verkleinerten Diapositiven arbeitenden Kleinkartiergerät Aviograph Wild B9 das Kartiergerät *Wild Aviograph B8 S* (Abb. 49) vorgesehen, in dem

Abb. 49. Aviograph B 8 S — Wild/Schweiz

Originalnegative oder Diapositive 23×23 cm² direkt ausgemessen werden können. Die Wild-Aviographen gestatten eine exakte Bildorientierung und sind besonders im Hinblick auf die Auswertung von Überweitwinkelaufnahmen konstruiert. Sie arbeiten nach dem mechanischen Prinzip mit Raumlenkern, die sich in einem freihändig geführten Lenkerfuß schneiden.

Bei der *räumlichen Aerotriangulation (Luftbildtriangulation)* werden in den Auswertegeräten die Modell- bzw. Bildkoordinaten ausgewählter Punkte im Verband eines Flugstreifens (Streifentriangulation) oder mehrerer, zu einem Block zusammengefaßter Streifen (Blocktriangulation) gemessen und im Anhalt an relativ wenige Festpunkte mit besonderen Meß- und Rechenverfahren in die gesuchten Landeskoordinaten und Höhen überführt. Damit erhält man für einen großen Bereich die für die endgültige Modellorientierung benötigten Paßpunkte sowie künftige Festpunkte mit einem Minimum an örtlichen Arbeiten [103, 220].

Die mit der Zweibildmessung erreichbare Genauigkeit läßt sich etwa wie folgt angeben: Geht man von einer auf das Bild bezogenen Meßgenauigkeit von rund $\pm$ 0,01 mm aus, so ergeben sich bei Bildmaßstäben zwischen 1 : 10000 und 1 : 30000 Punktungenauigkeiten zwischen $\pm$ 0,10 m und $\pm$ 0,30 m nach Lage und Höhe. Allgemein wird die Höhenungenauigkeit mit etwa $\pm$ 0,1‰ der Flughöhe angegeben. Mit Präzisionskomparatoren lassen sich diese Angaben noch verbessern.

2.6.4.4 *Kennzeichen der photogrammetrischen Verfahren*

Das Hauptmerkmal der photogrammetrischen Verfahren ist die häusliche, von Witterungseinflüssen unbehelligte Vermessung an photographischen Bildern des Geländes. Dabei hat der Auswerter in jeder Phase der Bearbeitung das Gelände plastisch vor seinen Augen. Er überblickt einen großen Raum und kann auch ein sonst unübersichtliches Gelände einsehen. Er kann — im Gegensatz zu den terrestrischen Verfahren — die Gegenstände und bei der Zweibildmessung meist auch die Höhenlinien unmittelbar linienweise abfahren. Gerade die unmittelbare Erfassung der Höhenlinien, die etwa bei Geländeneigungen von 3 gon und mehr möglich ist, führt zu einer Wiedergabe, die meist geometrisch genauer und formtypischer ist als bei terrestrischen Messungen. Die photogrammetrischen Höhenlinien sind jedoch einzeln für sich, d. h. ohne Zusammenhang mit den Nachbarlinien gezogen. Sie bedürfen daher (und evtl. auch im Hinblick auf die Unsicherheit beim Führen der Meßmarke an Geräten geringerer Genauigkeit) einer Überarbeitung, die an Hand räumlich betrachteter Papierabzüge durchgeführt werden kann.

2.6.4.5 *Fernerkundungsverfahren durch Luftbildinterpretation*

Bei den topographischen Anwendungen der Photogrammetrie geht es in erheblichem Maße um *Ausmessungen*, d. h. um Entnahme geometrischer Angaben. Auch bei einigen Spezialgebieten wie Vermessungen in Archäologie, Architektur, Gletscherkunde sowie im Nahbild- und Mikrobildbereich liegen ähnliche Verhältnisse vor. Dagegen steht bei den meisten anderen Anwendungsgebieten die fachbezogene *Bildinterpretation* im Vordergrund. Diese Interpretation ist vorwiegend eine qualitative Deutung des Bildinhaltes zur Identifizierung und Klassifizierung von Objekten. Man kann sie als eine von mehreren Art der sog. Fernerkundung auffassen.

Unter *Fernerkundung (Lufterkundung, Remote Sensing)* versteht man die Aufnahme und Messung entfernter Objekte mit Sensoren, die in einem Flugzeug oder einem künstlichen Satelliten [62, 101] mitgeführt werden [24]. Als ein solcher Sensor für das elektromagnetische Spektrum kann auch ein photographisches Aufnahmegerät aufgefaßt werden.

Bei der *direkten photographischen Registrierung* fällt Strahlung aus dem sichtbaren Bereich des Spektrums (einschließlich Infrarot und Ultraviolett) über ein optisches System direkt auf die Emulsion. Die Beschaffenheit dieser Emulsion richtet sich in erster Linie nach dem fachbezogenen Zweck der Interpretation.

Farbfilme (Color-Negativ oder -Positiv) erleichtern die Interpretation in vielen Bereichen, im besonderen Maße bei der Erfassung der Landnutzungen. *Falschfarbenfilme* sind Dreischichten-Farbfilme mit einer statt für Blau auf Infrarot geänderten Sensibilisierung. In den Bildern erscheint die lebende Vegetation in roter, die tote in grüner Farbe. Mit dieser Differenzierung lassen sich z. B. umweltgefährdete Bereiche aufzeigen. *Infrarotfilme* sind vorteilhaft bei forstlichen und hydrographischen Untersuchungen. *Ultraviolettfilme* (Wellenlänge kleiner als 350 nm) heben anstehendes Gestein und nicht bewachsenen Boden hervor.

Bei der *indirekten photographischen Registrierung* werden bestimmte Strahlungsfrequenzen in zeitlicher Reihenfolge mit Antennen oder Detektoren abgetastet und in ihren Intensitätsschwankungen einem Glühlampenlicht aufmoduliert, das in gleicher Folge einen Film belichtet. Damit lassen sich auch Frequenzbereiche erfassen, die wegen zu geringer Intensität zur unmittelbaren Schwärzung von Emulsionen nicht ausgereicht hätten.

Infrarot-Abtastungen liefern Bilder, deren Differenzierung auf unterschiedlichen Strahlungstemperaturen beruht. Sie zeigen daher Grundwasser und Abwasser ebenso an wie Vulkanismus und laufende Motoren. In erheblichem Maße können sie auch Dunst und Nebel durchdringen. Sind solche Beispiele als *passive Systeme* zu bezeichnen, so ist die *Radar-Abtastung* ein *aktives System*, weil es sich hierbei um die Abtastung ausgesandter und reflektierter Strahlen von Wellenlängen zwischen 0,5 m und 133,3 m handelt. Die Strahlen durchdringen Nebel, teilweise auch Bewölkung und eignen sich für eine Interpretation der geologischen Verhältnisse unter der Bodenbedeckung und unter Schnee sowie zur Klassifizierung landwirtschaftlicher Anbauflächen.

Während in manchen Fachgebieten bereits sehr detaillierte Interpretationsschlüssel bestehen, ist das Eindringen dieses Fernerkundungsverfahrens in andere Themenkreise noch in

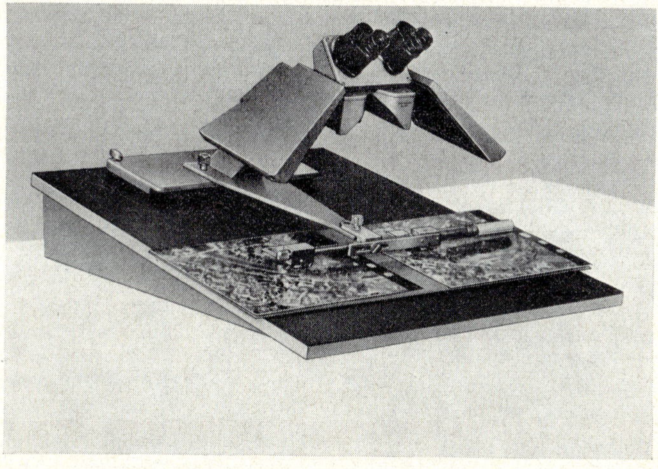

Abb 50. Standard-Spiegelstereoskop N 2 mit Schrägpult und Stereomikrometer SMM-Carl Zeiss/Oberkochen

vollem Gange. Damit erhalten die Luftbilder auch eine wachsende Bedeutung als Quellenmaterial für thematische Karten der verschiedensten Gebiete (Bd. II, 1.6). Der Geräteaufwand beim Vorgang der Interpretation kann sehr gering sein. Für viele Zwecke reicht schon die stereoskopische Bildbetrachtung mittels Stereoskop (Abb. 50).

2.6.5 Bearbeitung der Vermessungsergebnisse

Im Anschluß an die topographischen Vermessungen werden die Ergebnisse auf Zeichenkarton oder Folie kartiert, sofern die Kartierung nicht bereits im Zuge der Vermessung unmittelbar entsteht (wie z. B. die Meßtischaufnahme oder die Stereokartierung).

Bei terrestrischen Vermessungen entsteht aus den nach Meßdaten kartierten Punkten durch linienhaftes Verbinden bestimmter Punkte das Grundrißbild und durch Interpolieren von Höhenlinien zwischen den Geländepunkten das Höhenlinienbild (vgl. 2.6.3.2). Beim Einsatz selbstregistrierender elektronischer Tachymeter sind die Meßdaten mit geeigneten Rechenanlagen so aufzubereiten, daß anschließend durch Zugabe von Zeichenbefehlen die Grundrißdarstellung mit einem Zeichenautomaten erzeugt werden kann und durch ein spezielles Interpolationsprogramm auch das Höhenlinienbild automatisch entwickelt wird. Ähnliches gilt für die punktweise Höhenauswertung von Luftbildern, wenn die Meßergebnisse elektronisch registriert werden.

Die genannte Datenaufbereitung mit Rechenanlagen führt im Ergebnis zu einer Zusammenstellung der Koordinaten und Höhen aller Meßpunkte, die man auch als *digitales Geländemodell (DGM)* bezeichnet. Das DGM läßt sich damit als weitgehend maßstabsunabhängiger Zahlenspeicher zur numerischen Geländebeschreibung auffassen. Mit geeigneten Programmen der elektronischen Datenverarbeitung kann man aus dem DGM nicht nur eine topographische Karte wie oben geschildert gewinnen, sondern auch Profile, Neigungen, Erdmassen usw. ermitteln. Das DGM ist damit besonders für Ingenieurprojekte gut geeignet.

Über weitere Einzelheiten der Kartierung und der Anwendung von Automationstechniken dabei siehe Bd. II, 4.

Während im Wege der automatischen Zeichnung vielfach das Kartenoriginal unmittelbar entsteht, führt die Auswertung in den anderen Fällen zu einer Darstellungsweise, die man gewöhnlich als *Entwurfskartierung* oder *Kartenentwurf* bezeichnet. Eine solche Darstellung ist zwar geometrisch exakt, aber kartographisch noch nicht einwandfrei. Die Entwürfe bzw. Originale enthalten ferner auch nicht die Angaben, die im Zuge der eigentlichen Messungen nicht zu ermitteln sind. Dazu gehören z. B. die Grenzen von Grundstücken, Gemeinden, Naturschutzgebieten, die man gewöhnlich anderen Unterlagen entnimmt. Auch sind die zur Kartenbeschriftung erforderlichen Namen der Orte, Berge, Täler, Wälder, Seen, Straßen usw., die Richtungsangaben und Klassifizierungen bei Verkehrswegen sowie die Bezeichnung von Gebäuden und anderes mehr zu ermitteln (siehe 5.5.4). Luftbildauswertungen sind darüber hinaus oft nicht so vollständig wie örtliche Aufnahmen. Hier sind alle Angaben nachzutragen, die wegen mangelnden Einblicks (z. B. wegen Belaubung oder Schatten), unsicherer Deutung (z. B. Gebäude- oder Bodennutzung) oder infolge inzwischen eingetretener Veränderungen (Neubauten) im Luftbild nicht erfaßbar waren. Bei einem solchen *Feldvergleich* werden zugleich die Auswerteergebnisse auf Richtigkeit und Bedeutung überprüft.

Die so ergänzte Kartierung ist die Vorlage für die Herstellung des Kartenoriginals im gleichen — mitunter auch im kleineren — Maßstab.

2.7 Hydrographische Vermessungen

Die wachsende Bedeutung aller Gewässer im Lebensraum des Menschen bewirkt, daß diese Bereiche auch mit zunehmender Intensität vermessen und in Karten dargestellt werden. Zu den Gegenständen solcher Vermessungen gehört in erster Linie die vom Wasser bedeckte Erdoberfläche; daneben werden aber auch Inseln, Häfen, Uferbefestigungen, Riffe, Seezeichen, Leuchtfeuer, Wracks usw. erfaßt.

Das besondere Problem jeder Gewässervermessung liegt darin, daß die zu erfassenden Formen nicht sichtbar sind, so daß eine Punktauswahl nach geomorphologischen Gesichtspunkten nicht möglich ist. Man führt daher die Vermessun-

gen gewöhnlich in *Parallelprofilen* durch, die annähernd senkrecht zu den vermuteten Niveaulinien verlaufen.
Bei ausgedehnten Wasserflächen finden die Messungen vom Schiff aus statt. Die Tiefenmessung muß dann im Wege der sog. *Beschickung* (über Wasserstands- und Gezeitenmessungen) einer Bezugsfläche zugeordnet und nach ihrer Lage durch besondere Verfahren *(Ortung)* bestimmt werden. Neuerdings sind Tiefenmessungen auch vom Flugzeug aus mit einem Laser-System möglich [75].
Als Bezugsfläche gilt bei Binnengewässern und in Wattgebieten meist die allgemeine Höhenbezugsfläche (z. B. NN). Bei der Seevermessung werden die Tiefenangaben auf das Niedrigwasser bezogen, das sich durch die Gezeitenwirkungen ergibt (z. B. SKN, siehe 2.5.1).
Kleinere Wasserläufe werden gewöhnlich im Anhalt an eine talwärts verlaufende *Stationierung* in regelmäßigen Abständen durch *Querprofile* und durch ein *Längsprofil* aus den tiefsten Punkten der Querprofile erfaßt. In den Querprofilen mißt man die Längen optisch oder mechanisch, die Tiefen mit Peilstäben oder schweren Loten.
Größere Wasserläufe werden in Querprofilen durch ein Vermessungsschiff unter optischer oder elektronischer Streckenmessung abgefahren. Die Tiefenmessung beruht auf dem Schallmeßverfahren mittels Echolotung; dabei wird die Laufzeit gesendeter und reflektierter Ultraschallimpulse in Tiefenangaben umgesetzt, die digital angezeigt oder als Bodenprofil gezeichnet werden (Echogramm). Die Zuordnung zwischen Längen- und Tiefenmessungen ist manuell oder automatisch durchführbar. Der sog. Bodenkartenschreiber verwendet bis zu 41 Echolote an Auslegern beiderseits des Schiffes und erfaßt damit einen breiten Profilstreifen.
Bei Vermessungen *größerer Binnenseen und auf dem Meer* wird der Abstand zwischen den parallelen Lotlinien so gewählt, daß sich auch für die zwischen ihnen liegenden Bereiche eine zuverlässige Tiefenliniendarstellung entwickeln läßt *(Flächenlotung)*. Zur Ortung kann man im Uferbereich trigonometrische Verfahren, elektronische Streckenmessungen oder Funk-Hyperbelverfahren (z. B. HiFix) einsetzen. Auf

hoher See benutzt man andere Funkortungsverfahren, (z. B. Decca, Loran), aber auch künstliche Erdsatelliten oder astronomische Ortsbestimmungen (2.4.2.4). Die Tiefenmessungen beruhen auf dem Schallmeßverfahren, wobei am Echograph verschiedene Meßbereiche unterschiedlicher Meßgenauigkeit wählbar sind.

Die Vermessung von *Wattflächen* — das sind die Bereiche, die in Gezeitengebieten bei Niedrigwasser trockenfallen — ist nach verschiedenen Verfahren möglich [71]. Das klassische Verfahren für das landwärts gelegene Watt ist die topographische Vermessung in Parallelprofilen, die von einer abgemarkten Standlinie (z. B. auf dem Deich) ausgehen. Bei Niedrigwasser werden die durch Streckenmessung festgelegten Profilpunkte der Höhe nach durch Liniennivellement bestimmt. Auch die elektronische Tachymetrie ist für Wattvermessungen geeignet. Beim seewärts gelegenen Watt wird meist eine Flächenlotung bei Hochwasser durchgeführt. Das *Wasserlinienverfahren* geht von Luftbildern aus, die zwischen Niedrig- und Hochwasser in zeitlichen Abständen immer dasselbe Gebiet erfaßt haben (Serieneinzelbildmessung). Wegen des auflaufenden Wassers bildet sich die Wasserlinie, d. h. die Grenzlinie zwischen Wasser und trockenem Watt, in jedem Bild anders ab. Da die verschiedenen Wasserlinien nur genäherte Niveaulinien sind, müssen sie im Wege einer Beschickung nach Pegelmessungen oder Paßpunkten noch in Höhenlinien überführt werden.

3. Kartennetzentwürfe

3.1 Grundlagen

3.1.1 Aufgaben und Begriffe

Kartennetzentwürfe, auch *kartographische Abbildungen* genannt, haben die Aufgabe, die Netzlinien und Punkte eines Koordinatensystems von der exakt definierten Oberfläche eines Weltkörpers nach bestimmten Regeln so in die Ebene abzubilden, daß sie dort ein geeignetes geometrisches Gerüst für kartographische Darstellungen sind.

Der Begriff *Kartenprojektionen*, den man vor allem noch in älterem Schrifttum antrifft, kann leicht Verwirrung stiften. Zwar hat die Ableitung aus dem französischen *projection* die durchaus zutreffende Bedeutung von *Entwurf* oder *Vorhaben*, doch faßt man im Deutschen eine Projektion mehr im Sinne einer *geometrischen Perspektive* auf. Tatsächlich besitzen aber nur wenige Netzentwürfe — wie noch gezeigt wird — das Merkmal einer echten Perspektive. Mitunter wird die Lehre von den Kartennetzentwürfen auch als *mathematische Kartographie* bezeichnet.
Über Bezeichnungen und Klassifizierungen gibt es im Bereich der Kartennetzentwürfe teilweise noch unterschiedliche Auffassungen. Ansätze zur Vereinheitlichung und besseren Systematik — auch international — sind jedoch vorhanden [29].

3.1.2 Erdgestalt und Kartennetz

Die weiteren Betrachtungen beschränken sich auf Abbildundungen der *Erdoberfläche*, wobei die Erdfigur zunächst als Rotationsellipsoid angesehen wird. So liegt z. B. den amtlichen Kartenwerken in der Bundesrepublik Deutschland das Besselsche Erdellipsoid zugrunde (2.3.2).
Man spricht von *geodätischen Abbildungen* (3.7), wenn sich der Abbildungsvorgang auf das Netz der geodätischen, d. h. rechtwinkligen und metrischen Koordinatensysteme (2.2.4) bezieht. Dies ist heute bei den meisten Karten großer und mittlerer Maßstäbe der Fall.
Dagegen liegen *kartographische Abbildungen im engeren Sinne* oder *Gradnetzentwürfe* vor, wenn das Netz der geographischen Koordinaten (Abb. 51) abgebildet wird. In diesem, auf die Griechen (vor allem *Hipparch*) zurückgeführten System bezeichnet man als Äquator *Ä* den Kreis, dessen Ebene senkrecht zur Erdachse *NS* durch den Erdmittelpunkt verläuft. Die parallel zum Äquator verlaufenden Breiten- oder Parallelkreise (z. B. B_P) werden vom Äquator aus polwärts von 0° bis 90° gezählt, und zwar als nördliche bzw. südliche geographische Breite φ. Die Meridiane oder Längenkreise (z. B. L_P) schneiden den Äquator und alle Breitenkreise senkrecht und gehen durch beide Pole *N* und *S*. Ihre geographische Länge λ wird, ausgehend vom international festgelegten

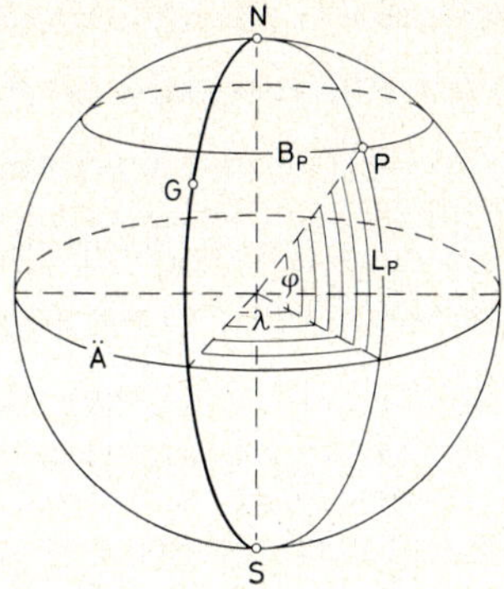

Abb. 51.
Geographisches Koordinatensystem

Nullmeridian durch die Sternwarte von *Greenwich G*, westlich und östlich von je 0° bis 180° gezählt. Bis etwa zur letzten Jahrhundertwende galt in den meisten Staaten der 1634 als Nullmeridian festgelegte Längenkreis durch die westlichste Kanarische Insel *Ferro* (westlichster Punkt der Alten Welt) als Ausgangspunkt der Längengradzählung; er liegt 17° 40′ westlich von Greenwich. Bei der Annahme der Erdfigur als Ellipsoid ist die geographische Breite φ der Winkel zwischen der Oberflächennormalen in P und der Äquatorebene; der Scheitelpunkt liegt damit außerhalb des Erdmittelpunktes (siehe Abb. 7). Bei der Annahme einer Kugel ist dagegen der Scheitelpunkt von φ stets mit dem Kugelmittelpunkt identisch.

Die Annahme der *Erdfigur als Kugel* anstelle des Ellipsoids ist etwa von Maßstäben kleiner als 1 : 2 Mill. ab zulässig, weil die damit verbundenen Fehler hinter den immer größer werdenden Abbildungsverzerrungen zurücktreten. Die Erdkugel liegt daher auch allen Betrachtungen bis 3.6 einschließlich zugrunde. Der Kugelradius ergibt sich entweder für die dem Besselschen Erdellipsoid inhaltsgleiche Kugel zu $R =$ 6370283 m oder für die oberflächengleiche Kugel zu $R =$ 6370290 m. Für viele Zwecke reicht der Wert $R = 6370$ km aus.

3.1.3 Einteilung der Netzentwürfe

3.1.3.1 *Einteilung nach der Art der Abbildungsfläche*

Bei der einfachsten Art der mathematischen Abbildung sind die Bilder der Meridiane Geraden, die sich in einem Punkt schneiden (Abb. 52a). Die Winkel, die sie einschließen, sind gleich den Winkeln, die zwischen den Meridianen auf der Kugel liegen. Die Bilder der Breitenkreise sind konzentrische Kreise um den Schnittpunkt. Dieses Abbildungsergebnis kann man sich geometrisch entstanden denken, wenn man die Kartenebene im Pol als Tangentialebene an die Kugel legt und dann die Breitenkreise nach bestimmten Regeln — die nicht auf einer Projektion zu beruhen brauchen — auf die Tangentialebene überträgt (z. B. Punkt P nach P', Abb. 52b).

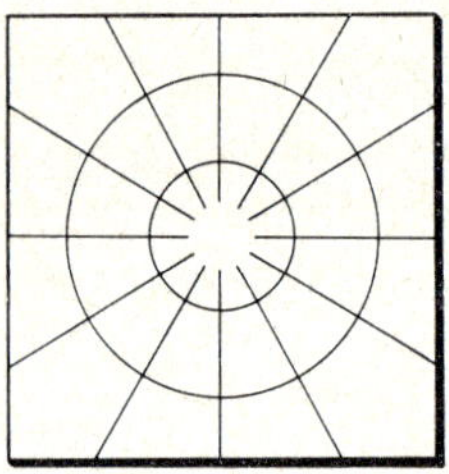

a)

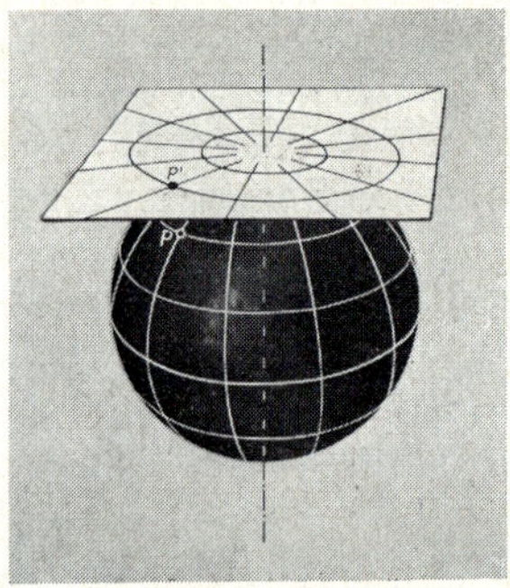

Abb. 52. Azimutale Abbildung b)

Damit werden sich alle möglichen Ergebnisse nur in den Radien der Breitenkreisbilder unterscheiden. Entwürfe dieser Art führen die Bezeichnung „*azimutale Abbildungen*“, da die Winkel im Berührungspunkt, die Azimute, in Kugel und Ebene übereinstimmen. Weil die Berührungsebene zugleich Horizontebene ist, spricht man auch von *Horizontalabbildungen*.

Bei einer anderen Abbildungsart sind die Bilder der Meridiane und Breitenkreise zwei parallele Geradenscharen, die sich gegenseitig rechtwinklig schneiden (Abb. 53a). Die geo-

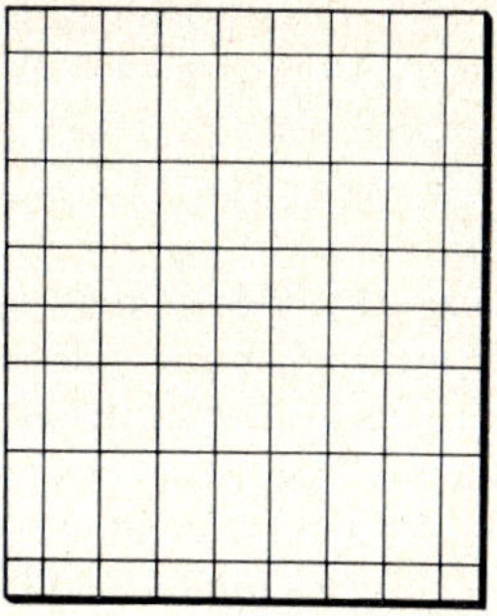

a)

Abb. 53. Zylindrische Abbildung b)

metrische Deutung führt zu einem Zylinder, dessen Mantel die Kugel im Äquator berührt (Abb. 53b). Wickelt man den Zylindermantel in die Ebene ab, so ergibt sich ein rechtwinliges Netzbild. Solche Entwürfe werden als „*zylindrische Abbildungen*" bezeichnet.

Eine dritte Abbildungsart stimmt teilweise mit der azimutalen Abbildung überein, doch sind die Winkel zwischen den

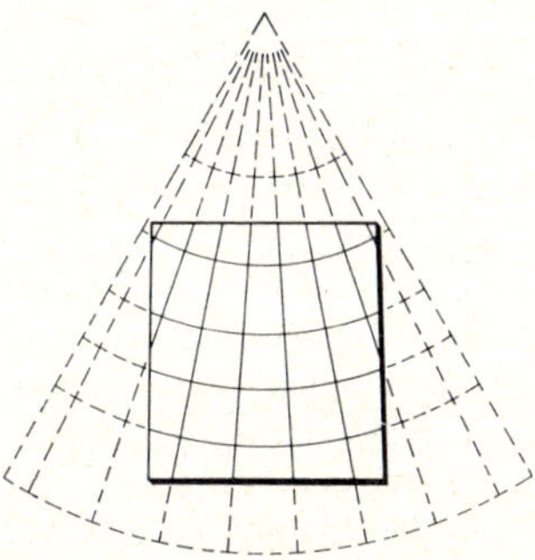

a)

Abb. 54. Konische Abbildung b)

Meridianbildern stets kleiner als die entsprechenden Längenunterschiede auf der Kugel (Abb. 54a). Dies läßt die Deutung eines die Kugel einhüllenden Kegelmantels zu, der sich gleichfalls in die Ebene abwickeln läßt (Abb. 54b). Derartige Entwürfe gelten als „*konische Abbildungen*".

Die beschriebenen Abbildungen haben folgendes gemeinsam: 1. Alle Meridianbilder sind Geraden, die sich im Pol schneiden (im Grenzfalle im Unendlichen). 2. Alle Breitenkreisbilder sind konzentrische Kreise um den Pol (im Grenzfalle mit unendlich großen Radien). 3. Alle Linien schneiden sich rechtwinklig. Abbildungen, die diese Bedingungen erfüllen, werden auch als *echte* Abbildungen bezeichnet.

Die konischen Abbildungen stellen den allgemeinsten Fall der echten Abbildungen dar; aus ihnen gehen die zylindrischen hervor, wenn die Kegelspitze ins Unendliche rückt, und die azimutalen, wenn der Öffnungswinkel des Kegels 180° wird. Über die Vorstellung einer Ebene, eines Zylinder- oder Kegelmantels kommen wir zu einer zweckmäßigen Ordnung der Entwurfsarten.

Unechte, auch Pseudo-Abbildungen genannt, gehen aus den echten durch Einführen einer Zusatzbedingung hervor; dabei gehen die genannten Eigenschaften der echten Abbildungen ganz oder teilweise verloren.

3.1.3.2 *Einteilung nach der Lage der Abbildungsfläche*

Diese ergibt sich durch die verschiedene *gegenseitige Lage* von Erdachse und Rotationsachse bei den zylindrischen und den konischen Abbildungen bzw. von Erdachse und Lot auf die Ebene im Berührungspunkt bei den azimutalen Abbildungen. Fallen Erdachse und Rotationsachse — bzw. Erdachse und Lot auf die Ebene — zusammen, so sprechen wir von normalen, normalachsigen, erdachsigen oder auch polständigen Abbildungen (Abb. 55). Stehen Erdachse und Rotationsachse — bzw. Erdachse und Lot auf die Ebene — senkrecht zueinander, so haben wir es mit querachsigen, äquatorständigen oder transversalen Abbildungen zu tun (Abb. 56). Schließen endlich die genannten Achsen — bzw. Achse und

Lot — einen beliebigen Winkel miteinander ein, so bezeichnen wir diese Abbildungen als schiefachsig oder zwischenständig.

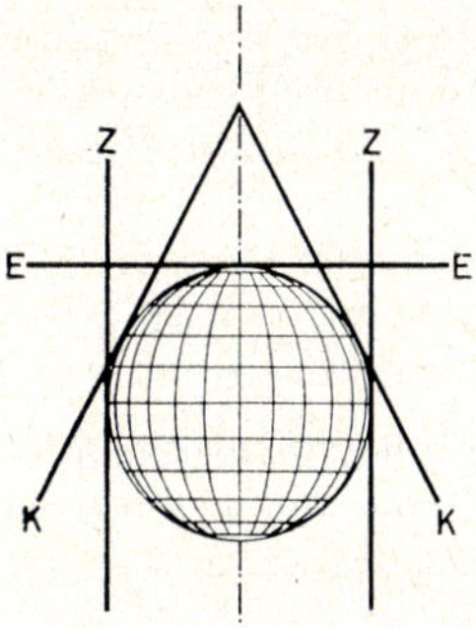

Abb. 55.

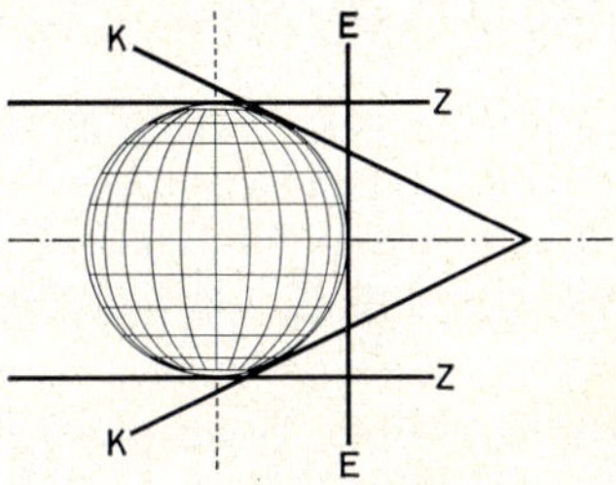

Abb. 56.

Abb. 55. Normale Abbildungen

Abb. 56. Transversale Abbildungen

Abb 57. Schiefachsige Abbildungen

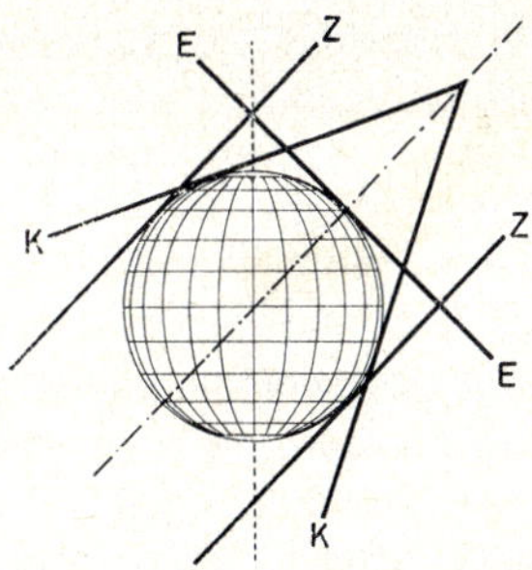

Abb. 57.

3.1.3.3 *Einteilung nach den Abbildungseigenschaften*

Eine Abbildung, die der kugelförmigen Erdoberfläche in allen Teilen ähnlich ist, kann nur wieder auf einer Kugelfläche — wie sie z. B. der Globus darstellt — möglich sein. Nur eine solche Abbildung ist unter Berücksichtigung eines konstanten Verjüngungsmaßstabes zugleich 1. längentreu oder äquidistant, 2. flächentreu oder äquivalent und 3. winkeltreu oder konform.

Bei der Abbildung einer Kugelfläche in eine Ebene lassen sich dagegen die drei Eigenschaften gleichzeitig niemals streng verwirklichen. Es ist wohl möglich, entweder die Flächentreue oder die Winkeltreue oder schließlich auch in bestimmten Richtungen oder längs bestimmter Linien die Längentreue einzuhalten; eine universelle längentreue Abbildung ist jedoch nicht möglich. Bei jeder Abbildung der Kugelfläche in eine Ebene treten Verzerrungen auf. Diese nach Art und Größe zu untersuchen ist notwendig, um dem Netzentwurf jene Eigenschaft beilegen zu können, die dem Zweck der Karte am besten entspricht.

Man kann daher zwischen flächentreuen, konformen, teilweise längentreuen und vermittelnden (ohne besondere Eigenschaften) Abbildungen unterscheiden.

Die Abbildungseigenschaften und die Verzerrungsverhältnisse im Kartenfeld entscheiden in erster Linie die Wahl des Netzentwurfes. Geographen bevorzugen wegen der Vergleichbarkeit die flächentreue Abbildungen; in der Navigation und im Vermessungswesen gibt man dagegen den konformen Abbildungen den Vorzug. Über die Wahl der Netzentwürfe in der thematischen Kartographie gibt *I. Kretschmer* eine allgemeine Übersicht [172].

3.1.4 Abbildungsgleichungen und Abbildungsverzerrungen

Die für die einzelnen Netzentwürfe aufzustellenden *Abbildungsgleichungen* geben die mathematischen Gesetze an, nach denen die Meridiane und Parallelkreise in die Ebene abgebildet werden. Dabei beruht die Darstellung in der Ebene auf polaren Koordinaten m, α oder rechtwinkligen Koordinaten x, y als Funktion der geographischen Koordinaten φ, λ beliebiger Kugelpunkte. In zahlreichen Fällen verwendet man statt der Breite φ die Poldistanz $\delta = 90° - \varphi$. Für die echten Abbildungen in normaler Lage ergibt sich dabei entsprechend den beschriebenen Eigenschaften, daß eine Abbildungskoordinate jeweils nur von einer geographischen Koordinate wie folgt abhängig ist: $m = f(\varphi)$, $\alpha = f(\lambda)$ bzw. $x = f(\varphi)$, $y = f(\lambda)$.

Legt man — wie dies in den weiteren Betrachtungen geschieht — die Einheitskugel $R = 1$ und den Abbildungsmaßstab 1 : 1 zugrunde, so werden die Formeln besonders einfach, ohne daß sich jedoch die Abbildungsverhältnisse ändern. Für die praktische Anwendung sind lediglich alle linearen Maße mit R/m_k zu multiplizieren (R = Radius der Erdkugel, m_k = Kartenmaßstabszahl).

Bei Abbildungen, die nicht in normaler Lage liegen, beziehen sich die Gleichungen auf ein Netz von Abbildungskoordinaten, das nicht mehr mit dem Netz der geographischen Koordinaten übereinstimmt. Pol oder *Hauptpunkt* für dieses *Abbildungsnetz (Konstruktionsnetz)* ist der Berührungspunkt der Ebene bzw. der Durchstoßpunkt der Zylinder- bzw. Kegelachse. Auf diesen beziehen sich die *Netzmeridiane (Hauptkreise)* und *Netzbreiten (Horizontalkreise)*, deren Werte im einzelnen aus vorgegebenen geographischen Koordinaten und der Lage des Hauptpunktes im System der geographischen Koordinaten zu berechnen sind. Die eigentlichen Abbildungsgleichungen beziehen sich also stets auf den Fall der normalen Lage. Die Transformation der Konstruktionskoordinaten in geographische Koordinaten und umgekehrt wird in 3.2.6 behandelt.

Um die *Abbildungsverzerrungen* zu untersuchen, betrachtet man zunächst das Verhältnis zwischen zwei sich entsprechenden Bogenelementen auf der Ebene (Abbild) und der Kugel (Urbild). Dieses Verhältnis ergibt sich als Quotient

$$\varrho = \frac{\text{Bogenelement im Abbild}}{\text{Bogenelement im Urbild}} \tag{1}$$

und wird als *Längenverzerrungsfaktor* — meist auch einfach als *Längenverzerrung* — bezeichnet. Zunächst muß man davon ausgehen, daß die Werte für ϱ nicht nur von Punkt zu Punkt verschieden sind, sondern auch am selben Ausgangspunkt von der Richtung des Bogenelements abhängen. Da auch nichtlineare Abbildungsgleichungen auftreten, ist es zweckmäßig, von infinitesimalen, d. h. unendlich kleinen Bogenelementen auszugehen. Dreht man nun ein solches Bogenelement im Urbild um einen beliebigen Kugelpunkt P, so ergibt sich ein infinitesimaler Kreis. Dagegen wird sich beim Drehen des abgebildeten Bogenelementes um den Abbildungspunkt P' kein

Kreis ergeben. Von den vielen Werten ϱ, die dabei auftreten, sind die folgenden Beträge besonders interessant:

$h = \varrho_\varphi$ = Längenverzerrung in Richtung des (Netz)Meridians

$k = \varrho_\lambda$ = Längenverzerrung in Richtung des (Netz)Breitenkreises

$a = \varrho_{\max}$ = maximale Längenverzerrung

$b = \varrho_{\min}$ = minimale Längenverzerrung

Bei dieser Betrachtung sind aber nicht nur die Werte ϱ von der Richtung des Bogenelements abhängig, sondern es stimmen die Richtungen selbst in Urbild und Abbild nicht überein. Damit werden sich allgemein zwei beliebige, im Urbild zueinander senkrechte Bogenelemente auch nicht rechtwinklig abbilden. Nach *Tissot* (1881) gibt es aber wenigstens zwei im Urbild zueinander senkrechte Richtungen, die auch im Abbild wieder gegeneinander senkrecht stehen. In diesen Richtungen liegen zugleich die Extremwerte a und b *(Hauptverzerrungsrichtungen)*. Da nun aber die echten Abbildungen gerade durch Rechtwinkligkeit der Linienschnitte in Urbild und Abbild gekennzeichnet sind, liegen bei ihnen die Hauptverzerrungsrichtungen auf den Netzlinien, d. h. es fallen die Werte a und b mit den Werten h und k zusammen. So wäre z. B. $h = a$ und $k = b$, wenn $h > k$ und umgekehrt $h = b$ und $k = a$, wenn $h < k$ (Abb. 58).

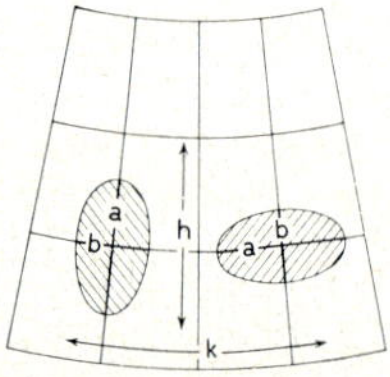

Abb. 58. Hauptverzerrungsrichtungen

Es läßt sich noch zeigen, daß die Abbildung des oben genannten infinitesimalen Kugelkreises zu einer Ellipse führt, die man auch als *Verzerrungsellipse* oder *Tissotsche Indikatrix* bezeichnet. Die Werte a bzw. b sind demnach die große bzw. kleine Halbachse dieser Ellipse. Ist in einer beliebigen Richtung $\varrho = 1$, so ist die Abbildung in dieser Richtung längentreu. Ist insbesondere $h = 1$, so spricht man von *Mittabstandstreue*.

Aus den Indikatrixachsen lassen sich die Winkel- und die Flächenverzerrung berechnen. Zur Ableitung der Winkelverzerrung denkt man sich einen Kreis auf der Kugel vom Radius 1 und seine Abbildung in der Ebene, die Verzerrungsellipse, in dem zu untersuchenden Punkt O (Abb. 59) aufeinandergelegt. Die Achsen a und b sind durch

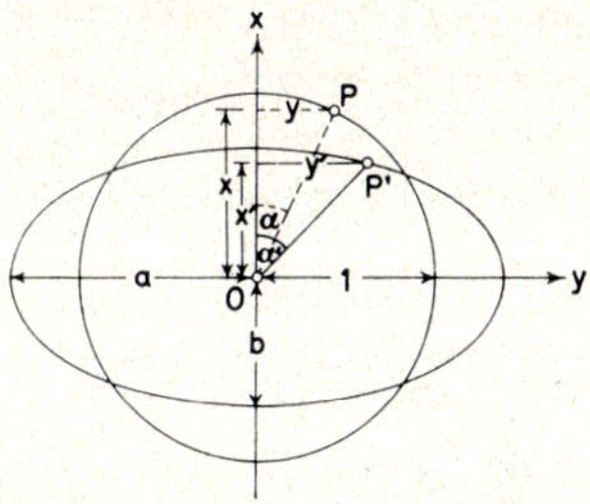

Abb. 59. Indikatrix

die Verzerrungsverhältnisse gegeben. Einem Punkt $P(x, y)$ auf der Peripherie des Kugelkreises möge ein Punkt $P'(x', y')$ auf der Ellipse entsprechen. Die Richtung OP ist durch den Richtungswinkel α festgelegt. Der entsprechende Winkel in der Abbildung ist α'. Wir suchen zunächst die *Richtungsverzerrung* $\alpha' - \alpha$. Die beiden Winkel lassen sich durch die Koordinaten der Punkte P und P' wie folgt ausdrücken:

$$\tan\alpha = \frac{y}{x}\,; \quad \tan\alpha' = \frac{y'}{x'}\,. \tag{2}$$

Unter Berücksichtigung der Verzerrungsverhältnisse in x- bzw. y-Richtung ergibt sich

$$y' = a \cdot y \text{ und } x' = b \cdot x.$$

Nach Einsetzen dieser Werte in (2) erhalten wir das Verhältnis

$$\frac{\tan\alpha'}{\tan\alpha} = \frac{\sin\alpha'}{\cos\alpha'} \cdot \frac{\cos\alpha}{\sin\alpha} = \frac{a}{b}\,.$$

Die Anwendung der korrespondierenden Subtraktion und Addition führt zu der Beziehung

$$\frac{a - b}{a + b} = \frac{\sin\alpha' \cos\alpha - \cos\alpha' \sin\alpha}{\sin\alpha' \cos\alpha + \cos\alpha' \sin\alpha} = \frac{\sin(\alpha' - \alpha)}{\sin(\alpha' + \alpha)}\,.$$

Daraus ergibt sich für die Richtungsverzerrung

$$\sin(\alpha' - \alpha) = \frac{a - b}{a + b} \sin(\alpha' + \alpha). \tag{3}$$

Für die Beurteilung der Eigenschaften eines Netzentwurfes sind allgemein die maximalen Verzerrungswerte maßgebend. So wird es auch hier genügen, den größtmöglichen Wert der Richtungsverzerrung zu kennen. Dieser tritt dann auf, wenn in (3) das Glied $\sin(\alpha' + \alpha)$ das Maximum erreicht. Das ist bei $\alpha' + \alpha = 90°$, d. h. $\sin(\alpha' + \alpha) = 1$ der Fall. Wir erhalten somit

$$\sin(\alpha' - \alpha)_{\max} = \sin\omega = \frac{a-b}{a+b}. \quad (4)$$

Ein Winkel geht bekanntlich aus der Differenz zweier Richtungen hervor. Das Maximum der *Winkelverzerrung* wird daher dann auftreten, wenn sich die beiden maximalen Richtungsverzerrungen addieren. Demnach ist

$$W_{\max} = w = 2\omega. \quad (5)$$

Ergibt sich bei einem Netzentwurf $a = b$, so ist die Indikatrix ein Kreis. Dann ist aber $\sin\omega = 0/2a = 0$, d. h. $\omega = 0$ und $w = 0$. Die Abbildung ist winkeltreu. Umgekehrt ist die Bedingung für die Winkeltreue einer Abbildung

$$a = b \text{ oder } a : b = 1. \quad (6)$$

Analog zur Längenverzerrung ergibt sich der *Flächenverzerrungsfaktor* (die *Flächenverzerrung*) Φ als Quotient

$$\Phi = \frac{\text{Flächenelement im Abbild}}{\text{Flächenelement im Urbild}} \quad (7)$$

Für die rechnerische Ermittlung von Φ stellt man die Fläche der Indikatrix der Fläche des kleinen Kugelkreises gegenüber. Dann ist

$$\Phi = \frac{a \cdot b \cdot \pi}{1 \cdot \pi} = a \cdot b\,. \quad (8)$$

Bei $\Phi < 1$ tritt in der Abbildung eine Flächenverkleinerung ein, während bei $\Phi > 1$ die Flächen in der Abbildung vergrößert erscheinen. Kennzeichen und Bedingung für die Flächentreue ist demnach

$$\Phi = a \cdot b = 1. \quad (9)$$

Damit sind die Voraussetzungen geschaffen, einen Netzentwurf auf seine Eigenschaften hin untersuchen bzw. unter Zugrundelegung bestimmter Bedingungen die Abbildungsgleichungen aufstellen zu können.

Für die Beurteilung von Kartennetzen kann es mitunter nützlich sein, im Netzentwurf auch die Linien gleicher Längen-, Flächen- und Winkelverzerrung darzustellen, um z. B. die Bereiche maximaler Verzerrungen nach Lage und Größe besser erkennen zu können. Man bezeichnet solche Linien allgemein als *Isodeformaten (Äquideformaten)*. Da bei echten Abbildungen die Verzerrungsbeträge nur von der (Netz-)Breite abhängen, haben die Isodeformaten in diesem Falle die Gestalt von (Netz-)Breitenkreisbildern.

3.1.5 Orthodrome und Loxodrome

In manchen Fällen ist es erforderlich, zwischen zwei Kartenpunkten Verbindungslinien bestimmter Art festzulegen. Es ist daher wichtig zu wissen, welchen typischen Verlauf diese Linien in den einzelnen Netzentwürfen aufweisen.

Die *Orthodrome* („Geradlaufende") ist auf der Kugel als Teil eines Großkreises die *kürzeste* Verbindungslinie zwischen zwei Punkten (Abb. 60). Sie ist daher in der See- und Luftfahrt,

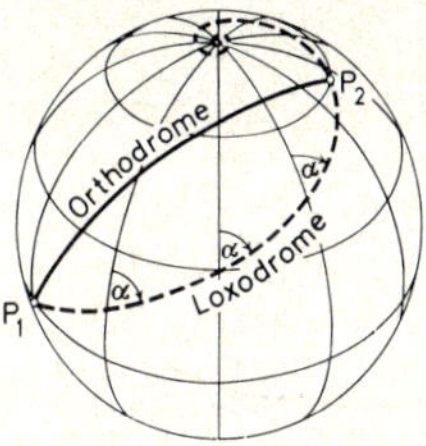

Abb. 60. Orthodrome und Loxodrome

im Funkverkehr, aber auch bei allgemeinen kartometrischen Aufgaben von Bedeutung. Wegen der Abbildungsverzerrungen bildet sich die Orthodrome im allgemeinen jedoch nicht als Gerade ab; eine Ausnahme bildet lediglich die gnomonische Projektion (3.2.4).

Wegen dieses Sachverhaltes lassen sich lange Entfernungen in Karten nicht immer mit der möglichen Genauigkeit messen; man greift in solchen Fällen besser die geographischen Koordinaten der Endpunkte ab und rechnet die Entfernung mit den Bezeichnungen der Abb. 67 zu $HN = R \cdot \text{arc}\, \delta_N$, wobei δ_N aus der Formel für $\cos \delta_N$ in 3.2.6 zu gewinnen ist. Zwischenpunkte auf der Orthodrome lassen sich nach den Formeln der sphärischen Trigonometrie rechnen oder mit der gnomonischen Abbildung (3.2.4.) als Hilfsnetz graphisch ermitteln und dann in das Kartennetz übertragen. Über weitere graphische Verfahren siehe [198].

Als *Loxodrome* („schief laufende Linie") gilt jede Kurve, die in ihrem Verlauf auf der Kugel alle Meridiane unter konstantem Winkel (= Azimut) schneidet. Sie spielt daher bei allen Navigationsverfahren, also in der See- und Luftfahrt, als sog. *Kurslinie* eine wichtige Rolle. Bei einer *magnetischen* Loxodrome gilt der konstante Kurswinkel in Bezug auf die magnetischen Meridiane.

Zwischen zwei Punkten 1 (φ_1, λ_1) und 2 (φ_2, λ_2) ergibt sich das Azimut α der Loxodrome zu

$$\tan\alpha = \frac{\lambda_2 - \lambda_1}{\ln\tan\left(45^\circ + \frac{\varphi_2}{2}\right) - \ln\tan\left(45^\circ + \frac{\varphi_1}{2}\right)}.$$

Daraus folgt auch die allgemeine Gleichung der Loxodrome für den Fall, daß ihr Anfangspunkt φ_1, λ_1 und ihr Azimut α gegeben sind, nämlich

$$\lambda = \lambda_1 + \tan\alpha\left[\ln\tan\left(45^\circ + \frac{\varphi}{2}\right) - \ln\tan\left(45^\circ + \frac{\varphi_1}{2}\right)\right].$$

Verlauf der Loxodrome auf der Kugel: φ kann Werte von -90° bis $+90^\circ$ annehmen.

1. Bei gegebenem α liefert jeder Wert von $-90^\circ < \varphi < 90^\circ$ *einen* endlichen Wert von λ;
2. bei $\varphi = -90^\circ$ wird $(45^\circ - 90^\circ/2) = 0^\circ$, $\tan 0^\circ = 0$, $\ln 0 = -\infty$ und $\lambda = \pm\infty$ (je nach Vorzeichen von $\tan\alpha$), d. h. die Loxodrome erreicht erst bei $\lambda = \pm\infty$ (theoretisch niemals) den Südpol;
3. bei $\varphi = +90^\circ$ wird $(45^\circ + 90^\circ/2) = 90^\circ$, $\tan 90^\circ = \infty$, $\ln\infty = \infty$ und $\lambda = \pm\infty$, d. h. die Loxodrome erreicht theoretisch auch nicht den Nordpol;
4. umgekehrt liefern die Werte λ, $\lambda + 2\pi$, $\lambda + 4\pi$ usw. jeweils einen anderen Wert von φ, d. h. jeder Meridian wird unendlich oft von der Loxodrome geschnitten.

Die Loxodrome ist also eine Kurve, die sich in unendlich vielen Windungen spiralförmig den beiden Polen nähert, ohne sie im Endlichen erreichen zu können (Abb. 60). Das Verhalten bei den Polen hat jedoch keine praktische Bedeutung.

Ähnlich wie die Orthodrome erscheint auch die Loxodrome in den Kartenabbildungen im allgemeinen als gekrümmte Linie; lediglich in der Mercatorprojektion bildet sie sich stets als Gerade ab (3.3.3).

3.1.6 Praktische Netzkonstruktionen

Kartennetze werden heute meist mit Hilfe rechtwinkliger oder polarer Koordinatographen oder beim Einsatz der elektronischen Datenverarbeitung mit Zeichenautomaten (Bd. II, 4). erzeugt. Dabei lassen sich die Netzbilder echter Abbildungen in normaler Lage unmittelbar konstruieren, wenn es sich — wie bei Azimutal- und Zylinderabbildungen — um leicht festlegbare Geraden und Kreise handelt. In den anderen Fällen — konische Abbildungen (3.4.4) und alle Abbildungen in nicht normaler Lage (3.2.6) — entstehen dagegen die Netzlinien durch zeichnerisches Verbinden der berechneten und kartierten Netzpunkte mit Kurvenlinealen oder flexiblen Bändern. Die Netzpunkte müssen daher in solcher Dichte vorliegen, daß die Netzlinien eindeutig darstellbar sind. Beim Einsatz der Automation entstehen die Netzlinien aus der Zeichnung von Interpolationspolynomen, die aus den Netzpunkten berechnet werden [16, 140].

3.2 Azimutale Netzentwürfe

Diese Abbildungen, die in der Praxis in normaler, transversaler oder schiefachsiger Lage vorkommen, eignen sich besonders für Gebiete von ungefähr kreisförmiger Gestalt. Der Einfachheit wegen liegt den weiteren Betrachtungen zunächst die normale Lage zugrunde, was einer Abbildung der Polargebiete entspricht (Polarprojektion). Dabei weisen die Netzentwürfe die folgenden Merkmale auf:

a) Die Meridiane werden als Strahlenbüschel dargestellt. Der Winkel α, den zwei Meridianbilder im Bild des Pols einschließen, ist gleich dem Längenunterschied λ zwischen den entsprechenden Kugelmeridianen im Pol. Diese Bedingung wird durch die erste Abbildungsgleichung zum Ausdruck gebracht:

$$\alpha = \lambda.$$

Sie gilt für alle azimutalen Abbildungen.

b) Die Bilder der Parallelkreise sind konzentrische Kreise um das Polbild. Ihre Radien m müssen unter Berücksichtigung der Eigenschaft des Netzentwurfs als Funktion der Poldistanz $\delta = 90° - \varphi$ für die einzelnen Arten bestimmt werden. Die zweite Abbildungsgleichung lautet daher in allgemeiner Form:

$$m = f(\delta).$$

Alle azimutalen Abbildungen unterscheiden sich untereinander lediglich durch dieses *Halbmessergesetz*.

3.2.1 Mittabstandstreue azimutale Abbildung

Um die Bedingung der Mittabstandstreue zu erfüllen, müssen die Bogenlängen der Meridiane längentreu abgebildet werden. Die Abbildungsgleichungen in Polarkoordinaten mit dem Ursprung im Pol lauten daher:

$$\alpha = \lambda, \qquad m = \operatorname{arc} \delta \text{ [arcus = Bogen]}.$$

Die auch als *speichentreu* bezeichnete Abbildung wurde in normaler Lage (Abb. 61) erstmalig von *G. Mercator* (1569), in allgemeiner Lage von *J. H. Lambert* (1772) entwickelt.

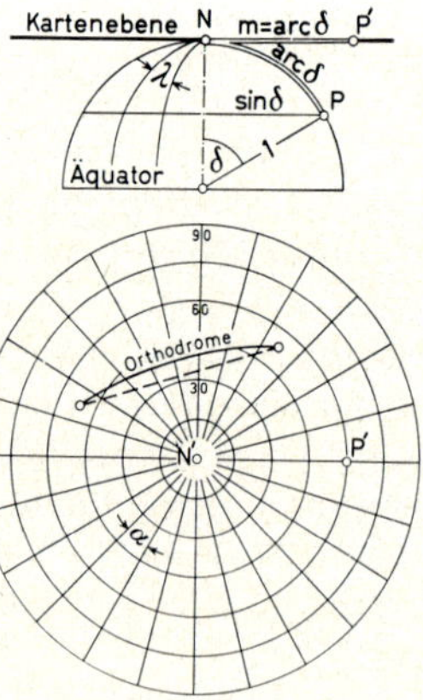

Abb. 61. Mittabstandstreue azimutale Abbildung

Bei der Netzkonstruktion lassen sich die Meridianbilder sofort zeichnen, da $\alpha = \lambda$. Die Halbmesserwerte ergeben sich wie folgt: Da die Bogenlänge eines Halbkreises (Zentriwinkel = 180°) = π ist, beträgt sie für einen Zentriwinkel von 1° demnach $\pi/180 = 0{,}01745$, für einen beliebigen Zentriwinkel δ also $0{,}01745 \cdot \delta°$. Dieser Betrag ist noch mit dem Wert R/m_k zu multiplizieren, wenn es sich um eine Abbildung der Erdoberfläche (Radius R) im Maßstab $1 : m_k$ handelt.

Zur Bestimmung der Längenverzerrung h in *Meridianrichtung* wird dem unendlich kleinen Zuwachs dm des Halbmessers m der unendlich kleine Zuwachs dδ des Bogens δ gegenübergestellt. Man erhält $h = \mathrm{d}m/\mathrm{d}\delta = \mathrm{d}\ \mathrm{arc}\ \delta/\mathrm{d}\delta$, was nach den Regeln der Diffentialrechnung den Wert 1 hat. In Richtung der *Breitenkreise* stellt man den Umfang des Breitenkreisbildes $2 \cdot m \cdot \pi$ dem Umfang des Kugelkreises $2 \cdot \sin \delta \cdot \pi$ gegenüber. Dann ist die Längenverzerrung $k = 2 \cdot m \cdot \pi / 2 \cdot \sin \delta \cdot \pi = m/\sin \delta = \mathrm{arc}\ \delta/\sin \delta$. Da $\mathrm{arc}\ \delta/\sin \delta > 1$, ist $k > h$ und damit ist $k = a$ und $h = b = 1$ (Mittabstandstreue).
Die Flächenverzerung ergibt sich zu $\Phi = a \cdot b = a$. Für die Winkelverzerrung bestimmen wir zunächst

$$\sin \omega = \frac{a - b}{a + b} = \left(\frac{\mathrm{arc}\ \delta}{\sin \delta} - 1\right) : \left(\frac{\mathrm{arc}\ \delta}{\sin \delta} + 1\right) = \frac{\mathrm{arc}\ \delta - \sin \delta}{\mathrm{arc}\ \delta + \sin \delta}.$$

Verzerrungswerte für $\delta = 0°$, 30°, 60° und 90° sind für die mittabstandstreue azimutale Abbildung in Tabelle 1, S. 121, zusammengestellt.

Die Abbildungsart wird — in allen Lagen — für solche Karten benutzt, in denen Richtungen und Entfernungen von einem zentralen Punkt aus verzerrungsfrei entnommen werden sollen (z. B. Funkmeßkarten), in normaler Lage für Himmelskarten in Polnähe sowie mit ellipsoidischen Daten für die Weltkarte 1 : 2500000 in den Breiten zwischen 60° und 90° (5.8.3).

3.2.2 Flächentreue azimutale Abbildung

Bei diesem von *J. H. Lambert* (1772) stammenden Entwurf muß der Radius m der Parallelkreisbilder so gewählt werden, daß die von ihnen eingeschlossenen Kreisflächen gleich den entsprechenden Kugeloberflächen sind.
Nach dem Satz von Archimedes ist die Oberfläche der Kappe einer Kugel (mit $R = 1$) $F = 2 \cdot \pi \cdot h$.

Wenn man h durch den Zentriwinkel δ (Poldistanz) ausdrückt und für $\cos\delta = \cos^2\delta/2 - \sin^2\delta/2$ einsetzt, ergibt sich nach Abb. 62

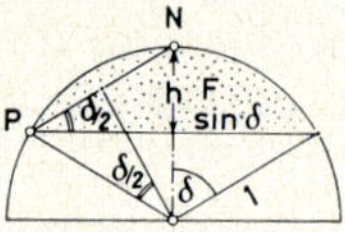

Abb. 62. Flächentreue azimutale Abbildung

$$h = 1 - \cos\delta = 2\sin^2\frac{\delta}{2}$$

und somit $F = 4\pi\sin^2\delta/2$.

Der Flächeninhalt der entsprechenden Kartenfläche ist $f = m^2\pi$. Die Bedingung der Flächentreue verlangt $F = f$, woraus sich die Abbildungsgleichungen ergeben:

$$\alpha = \lambda, \qquad m = 2\sin\frac{\delta}{2}.$$

Der Ausdruck für m stellt, wie aus Abb. 62 zu ersehen ist, den linearen Abstand des Parallelkreises mit der Poldistanz δ vom Pol (Sehne PN) dar. Auf diese Tatsache stützt sich die geometrische Netzkonstruktion der Abb. 63, bei deren maßstäblicher Ausführung $r = R/m_k$ zu nehmen ist R = Erdradius und m_k = Maßstabsfaktor).

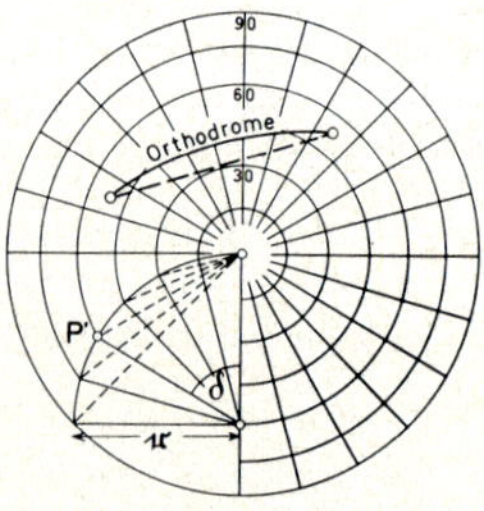

Abb. 63. Geometrische Netzkonstruktion der flächentreuen Azimutalabbildung

Indikatrix:

$$k = \frac{\text{Kartenkreisradius}}{\text{Kugelkreisradius}}$$

$$= \frac{2\sin\delta/2}{\sin\delta} = \frac{2\sin\delta/2}{2\sin\delta/2\cos\delta/2}$$

$$= \frac{1}{\cos\delta/2}$$

$$h = \frac{dm}{d\delta} = \frac{d(2\sin\delta/2)}{d\delta} = 2\cos\frac{\delta}{2}\cdot\frac{1}{2} = \cos\frac{\delta}{2}.$$

Da $\cos\delta/2 < 1$, ist $\dfrac{1}{\cos\delta/2} > \cos\delta/2$, d. h. $k = a$ und $h = b$.

$\Phi = a \cdot b = \dfrac{1}{\cos \delta/2} \cdot \cos \delta/2 = 1$, die Abbildung ist flächentreu.

$$\sin \omega = \frac{a - b}{a + b} = \frac{\dfrac{1}{\cos \delta/2} - \cos \delta/2}{\dfrac{1}{\cos \delta/2} + \cos \delta/2} = \frac{1 - \cos^2 \delta/2}{1 + \cos^2 \delta/2}$$

$$= \frac{\sin^2 \delta/2}{2 - \sin^2 \delta/2}.$$

Verzerrungswerte siehe Tabelle 1, S. 121.

Den Netzentwurf trifft man bei vielen geographischen Karten (vor allem Atlaskarten).

3.2.3 Konforme azimutale Abbildung (Stereographische Projektion)

Die Abbildungsgleichung für m kann aus der Bedingung der Winkeltreue, $a = b$ bzw. $k = h$, abgeleitet werden. Es ist (siehe 3.2.1)

$$k = \frac{m}{\sin \delta} \text{ und } h = \frac{\mathrm{d}m}{\mathrm{d}\delta}.$$

Nach Gleichsetzen der beiden Werte und Trennung der Variablen erhalten wir die einfache Differentialgleichung

$$\frac{1}{m}\,\mathrm{d}m = \frac{1}{\sin \delta} \cdot \mathrm{d}\delta.$$

Die beiderseitige Integration

$$\int \frac{1}{m}\,\mathrm{d}m = \int \frac{1}{\sin \delta}\,\mathrm{d}\delta$$

ergibt
$$\ln m + C_1 = \ln \tan \delta/2 + C_2$$

oder
$$\ln m = \ln \tan \delta/2 + \ln C.$$

Nach Entlogarithmieren ergibt sich $m = C \cdot \tan \delta/2$. Jeder Wert C würde zu einer konformen Abbildung führen; da im

Berührungsfall im Polbild keine Verzerrungen auftreten dürfen, läßt sich C aus der Bedingung $h = k = 1$ ermitteln:

$$k = \frac{m}{\sin\delta} = \frac{C \cdot \tan\delta/2}{\sin\delta} \qquad k = \frac{C}{2 \cdot \cos^2\delta/2} = 1.$$

Da im Pol $\delta = 0$, folgt daraus $C = 2$.
Die Abbildungsgleichungen lauten daher:

$$\alpha = \lambda, \qquad m = 2\tan\frac{\delta}{2}.$$

Auch das Netz dieser Abbildung läßt sich geometrisch konstruieren. Wie aus Abb. 64 hervorgeht, handelt es sich hier

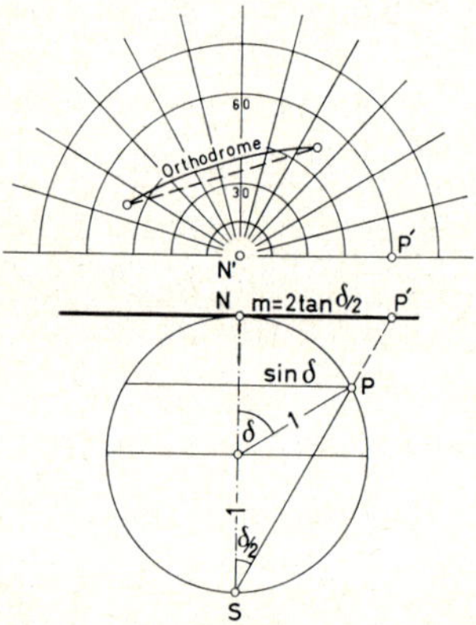

Abb. 64. Konforme azimutale Abbildung

um eine echte Projektion (im Sinne von projizieren) mit dem Projektionszentrum im Südpol (allgemein im Gegenpol des Berührungspunktes). Diese und die folgenden zwei azimutalen Abbildungen werden daher auch als ,,Perspektiven" bezeichnet.

Indikatrix:

$$k = \frac{1}{\cos^2\delta/2}, \qquad h = \frac{d(\tan\delta/2)}{d\delta} = \frac{1}{\cos^2\delta/2},$$

$$k = h = a = b \text{ (Winkeltreue)}, \ \omega = 0,$$

$$\Phi = a \cdot b = \frac{1}{\cos^4\delta/2}.$$

Verzerrungswerte siehe Tabelle 1, S. 121.

Bei der stereographischen Projektion ist nicht nur die Indikatrix ein Kreis, sondern es werden alle Kreise der Kugeloberfläche — auch Kleinkreise — wieder als Kreise (u. U. mit dem Radius $= \infty$) abgebildet (Kreistreue).
Wegen des schnellen Anwachsens der Flächenvergrößerung gegen den Kartenrand eignet sich der Entwurf für geographische Karten wenig, für astronomische Zwecke (Sternkarten) ist er jedoch wegen der Winkeltreue und Kreistreue sehr geschätzt. Mit ellipsoidischen Daten findet er ferner Anwendung bei Luftverkehrskarten und den Blättern der Internationalen Weltkarte für die Polargebiete sowie bei geodätischen Abbildungen, z. B. Universal Polar Stereographic (UPS) (3.7.2.3) und in den Niederlanden (5.6.4.7).
Die Abbildung war schon im Altertum bekannt.

3.2.4 Gnomonische Abbildung (Zentralprojektion)

Bei dieser Projektion wird das Zentrum in den Kugelmittelpunkt gelegt. Die Abbildungsgleichungen lauten:

$$a = \lambda, \qquad m = \tan\delta.$$

Die geometrische Konstruktion des Netzes geht aus Abb. 65 hervor.

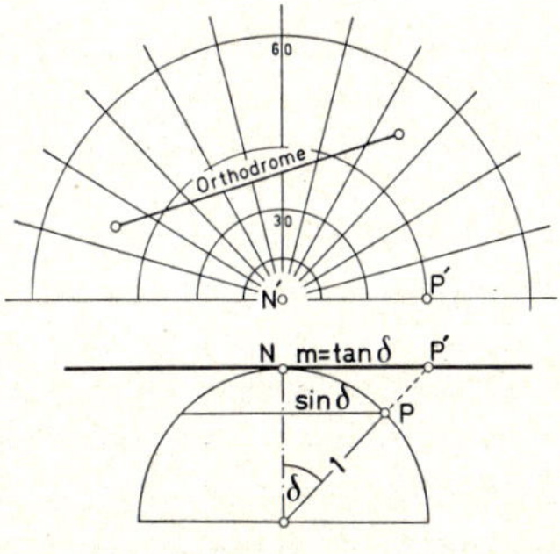

Abb. 65. Gnomonische Abbildung

Indikatrix:

$$k = \frac{\tan\delta}{\sin\delta} = \frac{1}{\cos\delta}, \qquad h = \frac{\mathrm{d}\tan\delta}{\mathrm{d}\delta} = \frac{1}{\cos^2\delta}.$$

Wegen $\frac{1}{\cos^2 \delta} > \frac{1}{\cos \delta}$ ist hier $h = a$ und $k = b$.

$$\Phi = a \cdot b = \frac{1}{\cos^3 \delta},$$

$$\sin \omega = \frac{a - b}{a + b} = \frac{\frac{1}{\cos^2 \delta} - \frac{1}{\cos \delta}}{\frac{1}{\cos^2 \delta} + \frac{1}{\cos \delta}} = \frac{1 - \cos \delta}{1 + \cos \delta} = \tan^2 \frac{\delta}{2}.$$

Verzerrungswerte siehe Tabelle 1, S. 121.

Wegen der starken Randverzerrungen ist die gnomonische Abbildung für geographische Karten wenig geeignet. Ihre große praktische Bedeutung liegt in der Tatsache, daß sie alle Großkreise — und damit jede *Orthodrome* (3.1.5) als kürzeste Verbindungslinie zweier Punkte — als gerade Linie abbildet. Man benutzt daher diese Abbildung in der See-, Flug- und Funknavigation als Hilfskonstruktion zur Ermittlung und einfachen Übertragung der Orthodrome.

3.2.5 Orthographische Abbildung (Parallelprojektion)

Sie bildet den Grenzfall der echten Projektion, weil das Projektionszentrum ins Unendliche rückt. Die Abbildungsgleichungen lauten:

$$\alpha = \lambda, \quad m = \sin \delta.$$

Die geometrische Netzkonstruktion ist aus Abb. 66 zu ersehen.

Indikatrix:

$$k = \frac{\sin \delta}{\sin \delta} = 1, \qquad h = \frac{d \sin \delta}{d\delta} = \cos \delta,$$

$\cos \delta < 1$, also $k = a = 1$ (längentreue Parallelkreise), $h = b$,

$$\Phi = a \cdot b = \cos \delta,$$

$$\sin \omega = \frac{a - b}{a + b} = \frac{1 - \cos \delta}{1 + \cos \delta} = \tan^2 \frac{\delta}{2} \text{ (vgl. 3.2.4).}$$

Verzerrungswerte siehe Tab. 1, S. 121.

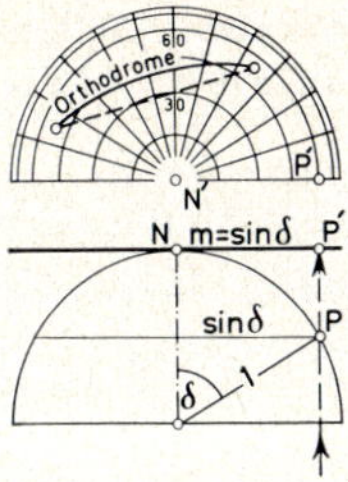

Abb. 66. Orthographische Abbildung

Auch die orthographische Abbildung ist für geographische Karten wenig geeignet. Man findet sie in transversaler Lage bei Mondkarten *(selenographische Abbildung)* und bei Darstellungen aus der mathematisch-astronomischen Geographie.

Tabelle 1: Verzerrungswerte azimutaler Abbildungen

Abbildung	δ	a		b		$\Phi = a \cdot b$	$w = 2\omega$
	(°)	=	Betrag	=	Betrag		
	0		1,000		1	1,000	0° 00′
Mittab-	30	k	1,047	h	1	1,047	2° 38′
standstreu	60		1,209		1	1,209	10° 52′
	90		1,571		1	1,571	25° 39′
	0		1,000		1,000	1	0° 00′
Flächentreu	30	k	1,035	h	0,966	1	3° 58′
	60		1,155		0,866	1	16° 26′
	90		1,414		0,707	1	38° 57′
	0		1,000		1,000	1,000	0°
Konform	30	—	1,072	—	1,072	1,149	0°
	60		1,333		1,333	1,778	0°
	90		2,000		2,000	4,000	0°
	0		1,000		1,000	1,000	0° 00′
Gnomonisch	30	h	1,333	k	1,155	1,540	8° 14′
	60		4,000		2,000	8,000	38° 57′
	90		∞		∞	∞	180° 00′
	0		1		1,000	1,000	0° 00′
Ortho-	30	k	1	h	0,866	0,866	8° 14′
graphisch	60		1		0,500	0,500	38° 57′
	90		1		0,000	0,000	180° 00′

3.2.6 Azimutale Abbildungen in transversaler und schiefachsiger Lage

Bei diesen Lagen gelten die Abbildungsgleichungen im System der Netzmeridiane und -breiten (3.1.4), die auf den Hauptpunkt H (φ_H, λ_H) als Berührungspunkt der Abbildungsebene bezogen sind (Abb. 67). Für Netzpunkte N mit

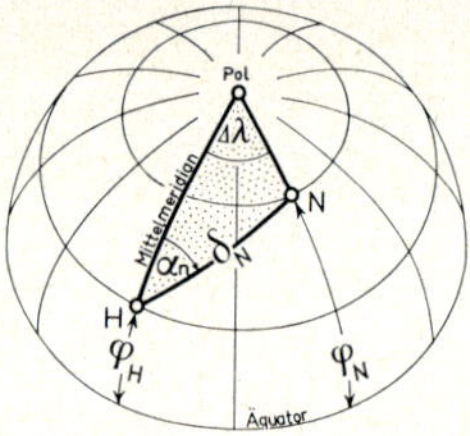

Abb. 67. Berechnung schiefachsiger azimutaler Abbildungen

bekannten geographischen Koordinaten φ_N, λ_N (meist runde Werte) sind daher zunächst die sphärischen Polarkoordinaten α_N, δ_N als Koordinaten des obigen Systems zu berechnen. Nach den Regeln der sphärischen Trigonometrie ergibt sich mit $\Delta\lambda = \lambda_H - \lambda_N$ für die *schiefachsige* Lage

$$\cos\delta_N = \sin\varphi_H \cdot \sin\varphi_N + \cos\varphi_H \cdot \cos\varphi_N \cdot \cos\Delta\lambda$$

und

$$\sin\alpha_N = \frac{\sin\Delta\lambda \cdot \cos\varphi_N}{\sin\delta_N}.$$

Bei der *transversalen* Lage liegt der Hauptpunkt im Äquator, so daß $\varphi_H = 0$ wird. Dann vereinfachen sich die Formeln zu

$$\cos\delta_N = \cos\varphi_N \cdot \cos\Delta\lambda \quad \text{und} \quad \cos\alpha_N = \frac{\sin\varphi_N}{\sin\delta_N}.$$

Für bestimmte Hauptpunktsbreiten φ_H, Netzpunktbreiten φ_N und Längenunterschiede $\Delta\lambda$ (meist in 5°-Intervallen) hat *E. Hammer* [14] die Werte α_N und δ_N berechnet und tabellarisch zusammengestellt. *K.-H. Wagner* [38] hat die Werte in Dezimalteilung des Altgrades berechnet; die Benutzung dieser Tafelwerte setzt die seltener gebräuchlichen Funktionstafeln derselben Teilung voraus. Bei Netzberechnung mit Rechenautomaten stehen heute für diesen Arbeitsabschnitt meist schon geeignete Unterprogramme zur Verfügung [16, 69, 140].

Sind die Werte α_N und δ_N ermittelt, so berechnet man die Größen m nach der für die betreffende Abbildungsart gültigen Abbildungsgleichung $m = f(\delta)$. Dabei werden durch Multiplikation mit dem Faktor R/m_k Erdradius und Kartenmaßstab berücksichtigt. Nun könnten die einzelnen Netzpunkte N nach den Polarkoordinaten α_N und m_N kartiert werden; es ist meist jedoch günstiger, nach den Formeln $x = m \cos \alpha$ und $y = m \sin \alpha$ rechtwinklige Koordinaten zu berechnen, weil sie einfacher zu kartieren sind (Abb. 68). Für das Zeichnen der Netzlinien müssen die Netzpunkte in solcher Dichte vorliegen, daß die Netzlinien sich eindeutig zeichnen lassen. Beim Einsatz der Automation werden Interpolationspolynome über die Netzpunkte gelegt.

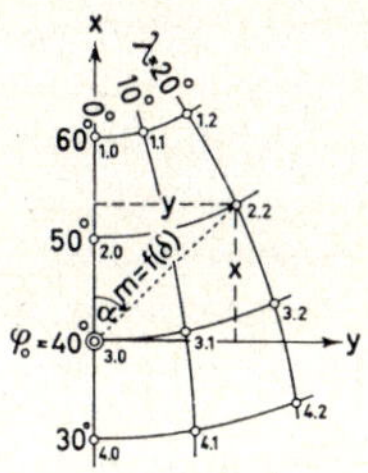

Abb. 68. Netzberechnung

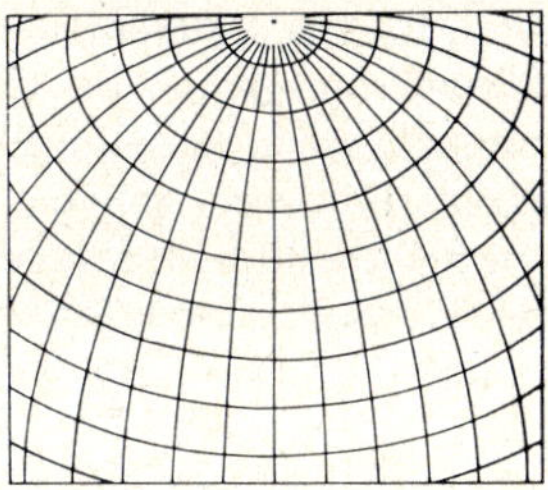

Abb. 69. Schiefachsige flächentreue azimutale Abbildung

Abb. 69 zeigt das 10°-Netz einer schiefachsigen flächentreuen Azimutalabbildung mit dem Hauptpunkt $\varphi_H = 40°$. Wegen der Symmetrie des Netzes in Bezug auf den Mittelmeridian genügt es, nur eine der beiden Blatthälften zu berechnen.

3.2.7 Allgemeinster Fall der perspektiven Abbildung auf eine Ebene

Die bisher behandelten perspektiven Abbildungen beruhen auf folgenden geometrischen Beziehungen: 1. Die Abbildungsebene berührt die Kugel. 2. Die Projektionszentren liegen auf der zur Ebene im Berührungspunkt senkrechten

Geraden in besonders ausgezeichneten Punkten, nämlich im Kugelmittelpunkt bei der gnomonischen, im Gegenpol bei der stereographischen und im Unendlichen bei der orthographischen Abbildung. Diese geometrische Konstellation läßt sich nun in zweifacher Weise verallgemeinern: Zu 1) tritt an die Stelle der Berührungsebene eine beliebige, dazu parallele Ebene. Hierbei unterscheiden sich die Abbildungsergebnisse untereinander nur um einen Maßstabsfaktor. Zu 2) gilt als Projektionszentrum jeder Punkt auf der zur Ebene senkrechten Geraden (verlängerte Kugelachse). In diesem Falle ergeben sich jeweils andere Abbildungsgleichungen. Liegt das Projektionszentrum außerhalb der Kugel, so entspricht das Abbildungsergebnis einer Senkrechtphotographie aus einem Luft- oder Raumfahrzeug.
Eine weitere Verallgemeinerung ergibt sich, wenn die Abbildungsebene gegen die Kugelachse gekippt wird oder — was im Ergebnis dieselbe Wirkung hat — wenn das Projektionszentrum eine beliebige Raumlage außerhalb der zur Ebene senkrechten verlängerten Kugelachse einnimmt. Eine solche Abbildung entspricht bei einem Projektionszentrum außerhalb der Kugel im Ergebnis wiederum einer Perspektive aus einem Luft- oder Raumfahrzeug, diesmal aber als allgemeiner Fall der Schrägaufnahme. Die Abbildungsgleichungen sind damit zugleich Formeln der photogrammetrischen Einbildmessung (2.6.4.2). Ihre mathematischen Grundlagen hat vor allem seit 1970 *V. Dumitrescu* [116] untersucht. Danach ist es z. B. möglich, in einem photographischen Raumbild das Netz der geographischen Koordinaten nachträglich einzutragen, wenn für bestimmte identifizierbare Punkte die geographischen Koordinaten und Höhen bekannt sind.

3.3 Zylindrische Netzentwürfe

Solche Abbildungen treten bei geographischen Karten fast nur in normaler Lage auf und eignen sich daher für die Darstellung äquatorialer Bereiche. In transversaler Lage ist dagegen die konforme Zylinderabbildung mit ellipsoidischen

Daten heute die wichtigste geodätische Abbildung (3.7).

Die weiteren Betrachtungen fußen auf der normalen Lage. Dabei wird der Äquator als horizontale gerade Linie und meist längentreu abgebildet. Auf ihm liegt in beliebiger geographischer Länge der Nullpunkt des rechtwinkligen Koordinatensystems, in dem die Abbildungsgleichungen dargestellt werden. Für die Netzentwürfe ergeben sich folgende Merkmale:

a) Die geradlinigen Bilder der Parallelkreise verlaufen parallel zum Äquator. Sämtliche Parallelkreise und auch der Pol haben die gleiche Länge wie der Äquator. Ihre Abstände x vom Äquatorbild werden unter Berücksichtigung der Eigenschaft des Netzentwurfs als Funktion der geographischen Breite φ für die einzelnen Abbildungsarten bestimmt. Die Abbildungsgleichung lautet in allgemeiner Form:

$$x = f(\varphi).$$

b) Die Meridianbilder sind gleichabständige Geraden, die senkrecht auf dem Äquator stehen. Für sie gilt die allgemeine Abbildungsgleichung:

$$y = f(\lambda) \text{ bei Berührungszylindern bzw.}$$
$$y = f(\varphi_0, \lambda) \text{ bei sog. Schnittzylindern.}$$

Da die Abbildungsgleichungen in rechtwinkligen Koordinaten dargestellt sind, eignen sie sich auch als Formeln der Netzkonstruktion. Geometrisch-perspektive Abbildungen, wie sie bei einigen azimutalen Entwürfen auftreten, sind hier zwar theoretisch möglich, aber praktisch ohne Bedeutung (siehe dagegen bei Panoramen, Bd. II, 3.1.3).

3.3.1 Mittabstandstreue zylindrische Abbildungen

3.3.1.1 *Abbildung mit längentreuem Äquator*

Die Mittabstandstreue verlangt, daß die Bogenlängen der Meridiane längentreu abgebildet werden. Denkt man sich den Zylinder die Kugel im Äquator berührend (Abb. 70), so kommt auch dieser längentreu zur Abbildung. Somit lauten die Abbildungsgleichungen:

$$x = \operatorname{arc} \varphi, \qquad y = \operatorname{arc} \lambda.$$

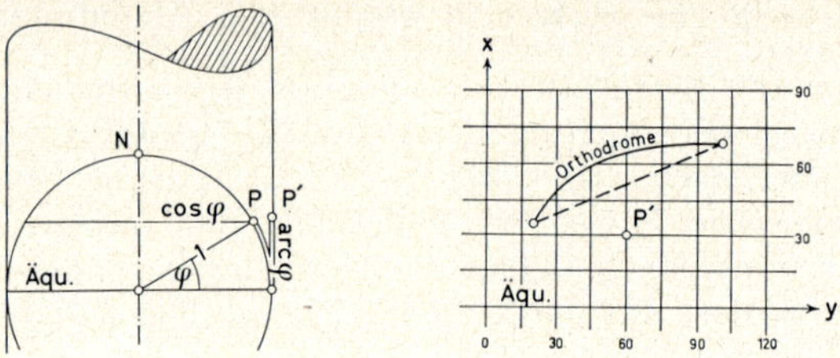

Abb. 70. Quadratische Plattkarte

Die Netzmaschen haben quadratische Form, daher trägt diese Abbildung auch die Bezeichnung „*quadratische Plattkarte*".

Die Verzerrungen können wieder mit Hilfe der Indikatrix berechnet werden. Bei der tangentialen Längenverzerrung ist zu beachten, daß jeder Parallelkreis in der Abbildung die gleiche Länge hat wie der Äquator. Es ist also

$$k = \frac{\text{Parallelkreislänge in der Abbildung}}{\text{Parallelkreislänge auf der Kugel}} = \frac{2 \cdot \pi \cdot 1}{2\pi \cos \varphi} = \frac{1}{\cos \varphi},$$

(gilt für alle Berührungszylinder)

$$h = \frac{\mathrm{d}x}{\mathrm{d}\varphi} = \frac{\mathrm{d} \operatorname{arc} \varphi}{\mathrm{d}\varphi} = 1 \text{ (längentreu).}$$

Wegen $\frac{1}{\cos \varphi} > 1$ ist $k = a$ und $h = b$.

$$\Phi = a \cdot b = \frac{1}{\cos \varphi},$$

$$\sin \omega = \frac{a - b}{a + b} = \frac{\frac{1}{\cos \varphi} - 1}{\frac{1}{\cos \varphi} + 1} = \frac{1 - \cos \varphi}{1 + \cos \varphi} = \tan^2 \frac{\varphi}{2},$$

Werte siehe Tabelle 2, S. 129.

Diese schon im Altertum bekannte Abbildungsart wurde in transversaler Lage u. a. von *Cassini* in Frankreich und *Soldner* in Bayern angewandt (3.7.1).

3.3.1.2 *Abbildung mit zwei längentreuen Parallelkreisen*

Liegen die beiden längentreu abzubildenden Parallelkreise in den geographischen Breiten $+\varphi_0$ und $-\varphi_0$, so sind für den Kugelradius $R = 1$ ihre Radien $= \cos\varphi_0$, und eine Bogenlänge mit dem Zentriwinkel λ ist somit $\operatorname{arc}\lambda\cos\varphi_0$. In Verbindung mit der Bedingung für die Mittabstandstreue erhalten wir die beiden Abbildungsgleichungen

$$x = \operatorname{arc}\varphi, \qquad y = \operatorname{arc}\lambda\cos\varphi_0.$$

Diese dem *Marinus von Tyros* (100 v. Zw.) zugeschriebene Abbildung wird häufig mit der Vorstellung eines die Kugel in den Parallelkreisen $+\varphi_0$ und $-\varphi_0$ durchdringenden Zylinders — eines sog. Schnittzylinders — verbunden. Die Netzmaschen haben die Form von Rechtecken, daher nennt man sie „*rechteckige Plattkarte*".

Indikatrix:

$$h = \frac{\mathrm{d}x}{\mathrm{d}\varphi} = 1, \quad k = \frac{\cos\varphi_0}{\cos\varphi}.$$

Wie leicht einzusehen ist, sind auf jeder Seite des Äquators zwei Abbildungszonen zu unterscheiden: eine innere Zone, bei der $|\varphi| < |\varphi_0|$, und eine äußere Zone, bei der $|\varphi| > |\varphi_0|$. Im ersten Fall ist $\cos\varphi > \cos\varphi_0$ und $k < 1$, während im zweiten Fall $\cos\varphi < \cos\varphi_0$ und $k > 1$ ist. Da aber $h = \mathrm{d}\operatorname{arc}\varphi/\mathrm{d}\varphi = 1$ ist (Mittabstandstreue), liegt in der inneren Zone die große Achse a der Indikatrix in Meridianrichtung und in der äußeren Zone in Parallelkreisrichtung. Die Längen in Parallelkreisrichtung werden also in der inneren Zone verkürzt, in der äußeren Zone verlängert abgebildet.
$\Phi = a \cdot b = h \cdot k$. Da $h = 1$, gibt k den Wert der Flächenverzerrung an. In der inneren Zone ist $k < 1$, d. h. die Flächen erscheinen in der Abbildung verkleinert, in der äußeren Zone ist $k > 1$, die Flächen werden vergrößert dargestellt.

$$\sin\omega = \begin{cases} \dfrac{\cos\varphi - \cos\varphi_0}{\cos\varphi + \cos\varphi_0} & \text{(innere Zone)} \\[2ex] \dfrac{\cos\varphi_0 - \cos\varphi}{\cos\varphi_0 + \cos\varphi} & \text{(äußere Zone)} \end{cases}$$

Werte siehe Tabelle 2, S. 129.

3.3.2 Flächentreue zylindrische Abbildungen

3.3.2.1 *Abbildung mit längentreuem Äquator*

Voraussetzung sei wieder ein Berührungszylinder, d. h. der Äquator werde längentreu abgebildet. Die Flächentreue verlangt, daß die Oberfläche einer Kugelzone vom Äquator bis zur Breite φ gleich der entsprechenden Fläche in der Karte ist. Die Fläche der Kugelzone ist $2\pi h = 2\pi \sin \varphi$. Die entsprechende Kartenfläche wird durch ein Rechteck dargestellt von der Länge des Äquators 2π und der Höhe x. Wir erhalten daher die Abbildungsgleichungen:

$$x = \sin \varphi, \qquad y = \operatorname{arc} \lambda.$$

Die geometrische Konstruktion der Abbildung geht aus Abb. 71 hervor. Sie soll von *Archimedes* (285—212 v. Zw.) stammen.

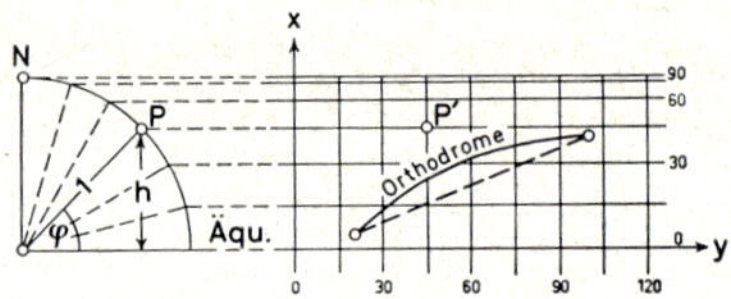

Abb. 71. Flächentreue zylindrische Abbildung

Indikatrix:

$$k = \frac{1}{\cos \varphi}, \qquad h = \frac{\mathrm{d} \sin \varphi}{\mathrm{d}\varphi} = \cos \varphi,$$

$$\frac{1}{\cos \varphi} > \cos \varphi, \text{ daher } k = a \text{ und } h = b,$$

$$a \cdot b = \frac{1}{\cos \varphi} \cdot \cos \varphi = 1 \text{ (flächentreu)},$$

$$\sin \omega = \frac{\dfrac{1}{\cos \varphi} - \cos \varphi}{\dfrac{1}{\cos \varphi} + \cos \varphi} = \frac{1 - \cos^2 \varphi}{1 + \cos^2 \varphi} = \frac{\sin^2 \varphi}{2 - \sin^2 \varphi}.$$

Werte siehe Tabelle 2, S. 129.

3.3.2.2 *Abbildung mit zwei längentreuen Parallelkreisen*

Hier kann man wieder mit der Vorstellung des Schnittzylinders (3.3.1.2) arbeiten, und man erhält, wie sich leicht ableiten läßt, die folgenden Abbildungsgleichungen:

$$x = \frac{\sin \varphi}{\cos \varphi_0}, \qquad y = \cos \varphi_0 \cdot \operatorname{arc} \lambda.$$

Indikatrix:

$$k = \frac{\cos \varphi_0}{\cos \varphi}, \qquad h = \frac{\cos \varphi}{\cos \varphi_0}.$$

Die Abbildung stammt von *W. Behrmann* (1910).

Tabelle 2: Verzerrungswerte zylindrischer Abbildungen

Abbildung	φ ±(°)	a =	Betrag	b =	Betrag	$\Phi = a \cdot b$	$w = 2\omega$
	0		1,000		1	1,000	0°00′
Mittabstandstreu	30	k	1,155	h	1	1,155	8°14′
mit längen-	60		2,000		1	2,000	38°57′
treuem Äquator	90		∞		1	∞	180°00′
	0		1		0,707	0,707	19°45′
Mittabstandstreu	15	h	1	k	0,732	0,732	17°48′
mit zwei längen-	30		1		0,816	0,816	11°36′
treuen Parallel-	45		1		1	1	0°00′
kreisen	60	k	1,414	h	1	1,414	19°45′
$\varphi_0 = \pm 45°$	75		2,732		1	2,732	55°18′
	90		∞		1	∞	180°00′
	0		1,000		1,000	1	0°00′
Flächentreu	30	k	1,155	h	0,866	1	16°26′
mit längen-	60		2,000		0,500	1	73°44′
treuem Äquator	90		∞		0	1	180°00′

3.3.3 Konforme zylindrische Abbildung (Mercatorprojektion)

Die Abbildung wurde erstmalig von *G. Kremer*, der sich latinisiert *Mercator* nannte, um 1570 zum Entwurf einer Weltkarte (Seekarte) angewandt.

Die Winkeltreue verlangt $a = b$ oder $h = k$. Für die Abbildung auf einen Berührungszylinder gilt nach 3.3.1.1

$$\frac{1}{\cos\varphi} = \frac{\mathrm{d}x}{\mathrm{d}\varphi} \quad \text{oder} \quad \mathrm{d}x = \frac{1}{\cos\varphi}\,\mathrm{d}\varphi$$

und nach Integration $x = \int\limits_0^{\varphi} \frac{1}{\cos\varphi}\,\mathrm{d}\varphi = \ln\tan\left(45^\circ + \frac{\varphi}{2}\right) + C.$

Hier ist $C = 0$, weil für $\varphi = 0$ auch $x = 0$ sein muß. Die Abbildungsgleichungen lauten bei Verwendung Briggscher Logarithmen:

$$x = 2{,}3025851 \lg\tan\left(45^\circ + \frac{\varphi}{2}\right),$$

$$y = \operatorname{arc}\lambda.$$

Für $\varphi = \pm 90^\circ$ wird $x = \pm\infty$, d. h. die Pole kommen in dieser Abbildung nicht mehr zur Darstellung.

Indikatrix:

$$k = a = \frac{1}{\cos\varphi}, \quad h = b = \frac{\mathrm{d}\left[\ln\tan\left(45^\circ + \frac{\varphi}{2}\right)\right]}{\mathrm{d}\varphi} = \frac{1}{\cos\varphi},$$

$$\Phi = a \cdot b = \frac{1}{\cos^2\varphi}, \quad \omega = 0 \text{ (winkeltreu).}$$

In der Tabelle 3 sind für die Einheitskugel ($R = 1$) die Parallelkreisabstände x vom Äquator für ein 10°-Netz und die Verzerrungswerte angegeben.

Die Mercatorprojektion ist im Äquator längentreu. Deshalb gilt ein über Kugelradius und Maßstabsfaktor berechneter Kartenmaßstab nur für diesen. Da sich die Längenverzerrungen mit $1/\cos\varphi$ stark ändern, ist es üblich, die Maßstabsverhältnisse auf den einzelnen Parallelkreisen durch einen sog. „Maßstab für wachsende Breiten" anzugeben.

Tabelle 3:

φ (°)	x	Δx	$a = b$	Φ
± 0	± 0,0000	± 0,1754	1,0000	1,0000
10	0,1754	0,1810	1,0154	1,0311
20	0,3564	0,1929	1,0642	1,1325
30	0,5493	0,2136	1,1547	1,3333
40	0,7629	0,2478	1,3054	1,7040
50	1,0107	0,3063	1,5557	2,4202
60	1,3170	0,4184	2,0000	4,0000
70	1,7354	0,7009	2,9238	8,5487
80	2,4363	2,3051	5,7588	33,1635
89	4,7414	∞	57,30..	3283,22..
90	∞		∞	∞

Abb. 72 zeigt ein 15°-Netz in Mercatorprojektion, Abb. 73 den zugehörigen Maßstab für wachsende Breiten.

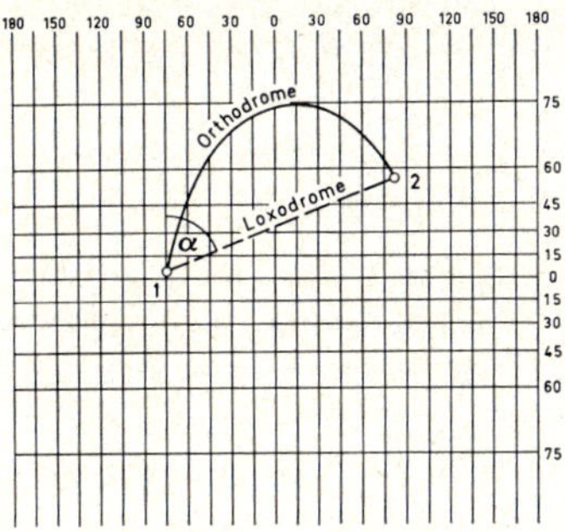

Abb. 72. Mercator-Projektion

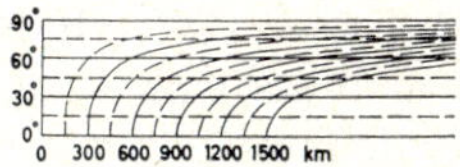

Abb. 73. Maßstab für wachsende Breiten

Durch das starke Anwachsen der Längen- und insbesondere der Flächenverzerrung ist die Mercatorprojektion für geographische Karten wenig geeignet. Sie kommt daher in neueren Atlanten auch immer seltener vor. Ihre große Bedeutung liegt bei den Seekartenwerken, weil sie die Eigenschaft besitzt, die Loxodrome (3.1.5) als gerade Linie abzubilden.

Aus Abb. 72 ergibt sich das Azimut α von 1 nach 2 nach der allgemeinen Formel im rechtwinkligen Koordinatensystem zu

$$\tan\alpha = \frac{y_2 - y_1}{x_2 - x_1}.$$

Setzt man nun für x_1, y_1, x_2, y_2 die Werte aus den Abbildungsgleichungen ein, so erhält man eine Formel, die mit der für das Azimut der Loxodrome in 3.1.5 identisch ist. Daraus folgt, daß die gerade Verbindungslinie zwischen 1 und 2 tatsächlich eine Loxodrome ist.

3.4 Konische Netzentwürfe

Diese treten in der Praxis fast nur in normaler Lage auf und werden ausschließlich für die Darstellung von Gebieten mittlerer geographischer Breite angewandt. Ihre Merkmale ergeben sich dabei wie folgt:

a) Die Meridiane bilden sich als Strahlenbüschel mit dem Zentrum S' ab (Abb. 74). Dabei entspricht dem Längenunterschied λ auf der Kugel der Winkel α zwischen den Meridianbildern und dem Vollkreis $2\pi \triangleq 360°$ im Kugelpol der Winkel σ als Öffnungswinkel des gesamten verebneten Kegelmantels. Das Winkelverhältnis beträgt demnach $\alpha/\lambda = \sigma/2\pi$. Man bezeichnet den Wert $\sigma/2\pi = n$ als *Abbildungskonstante* und erhält damit die erste Abbildungsgleichung

$$\alpha = n \cdot \lambda.$$

Für $n = \sigma/2\pi$ gilt $0 < n < 1$. Wäre $n = 1$, so läge eine azimutale Abbildung vor; im Falle $n = 0$ ergäbe sich eine Zylinderabbildung (vgl. 3.1.3.1).

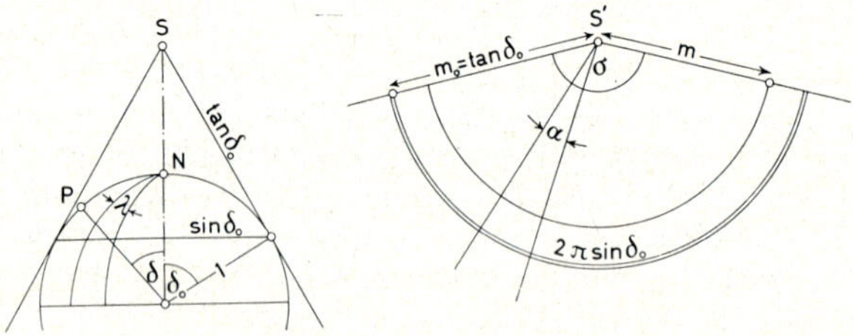

Abb. 74. Prinzip der konischen Abbildungen

b) Die Bilder der Parallelkreise sind konzentrische Kreise um S'. Für sie ergibt sich die zweite Abbildungsgleichung in allgemeiner Form für den Fall, daß der Kegel die Kugel in der Poldistanz δ_0 berührt (Abb. 74), zu

$$m = f(\delta_0, \delta)$$

und für den Fall, daß der Kegel die Kugel in den Poldistanzen δ_1 und δ_2 schneidet (Abb. 75), zu

$$m = f(\delta_1, \delta_2, \delta).$$

Abbildungen, die wie einige azimutale Entwürfe auf echten Perspektiven beruhen, sind hier zwar theoretisch möglich, aber ohne praktische Bedeutung.

3.4.1 Mittabstandstreue konische Abbildungen

3.4.1.1 *Abbildung mit einem längentreuen Parallelkreis*

Die Abbildung geht auf *Ptolemäus* (85—150 n. Zw.) zurück. Als längentreuer Parallelkreis gilt der Berührungskreis des Kegels (Berührkegel); für diesen ergibt sich nach Abb. 74 der Berührungshalbmesser zu $m_0 = \tan \delta_0$. Wegen der Mittabstandstreue ist $m = m_0 + \mathrm{arc}\,(\delta - \delta_0)$. Da ferner σ = Bogenlänge/Radius, also $\sigma = 2\pi \cdot \sin \delta_0 / \tan \delta_0 = 2\pi \cdot \cos \delta_0$, wird hier $n = \cos \delta_0$. Damit lauten die Abbildungsgleichungen

$$\alpha = \cos \delta_0 \cdot \lambda,$$

$$m = \tan \delta_0 + \mathrm{arc}\,(\delta - \delta_0).$$

Die Verzerrungen können auch hier mit Hilfe der Indikatrix berechnet werden:

$$k = \frac{\text{Länge des Par.-Kreises in Abb.}}{\text{Länge des Par.-Kreises a. Kugel}} = \frac{2 \cdot m \cdot \pi \cdot n}{2 \cdot \pi \cdot \sin \delta} = \frac{m \cdot \cos \delta_0}{\sin \delta},$$

$$h = \frac{\mathrm{d}m}{\mathrm{d}\delta} = 1 \text{ (mittabstandstreu)},$$

$$k > 1, \text{ daher } k = a,\ h = b.$$

$$\Phi = a \cdot b = \frac{m \cdot \cos \delta_0}{\sin \delta},$$

$$\sin \omega = \frac{a - b}{a + b} = \frac{m \cdot \cos \delta_0 - \sin \delta}{m \cdot \cos \delta_0 + \sin \delta}.$$

Die Tabelle 4 gibt für $\varphi_0 = 50°$ ($\delta_0 = 40°$) und $R = 1$ die Radien für ein 10°-Netz und deren Zuwachs Δm sowie die Verzerrungen an ($b = 1$, $n = \cos 40° = 0{,}7660$).

Wie die Tabelle zeigt, wird der Pol nicht als Punkt, sondern als Kreisbogen abgebildet; das ist jedoch praktisch bedeutungslos, da mit einer konischen Abbildung niemals ein Gebiet bis zum Pol dargestellt wird.

Tabelle 4:

δ (°)	m	Δm	$a = \Phi$	$w = 2\omega$
0	0,1410		∞	180°00′
		0,1745		
10	0,3155		1,3918	18°36′
		0,1745		
20	0,4900		1,0975	5°19′
		0,1746		
30	0,6646		1,0182	1°18′
		0,1746		
40	0,8391		1,0000	0°00′
		0,1745		
50	1,0136		1,0136	0°47′
		0,1746		
60	1,1882		1,0509	2°51′
		0,1745		
70	1,3627		1,1109	6°06′
		0,1745		
80	1,5372		1,1958	10°11′
		0,1746		
90	1,7118		1,3113	15°20′

3.4.1.2 *Abbildung mit zwei längentreuen Parallelkreisen*

Der Entwurf stammt von dem französischen Astronomen *J. N. de l'Isle* (1745) und wird daher auch als De l'Islesche Projektion bezeichnet. Die alte Topographische Übersichtskarte des Deutschen Reiches 1 : 200000 (5.6.2.6), das neue Weltkartenwerk 1 : 2500000 (5.8.3) sowie zahlreiche kleinmaßstäbige Karten der Sowjetunion beruhen auf dieser Abbildung.

Als längentreue Parallelkreise gelten die beiden Schnittkreise des Kegels (Schnittkegel, siehe Abb. 75) mit den Poldistan-

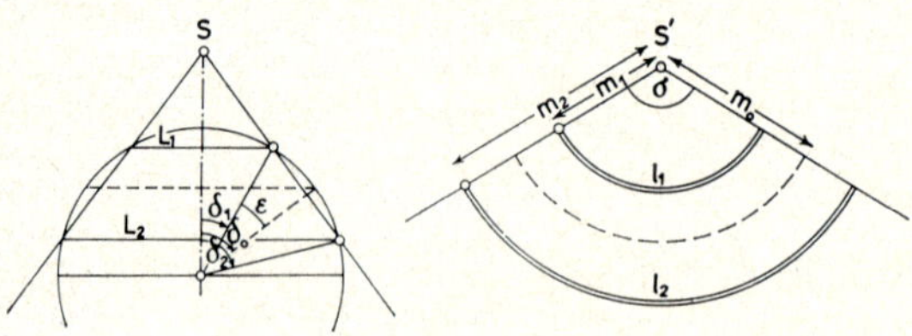

Abb. 75. Abbildung nach De l'Isle

zen δ_1 und δ_2. Führt man die Größen

$$\text{Mittelparallel } \delta_0 = \frac{\delta_1 + \delta_2}{2} \text{ und Winkel } \varepsilon = \frac{\delta_2 - \delta_1}{2}$$

ein, so erhält man (unter Verzicht auf Ableitung) für den Radius des Mittelparallel $m_0 = \tan \delta_0 \cdot \cot \varepsilon \cdot \operatorname{arc} \varepsilon$ und damit für die Abbildungsgleichungen

$$\alpha = \frac{\cos \delta_0 \cdot \sin \varepsilon}{\operatorname{arc} \varepsilon} \cdot \lambda,$$

$$m = \tan \delta_0 \cdot \cot \varepsilon \cdot \operatorname{arc} \varepsilon + \operatorname{arc}(\delta - \delta_0).$$

Die Abbildung unterscheidet sich also von der vorhergehenden nur durch die Konstanten n und m_0; das Halbmessergesetz bleibt dagegen erhalten.

Die geometrische Deutung als Schnittkegel ist nicht ganz widerspruchsfrei, da wegen der Längentreue der Bogen und die Sehne zu $\delta_2 - \delta_1$ gleich lang sein müßten.

Indikatrix:

$$k = \frac{n \cdot m}{\sin \delta}; \quad h = 1.$$

Der Wert von k ist in der inneren Zone < 1 ,in der äußeren > 1 (vgl. 3.3.1.2). Die große Achse des Indikatrix liegt also in der inneren Zone in radialer, in der äußeren Zone in tangentialer Richtung.

$$\Phi = a \cdot b = h \cdot k = k.$$

In der inneren Zone tritt Flächenverkleinerung, in der äußeren Flächenvergrößerung ein.

$$\sin \omega = \begin{cases} \dfrac{\sin \delta - n \cdot m}{\sin \delta + n \cdot m} & \text{(innere Zone)} \\[2ex] \dfrac{n \cdot m - \sin \delta}{n \cdot m + \sin \delta} & \text{(äußere Zone)} \end{cases}$$

In der Tabelle 5 sind für $\varphi_0 = 50°$ ($\delta_0 = 40°$) und ein ε von $\pm 15°$ ($\delta_1 = 25°$, $\delta_2 = 55°$) die Radien m für ein 10°-Netz und deren Zuwachs Δm sowie die Verzerrungen angeführt ($R = 1$, $n = 0{,}7572$).

Tabelle 5:

δ (°)	m	Δm	a =	a Betrag	b =	b Betrag	Φ	$w = 2\omega$
0	0,1217	0,1745		∞		1	∞	180° 00′
10	0,2962	0,1746	k	1,2920	h	1	1,2920	14° 31′
20	0,4708	0,1745		1,0424		1	1,0424	2° 23′
30	0,6453	0,1745		1		0,9774	0,9774	1° 18′
40	0,8198	0,1746	h	1	k	0,9659	0,9659	1° 59′
50	0,9944	0,1745		1		0,9831	0,9831	0° 59′
60	1,1689	0,1745		1,0222		1	1,0222	1° 15′
70	1,3434	0,1745	k	1,0827	h	1	1,0827	4° 33′
80	1,5180	0,1746		1,1673		1	1,1673	8° 50′
90	1,6925			1,2818		1	1,2818	14° 05′

3.4.2 Flächentreue konische Abbildungen

3.4.2.1 *Abbildung mit einem längentreuen Parallelkreis*

Diese Abbildung läßt sich in zwei Varianten verwirklichen:

1. Annahme eines Berührungskegels. Dann bildet sich jedoch der Pol nicht als Punkt ab.
2. Der Pol soll sich als Punkt abbilden. Dann ist jedoch der Kegel kein Berührungskegel mehr.

Die weiteren Untersuchungen gelten nur dem zweiten Fall, der von *J. H. Lambert* (1772) entwickelt wurde. Man trifft diese Abbildung bei zahlreichen geographischen Karten.
Es sind zwei Bedingungen zu erfüllen:

1. Der Parallelkreis mit der Poldistanz δ_0 soll sich längentreu abbilden:

$$2 \cdot \sin \delta_0 \cdot \pi = 2 \cdot m_0 \cdot n \cdot \pi.$$

2. Die Fläche der Kugelzone zwischen δ_0 und einem beliebigen δ soll gleich sein der entsprechenden Abbildungsfläche (Kreisringsektor) mit den Begrenzungsradien m_0 und m sowie dem Zentriwinkel $\sigma = 2 \cdot n \cdot \pi$:

$$2 \cdot (\cos \delta - \cos \delta_0) \cdot \pi = (m_0^2 - m^2) \cdot n \cdot \pi.$$

Für die ganze Kugelkappe bis zum Pol wird daraus wegen $\delta = 0$ und $m = 0$

$$2 \cdot (1 - \cos \delta_0) = m_0^2 \cdot n.$$

Aus dieser Gleichung und der zu Nr. 1 folgt

$$n = \cos^2 \frac{\delta_0}{2}, \qquad m_0 = 2 \cdot \tan \frac{\delta_0}{2}.$$

Durch Einsetzen dieser Werte in die Gleichung zu Nr. 2 ergibt sich das Halbmessergesetz für m und damit lauten die Abbildungsgleichungen

$$\alpha = \cos^2 \frac{\delta_0}{2} \cdot \lambda, \qquad m = \frac{2}{\cos \frac{\delta_0}{2}} \cdot \sin \frac{\delta}{2}.$$

Indikatrix:

$$k = \frac{\cos \frac{\delta_0}{2}}{\cos \frac{\delta}{2}}, \qquad h = \frac{\cos \frac{\delta}{2}}{\cos \frac{\delta_0}{2}},$$

für $\delta < \delta_0 : k < h$, daher $k = b$, $h = a$,

für $\delta > \delta_0 : k > h$ daher $k = a$, $h = b$,

$k = a \cdot b = 1$ (flächentreu),

$$\sin \omega = \frac{a - b}{a + b} = \pm \left(\frac{\cos^2 \frac{\delta}{2} - \cos^2 \frac{\delta_0}{2}}{\cos^2 \frac{\delta}{2} + \cos^2 \frac{\delta_0}{2}} \right).$$

In der Tabelle 6 sind für $\varphi_0 = 50°$ ($\delta_0 = 40°$) die Radien für ein 10°-Netz und deren Zuwachs Δm sowie die Verzerrungen angeführt ($R = 1$, $n = \cos^2 20° = 0{,}8830$).

Tabelle 6:

δ	m	Δm	a		b		$w = 2\omega$
0°	0,0000	0,1855	1,0642	$= h$	0,9397	$= k$	7°07′
10°	0,1855	0,1841	1,0601	$= h$	0,9433	$= k$	6°40′
20°	0,3696	0,1813	1,0480	$= h$	0,9542	$= k$	5°22′
30°	0,5509	0,1770	1,0279	$= h$	0,9729	$= k$	3°09′
40°	0,7279	0,1716	1,0000	$= k$	1,0000	$= h$	0°00′
50°	0,8995	0,1647	1,0369	$= k$	0,9645	$= h$	4°09′
60°	1,0642	0,1566	1,0851	$= k$	0,9216	$= h$	9°19′
70°	1,2208	0,1473	1,1472	$= k$	0,8717	$= h$	15°32′
80°	1,3681	0,1369	1,2267	$= k$	0,8152	$= h$	22°47′
90°	1,5050		1,3290	$= k$	0,7525	$= h$	30°58′

3.4.2.2 *Abbildung mit zwei längentreuen Parallelkreisen*

Die Abbildung stammt von dem Lüneburger *H. C. Albers* (1805) und führt daher auch die Bezeichnung *Albers-Projektion*. Man trifft sie bei vielen Atlaskarten für mittlere Breiten (z. B. Karten der USA).

Die Bedingungen lauten: Die Parallelkreise mit den Poldistanzen δ_1 und δ_2 sind längentreu abzubilden, und die Fläche der Kugelzone zwischen δ_1 bzw. δ_2 und einem beliebigen δ muß gleich sein der entsprechenden Fläche in der Abbildung. Für die erste Abbildungsgleichung $\alpha = n \cdot \lambda$ ergibt sich (ohne Ableitung) der Wert n zu

$$n = \frac{\cos \delta_1 + \cos \delta_2}{2},$$

während man für m erhält

$$m = \sqrt{\frac{4}{n^2} \sin^2 \frac{\delta_1}{2} \sin^2 \frac{\delta_2}{2} + \frac{4}{n} \sin^2 \frac{\delta}{2}}\,.$$

Indikatrix:

$$k = \frac{n \cdot m}{\sin \delta}\,.$$

Wegen der Flächentreue ist $h = 1/k$.

Eine nähere Untersuchung zeigt, daß auch hier wieder in der inneren Zone k den kleineren Wert b, in der äußeren Zone den größeren Wert a liefert.

$$\Phi = a \cdot b = 1 \text{ (flächentreu)},$$

$$\sin \omega = \frac{a - b}{a + b} = \frac{a^2 - 1}{a^2 + 1}.$$

In der Tabelle 7 sind für $\delta_1 = 25°$ ($\varphi_1 = 65°$) und $\delta_2 = 55°$ ($\varphi_2 = 35°$) die Radien m der Parallelkreise für ein 10°-Netz und deren Zuwachs Δm sowie die Verzerrungen angeführt ($R = 1$, $n = 0{,}7399$).
Ein Vergleich mit Tabelle 5 (3.4.1.2) zeigt die Überlegenheit dieser Entwurfsart.

Tabelle 7:

δ (°)	m	Δm	a =	a Betrag	b =	b Betrag	$w = 2\omega$
0	0,2701			∞		0,0000	180° 00′
		0,0676					
10	0,3377		k	1,4390	h	0,6950	40° 48′
		0,1481					
20	0,4858			1,0509		0,9515	5° 42′
		0,1738					
30	0,6596			1,0244		0,9762	2° 46′
		0,1802					
40	0,8398		h	1,0344	k	0,9668	3° 52′
		0,1793					
50	1,0191			1,0159		0,9843	1° 48′
		0,1744					
60	1,1935			1,0197		0,9806	2° 14′
		0,1672					
70	1,3607		k	1,0714	h	0,9333	7° 54′
		0,1580					
80	1,5187			1,1411		0,8763	15° 04′
		0,1474					
90	1,6661			1,2328		0,8112	23° 48′

3.4.3 Konforme konische Abbildungen

Die Entwürfe stammen von *J. H. Lambert* (1772).

3.4.3.1 *Abbildung mit einem längentreuen Parallelkreis*

Die Bedingungen lauten: Längentreue Abbildung des Parallelkreises mit der Poldistanz δ_0 und Winkeltreue.
Die erste Bedingung liefert unter der Annahme des Berührkegels zwei Gleichungen wie in 3.4.1.1:

$$m_0 = \tan \delta_0 \quad \text{und} \quad n = \cos \delta_0.$$

Die zweite Bedingung führt zur Gleichheit der Indikatrixachsen $a = b = h = k$ nach 3.1.4 (Gl. 6). Mit den Werten aus 3.4.1.1 ist

$$m \frac{\cos \delta_0}{\sin \delta} = \frac{\mathrm{d}m}{\mathrm{d}\delta}.$$

Nach Trennung der Variablen erhalten wir die Differentialgleichung

$$\frac{\mathrm{d}m}{m} = \cos \delta_0 \frac{1}{\sin \delta} \,\mathrm{d}\delta.$$

Die beiderseitige Integration

$$\int \frac{\mathrm{d}m}{m} = \cos \delta_0 \int \frac{1}{\sin \delta} \,\mathrm{d}\delta$$

liefert $\ln m = \cos \delta_0 \ln \tan \delta/2 + \ln C$, woraus durch Entlogarithmierung

$$m = C \cdot \left(\tan \frac{\delta}{2}\right)^{\cos \delta_0}$$

folgt.
Die Integrationskonstante C muß so gewählt werden, daß die Gleichung auch für $m_0 = \tan \delta_0$ gilt. Es ist also:

$$C \left(\tan \frac{\delta_0}{2}\right)^{\cos \delta_0} = \tan \delta_0. \quad \text{Daraus } C = \frac{\tan \delta_0}{\left(\tan \frac{\delta_0}{2}\right)^{\cos \delta_0}},$$

und die Abbildungsgleichungen lauten

$$\alpha = \cos \delta_0 \cdot \lambda, \qquad m = \frac{\tan \delta_0}{\left(\tan \frac{\delta_0}{2}\right)^{\cos \delta_0}} \cdot \left(\tan \frac{\delta}{2}\right)^{\cos \delta_0}.$$

Für $\delta = 0$ wird $m = 0$, d. h. der Pol wird als Punkt abgebildet. Zwei Kugelmeridiane mit dem Längenunterschied λ im Pol schneiden sich im Bild unter dem Winkel $\alpha = n \cdot \lambda$. Im Pol selbst geht — als einziger Stelle — die Winkeltreue also verloren. Auf den Grund hierfür soll hier nicht eingegangen werden.

Indikatrix:

$$a = b = h = k = m \frac{\cos \delta_0}{\sin \delta},$$

$$\Phi = a \cdot b = m^2 \cdot \frac{\cos^2 \delta_0}{\sin^2 \delta}, \qquad \omega = 0 \text{ (winkeltreu)}.$$

In der Tabelle 8 sind für $\delta_0 = 40°$ ($\varphi_0 = 50°$) die Radien für ein 10°-Netz und deren Zuwachs Δm sowie die Verzerrungen angeführt ($R = 1$, $n = \cos 40° = 0{,}7660$).

Tabelle 8:

δ (°)	m	Δm	$a = b$	Φ
0	0,0000		—	—
		0,2815		
10	0,2815		1,2420	1,5426
		0,2001		
20	0,4816		1,0787	1,1636
		0,1820		
30	0,6636		1,0167	1,0337
		0,1765		
40	0,8391		1,0000	1,0000
		0,1754		
50	1,0145		1,0144	1,0291
		0,1803		
60	1,1948		1,0569	1,1170
		0,1903		
70	1,3851		1,1291	1,2749
		0,2059		
80	1,5910		1,2376	1,5317
		0,2289		
90	1,8199		1,3941	1,9436

3.4.3.2 *Abbildung mit zwei längentreuen Parallelkreisen*

Dieser Entwurf wird in der Praxis viel benutzt. Man findet ihn mit ellipsoidischen Daten bei Übersichtskarten 1:500000 (z. B. von Österreich), bei den Luftfahrtkarten 1 : 500000 und 1 : 1000000 (5.8.2) sowie bei den Neuausgaben der Internationalen Weltkarte 1 : 1000000 (5.8.1).

Wählt man in 3.4.3.1 die Integrationskonstante C so, daß sich die Längentreue für *zwei* Parallelkreise mit den Poldistanzen δ_1 und δ_2 ergibt, so erhält man (ohne Ableitung)

$$n = \frac{\log \sin \delta_2 - \log \sin \delta_1}{\log \tan \delta_2/2 - \log \tan \delta_1/2},$$

$$m = \frac{\sin \delta_1}{n} \left(\frac{\tan \delta/2}{\tan \delta_1/2}\right)^n = \frac{\sin \delta_2}{n} \left(\frac{\tan \delta/2}{\tan \delta_2/2}\right)^n.$$

Indikatrix:

$$a = b = h = k = \frac{m \cdot n}{\sin \delta},$$

$$\Phi = a \cdot b = \frac{m^2 \cdot n^2}{\sin^2 \delta}, \qquad \omega = 0 \text{ (winkeltreu)}.$$

In der Tabelle 9 sind für $\delta_1 = 25°$ ($\varphi_1 = 65°$) und $\delta_2 = 55°$ ($\varphi_2 = 35°$) die Halbmesser m der Parallelkreisbilder eines 10°-Netzes und deren Zuwachs Δm sowie die Verzerrungen angeführt ($R = 1$, $n = 0{,}7753$).

Tabelle 9

δ (°)	m	Δm	$a = b$	$\Phi = a^2$
0	0,0000		—	—
10	0,2651	0,2651	1,184	1,402
20	0,4564	0,1913	1,035	1,071
30	0,6314	0,1750	0,979	0,958
40	0,8006	0,1692	0,966	0,932
50	0,9701	0,1695	0,982	0,964
60	1,1449	0,1748	1,025	1,050
70	1,3296	0,1847	1,097	1,203
80	1,5298	0,2002	1,121	1,256
90	1,7527	0,2229	1,359	1,846

3.4.4 Netzberechnung konischer Abbildungen

Bei der Darstellung von Gebieten mittlerer Breite liegt der Punkt S' (Abb. 76) meist außerhalb der Kartenfläche. Die

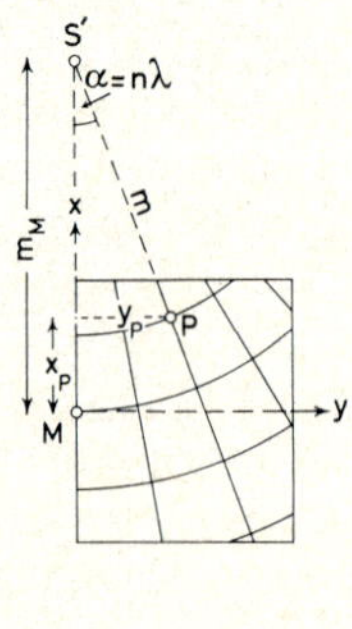

Abb. 76. Netzberechnung konischer Abbildungen

unmittelbare zeichnerische Konstruktion der flachen Paralelkreisbilder ist daher schwierig und unzweckmäßig. Man berechnet besser für die benötigten Netzecken (rechte Blatthälfte) rechtwinklige Koordinaten mit Berücksichtigung des Maßstabes $1 : m_k$ und des Kugelradius R zu

$$x = \frac{R}{m_k} (m_M - m \cdot \cos \alpha),$$

$$y = \frac{R}{m_k} m \cdot \sin \alpha .$$

Hierbei ergeben sich m und α nach den jeweiligen Abbildungsgleichungen; m_M kann beliebig gewählt werden. Man kartiert die berechneten Netzecken und verbindet sich mit Lineal bzw. Kurvenlineal.

3.5 Polykonische Abbildungen, Polyederabbildungen

Hierbei geht man von der Vorstellung aus, daß die Kugel von mehreren Kegeln in verschiedenen Poldistanzen berührt oder geschnitten wird. Man erhält eine Reihe von Kugelzonen, die jeweils auf einen anderen Kegelmantel abgebildet werden. Die daraus zusammengefügten polykonischen Abbildungen können bestimmte Bedingungen wie Flächentreue, Winkeltreue, Rechtschnittigkeit der Netzlinien oder Längentreue der Parallelkreise erfüllen.

Polykonische Abbildungen wurden früher vielfach mit dem Aufkommen größerer Kartenwerke angewandt. Im Vergleich zu den konischen Abbildungen ließen sie eine größere Ausdehnung in Nord-Süd-Richtung zu. Ihre Bedeutung hat nachgelassen, da heute in solchen Fällen vorwiegend transversale Zylinderabbildungen in Betracht kommen (3.7).

In polykonischen Abbildungen mit *längentreuen Parallelkreisen* ergeben sich die Radien der Kreisbilder zu $m = \tan \delta$ (δ = Poldistanz des jeweiligen Berührungskreises). Von den Meridianen kann lediglich der Mittelmeridian längentreu abgebildet werden. Da die Kegelspitzen verschiedene Lagen auf der Achse einnehmen, können die Parallelkreisbilder nun keine *konzentrischen* Kreise sein; ihre Mittelpunkte liegen auf dem Bild des Mittelmeridians. Der Öffnungswinkel α für einen Punkt P auf dem Parallelkreis mit der Poldistanz δ ist $\alpha = n \cdot \lambda$, wobei $n = \cos \delta$. Damit ergeben sich die Abbildungsgleichungen für einzelne Netzecken (δ, λ) in rechtwinkligen Koordinaten, bezogen auf den Schnittpunkt des Mittelmeridians mit dem Äquator als Ursprung:

$$y = m \cdot \sin \alpha,$$

$$x = \operatorname{arc}(90° - \delta) + (m - m \cdot \cos \alpha).$$

Für $\delta = 90°$ wird der Kegel zum Zylinder und $m = \infty$, $n = 0$, d. h. die Ausdrücke werden unbestimmt. Sie besitzen aber endliche Grenzwerte:

$$y_{\alpha = 90°} = \operatorname{arc} \lambda, \quad x_{\alpha = 90°} = 0.$$

Nimmt man nun unendlich schmale Kugelzonen an, so liegen auch die Berührungsparallelkreise unendlich nahe beieinander. Die Meridianbilder haben dann die Form stetiger Kurven (Abb. 77). Die

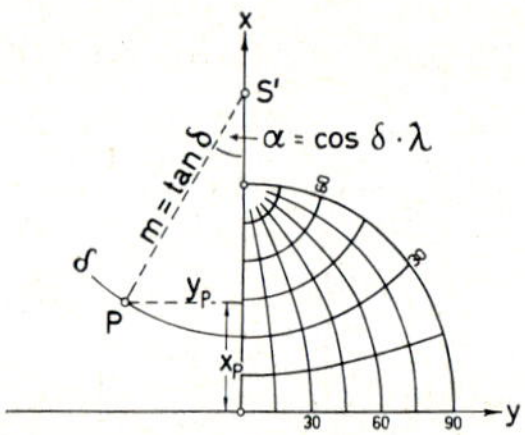

Abb. 77. Polykonische Abbildung mit stetig gekrümmten Meridianbildern

Netzlinien schneiden sich — außer am Mittelmeridian — nicht rechtwinklig. Es liegt damit auch keine echte Abbildung mehr vor, und die Hauptverzerrungsrichtungen fallen nicht mehr mit den Netzlinien zusammen (3.1.4, 3.1.3.1). Auf die mathematisch aufwendigere Behandlung der Verzerrungsverhältnisse muß hier verzichtet werden.

Bei diesen Abbildungen wachsen die Längenverzerrungen mit zunehmender Entfernung vom Mittelmeridian sehr stark an. Um dieses zu mildern, kann man statt des Mittelmeridians einen östlich und westlich davon gelegenen Meridian längentreu abbilden. Der Mittelmeridian selbst erscheint etwas verkürzt. Dieses Prinzip kann man dann für jedes Kartenblatt einer West-Ost-Reihe wiederholen. Wird dabei jede Reihe als eine Abbildungszone betrachtet, in der die Begrenzungsmeridiane der Einzelkarten geradlinig sind, so ergibt sich

eine *modifizierte polykonische Abbildung*, wie sie bisher bei den Blättern der Internationalen Weltkarte 1 : 1000000 (5.8.1) angewandt wurde (Abb. 78).
Polyederabbildungen kann man sich als Sonderfall der polykonischen Abbildungen mit zonaler Einteilung erklären. Man denke sich die Eckpunkte der eine Karte auf der Kugel begrenzenden Netzlinien geradlinig verbunden. Es entstehen Kugelsehnen, die ein Trapez bilden. Die Ebene dieses Trapezes ist die Abbildungsfläche. Die Gesamtheit dieser Flächen ergibt unter der Kugeloberfläche ein Polyeder. In der Ebene lassen sich die Trapeze nicht ohne Klaffungen aufeinander legen (Abb. 79).

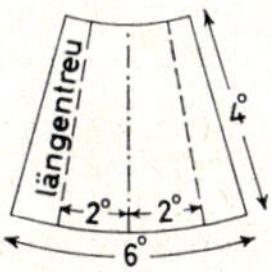

Abb. 78. Modifizierte polykonische Abbildung

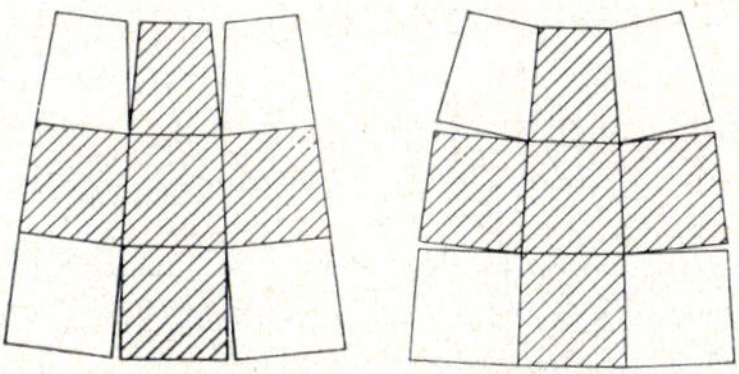
Abb. 79. Polyederprojektion

Diese Abbildung wurde früher bei einigen topographischen Kartenwerken angewandt. Sie ist vor allem als die der Topographischen Karte 1:25000 (Meßtischblatt) früher im Bereich des ehemaligen Preußens zugrunde liegende *Preußische Polyederprojektion* bekannt.

3.6 Entwürfe mit nichtrechtwinkligen Netzlinien (Unechte Abbildungen)

Die folgenden Netzentwürfe beruhen auf Abbildungsgleichungen bzw. Konstruktionsprinzipien, die sich nicht mehr unmittelbar durch die Vorstellung einer Abbildungsfläche (z. B. Kegelmantel) erklären lassen. Die Abbildungskoordinaten sind teilweise von zwei Kugelparametern abhängig (z. B. $x = f(\varphi)$ und $y = f(\varphi, \lambda)$) und ihre Linien schneiden sich nicht mehr rechtwinklig. Damit fallen auch die Hauptverzerrungsrichtungen nicht mehr mit den Netzlinien zusammen, d. h. a und b liegen in anderen Richtungen als h und k. Die Eigenschaften der sog. *echten* Abbildungen sind damit

ganz oder teilweise verloren gegangen (3.1.3.1, 3.1.4). Die Entwürfe lassen sich jedoch vielfach auf echte Abbildungen zurückführen.
Die *unechten* Abbildungen (auch Pseudoabbildungen genannt) eignen sich vor allem für Gesamtdarstellungen der Erde (Erdkarten, auch Weltkarten genannt) in Form von Planigloben oder Planisphären. Die vor allem früher benutzten *Planigloben* bestehen aus zwei benachbarten Kreisflächen, die jeweils eine Erdhalbkugelkarte bilden; dafür eignen sich übrigens auch die azimutalen Abbildungen mit Ausnahme der gnomonischen Abbildung. Die heute bevorzugten *Planisphären* sind zusammenhängende Darstellungen der gesamten Erdoberfläche, meist mit elliptischem Umriß und teils auch mit den Polen als Linie. Dabei stehen flächentreue oder vermittelnde Entwürfe im Vordergrund.

Grundsätzlich ließen sich für Erdkarten in zusammenhängender Form neben der mittabstandstreuen Azimutalabbildung auch die Zylinderabbildungen verwenden. Vor allem die Mercatorabbildung (3.3.3) hat sich bis in jüngster Zeit vielfach noch großer Beliebtheit erfreut, obwohl sie in höheren Breiten erhebliche Längenverzerrungen aufweist und die Pole selbst überhaupt nicht enthalten kann. Allgemein sind daher bei Erdkarten die Planisphären im Vorteil. *N. Frančula* [69] hat 1971 die vorteilhaftesten Abbildungen untersucht und dabei unter Ansatz bestimmter mathematischer Kriterien in bezug auf die Verzerrungen festgestellt, daß unter den Planisphären die vermittelnden Abbildungen am günstigsten sind und ferner die Planisphären, bei denen die Pole als nicht zu lange Linien erscheinen und die Meridiane und Breitenkreise sich als gekrümmte Linien abbilden.

3.6.1 Unechte konische Abbildung (Bonnesche Abbildung)

Dieser nach dem Franzosen *R. Bonne* (1752) benannte, im 19. Jahrhundert häufig angewandte Entwurf läßt sich auf die mittabstandstreue konische Abbildung mit Berührungskegel zurückführen (3.4.1.1): Ein Parallelkreis wird als Berührungskreis ausgewählt. Sein Radius ist $m_0 = \tan \delta_0$ und sein Mittelpunkt S'. Die übrigen Parallelkreisbilder sind konzentrische Kreise um S'. Der Mittelmeridian wird längen-

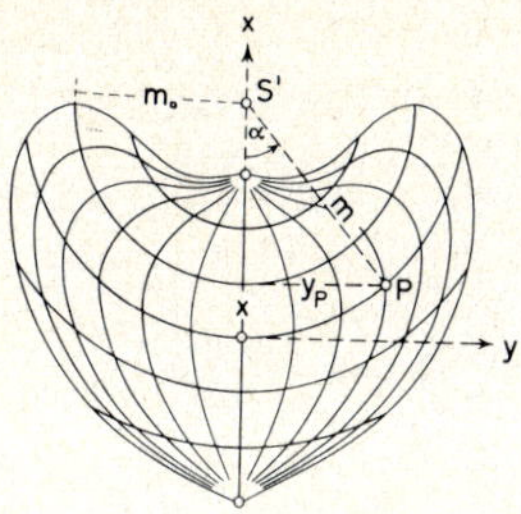

Abb. 80. Bonnesche Abbildung

treu abgebildet, daher ergeben sich die Parallelkreisradien wie in 3.4.1.1 zu $m = \tan \delta_0 + \operatorname{arc}(\delta - \delta_0)$. Die Parallelkreise selbst werden ebenfalls längentreu unterteilt (Abb. 80). Aus dieser Bedingung der sog. *Abweitungstreue* ergibt sich der Öffnungswinkel α für einen Punkt P auf einem Parallelkreis mit der Poldistanz δ zu $\alpha = \lambda \cdot \sin \delta / m$, und die Meridiane bilden sich damit als gekrümmte Linien ab.
Die Darstellung in rechtwinkligen Koordinaten mit dem Ursprung im Äquator lautet:

$$x = m_{\delta = 90^\circ} - m \cdot \cos \alpha, \qquad y = m \cdot \sin \alpha.$$

Die Abbildung ist flächentreu, weist aber mit zunehmendem Abstand vom Mittelmeridian erhebliche Längen- und Winkelverzerrungen auf.

3.6.2 Unechte azimutale Abbildungen

3.6.2.1 *Stab-Wernersche Abbildung*

Sie ist von der mittabstandstreuen azimutalen Abbildung (3.2.1) in der Weise abgeleitet, daß von einem Mittelmeridian aus alle Parallelkreise längentreu unterteilt werden. Man erhält sie auch aus der Bonneschen Abbildung (3.6.1) für den Grenzfall $\delta_0 = 0$. Die Abbildungsgleichungen lauten:

$$\alpha = \frac{\lambda \cdot \sin \delta}{\operatorname{arc} \delta}, \quad m = \operatorname{arc} \delta,$$

$$x = \operatorname{arc} 90^\circ - m \cdot \cos \alpha, \qquad y = m \cdot \sin \alpha.$$

Der Entwurf ist flächentreu (Abb. 81).

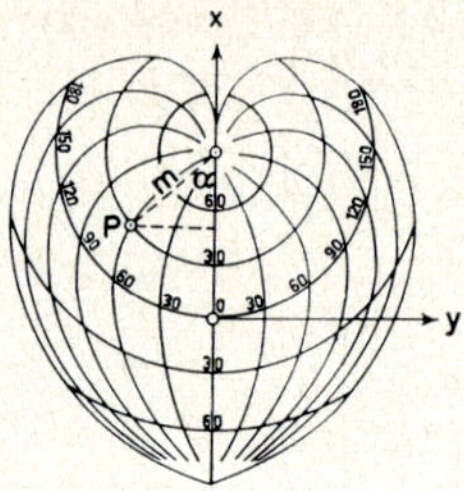

Abb. 81. Stab-Wernersche Abbildung

3.6.2.2 *Globularprojektionen*

Bei der *Globularprojektion von G. B. Nicolisi* (1660) werden die Bilder des Äquators, des Mittel- und des Begrenzungsmeridians jeweils längentreu unterteilt. Durch diese Teilpunkte ist die Lage der kreisförmigen übrigen Meridiane und Parallelkreise fixiert. Die einfache Konstruktion, die früher bei Planigloben angewandt wurde, geht aus Abb. 82 hervor.

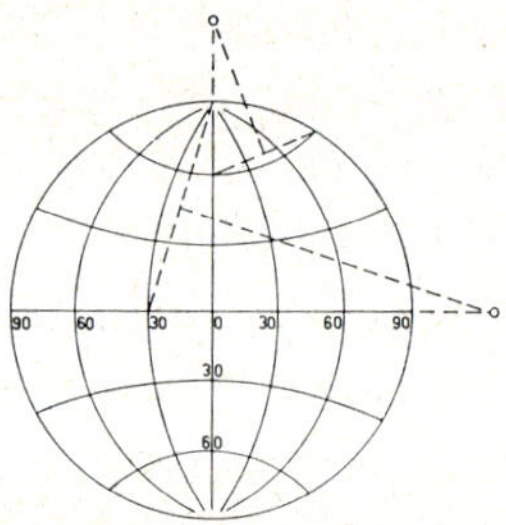

Abb. 82. Globularprojektion

In der *modifizierten Globularprojektion von A. Nell* (1852) wird die obige Globularprojektion mit der transversalen stereographischen Abbildung (3.2.3) kombiniert. In beiden Abbildungen sind die Netzlinien Kreisbögen, jedoch von unterschiedlicher Lage. Durch Mittelung entsprechender Netzlinien dieser beiden Abbildungen entstehen die Netzlinien des Entwurfes von Nell, die wiederum Kreisbögen sind. Der Entwurf weist damit geringere Winkelverzerrungen auf als der von Nicolisi.

3.6.2.3 *Abbildungen von Aitoff und Hammer*

Diese vermittelnden Entwürfe entstehen aus transversalen Azimutalabbildungen dadurch, daß ein Zusammenziehen des Gradnetzes auf eine Halbkugel durch ein Dehnen (Umbeziffern) in der Ebene

ausgeglichen wird. Dabei geht der Russe *D. Aitoff* (1889) auf die mittabstandstreue (3.2.1), der Deutsche *E. v. Hammer* (1892) auf die flächentreue Azimutalabbildung (3.2.2) zurück.
Für diese beiden Abbildungen ergibt sich in transversaler Lage das folgende Formelsystem:

bei Aitoff (aus 3.2.1)	bei Hammer (aus 3.2.2)	
$\alpha = \lambda,\ m = \text{arc}\ \delta$	$\alpha = \lambda,\ m = 2 \cdot \sin \delta/2$	(1)

mit den Transformationen nach (3.2.6)

$$\cos \delta = \cos \lambda \cdot \cos \varphi,$$

$$\cos \alpha = \frac{\sin \varphi}{\sin \delta}. \qquad (2)$$

Die Darstellung in rechtwinkligen Koordinaten ergibt

$x = \text{arc}\ \delta \cdot \cos \alpha,$	$x = 2 \cdot \sin \delta/2 \cdot \cos \alpha,$	(3)
$y = \text{arc}\ \delta \cdot \sin \alpha.$	$y = 2 \cdot \sin \delta/2 \cdot \sin \alpha.$	

Dies sind Abbildungen einer *Halbkugel* auf die Kreisfläche. Man erhält die Abbildung der *ganzen* Kugeloberfläche auf diese Kreisfläche indem man in Gl. (2) anstelle von λ jetzt $\lambda/2$ setzt *(Umbeziffern)*. Dieses Zusammenziehen wird durch Verdoppeln der y-Koordinaten in der Ebene wieder ausgeglichen. Der Umfangsmeridian erhält dabei die Gestalt einer Ellipse vom Achsenverhältnis 1 : 2. Die Abbildungsgleichungen lauten damit:

bei Aitoff	bei Hammer	
$x = \text{arc}\ \delta \cdot \cos \alpha,$	$x = 2 \cdot \sin \delta/2 \cdot \cos \alpha,$	(4)
$y = 2\ \text{arc}\ \delta \cdot \sin \alpha.$	$y = 4 \cdot \sin \delta/2 \cdot \sin \alpha.$	

Abb. 83 zeigt den Entwurf von Hammer, bei dem die Flächentreue erhalten ist. Der Aitoffsche Entwurf ist diesem sehr ähnlich. Man erhält die Abbildungen auch durch affine Umprojektion der Aus-

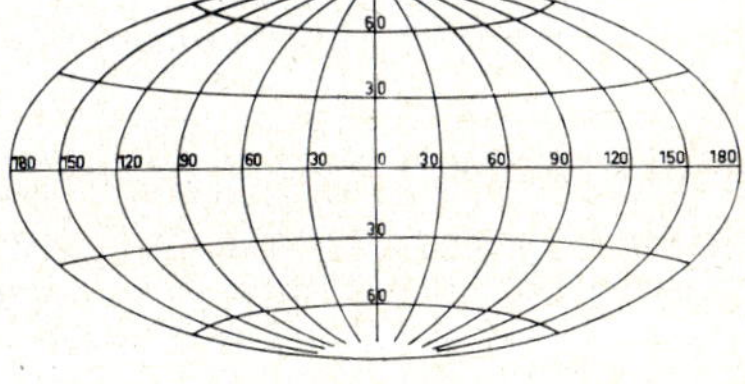

Abb. 83. Abbildung von Hammer

gangsentwürfe auf eine im Mittelmeridian um 60° geneigte Ebene! Das Verfahren des Umbezifferns läßt sich auch auf andere Ausgangsentwürfe anwenden.

3.6.2.4 *Abbildung von Briesemeister*

Die gezeigten und die noch folgenden Planisphären sind Abbildungen, bei denen die Pole auf den Begrenzungslinien liegen. Für eine Darstellung wirtschafts- und verkehrsgeographischer Sachverhalte wäre oft aber gerade eine Karte erwünscht, auf der die nördliche Hemisphäre in einem stärkeren Zusammenhang erscheint.
Der Amerikaner *W. Briesemeister* hat 1948 eine schiefachsige flächentreue Planisphäre mit dem Zentrum in $\varphi = 45°$ N und $\lambda = 10°$ östl. Länge entworfen. Er geht dazu von der entsprechend schiefachsigen flächentreuen Azimutalabbildung (3.2.2) aus, bei der die Längengrade auf den doppelten Betrag umbeziffert werden und die ferner in West-Ost-Richtung zu einer Ellipse ausgedehnt wird, bei der sich große und kleine Halbachsen wie 1,75 : 1 verhalten (Abb. 84).

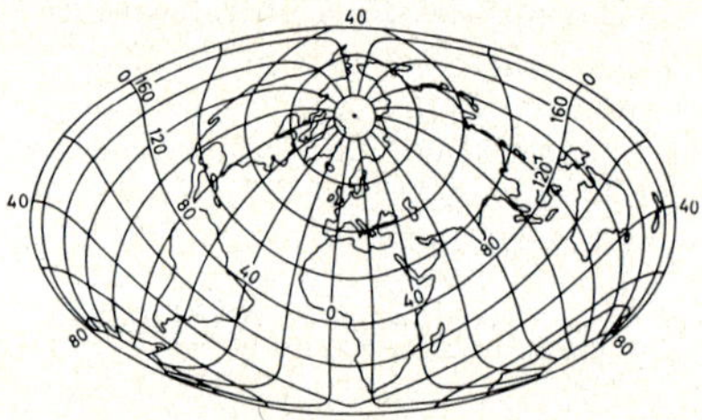

Abb. 84. Abbildung von Briesemeister

3.6.3 Unechte zylindrische Abbildungen

Im Gegensatz zu den echten Zylinderabbildungen sind die Meridianbilder hier gekrümmte Linien.

3.6.3.1 *Mercator-Sanson-Abbildung*

Sie ergibt sich aus der mittabstandstreuen zylindrischen Abbildung mit längentreuem Äquator (3.3.1.1) mit der Bedingung, daß Mittelmeridian und Parallelkreise längentreu sein sollen. Man erhält sie auch aus der Bonneschen Abbildung (3.6.1) für den Grenzfall $\delta_0 = 90°$. Die Abbildungsgleichungen lauten:

$$x = \operatorname{arc} \varphi, \qquad y = \lambda \cdot \cos \varphi.$$

Der Entwurf ist flächentreu (Abb. 85).

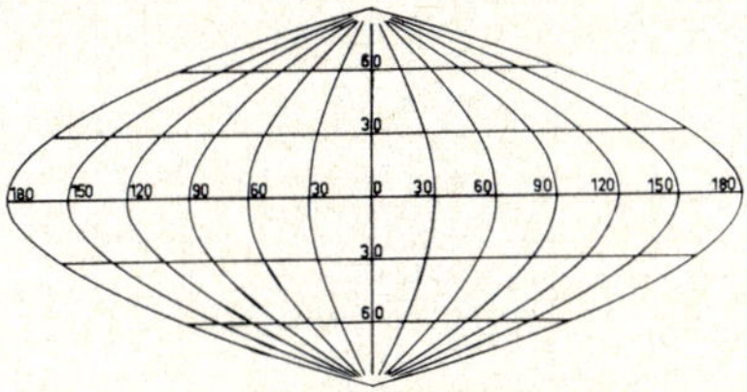

Abb. 85. Mercator-Sansonsche Abbildung

3.6.3.2 *Abbildung von Mollweide*

Der von dem Deutschen *K. Mollweide* (1805) stammende Entwurf ist flächentreu, und zwar wird die *halbe* Kugeloberfläche auf einer Kreisfläche, die *ganze* auf einer Ellipsenfläche dargestellt. Aus diesen Bedingungen ergibt sich, daß der Kreisradius b das $\sqrt{2}$-fache des Kugelradius ist und daß sich die Achsen b und a der Ellipse wie 1 : 2 verhalten (Abb. 86).

Die Achse a ist das Bild des Äquators. Die Parallelkreisbilder sind parallele Geraden zum Äquatorbild. Ihre Abstände x ergeben sich aus der Bedingung, daß die Fläche der Kugelzone gleich sein muß der entsprechenden Fläche in der Abbildung. Führt man dazu in der Abbildung den Parameter ψ ein, der auf der Kugel der geographischen Breite φ entsprechen soll, so ergeben sich die folgenden Abbildungsgleichungen

$$x = \sqrt{2} \cdot \sin \psi \quad \text{und} \quad y = \frac{\lambda°}{90°} \cdot \sqrt{2} \cdot \cos \psi$$

Abb. 86. Entwicklung der Abbildung von Mollweide

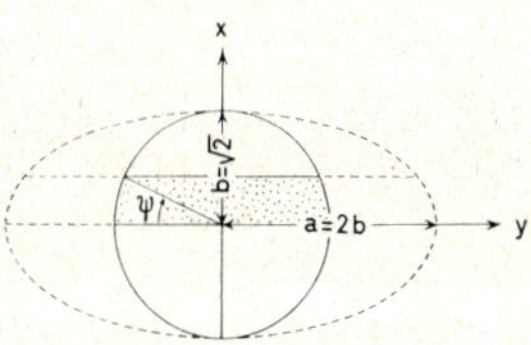

Der Zusammenhang zwischen ψ und φ ergibt sich aus der transzendenten Gleichung $\pi \cdot \sin \varphi = \operatorname{arc} 2\psi + \sin 2\psi$, die nur durch Näherungsverfahren gelöst werden kann. Innerhalb jeder Parallelkreiszone ergeben sich flächentreue Gradabteilungen durch gleichabständiges Unterteilen der Parallelkreisbilder. Die dadurch entstehenden Meridianbilder sind demnach Ellipsen (Abb. 87).

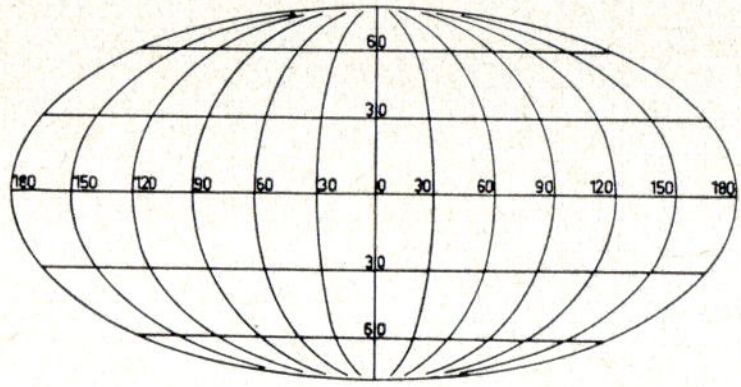

Abb. 87. Abbildung von Mollweide

3.6.3.3 *Abbildungen von Eckert*

M. Eckert stellte 1906 sechs Entwürfe nach folgenden Grundsätzen auf: Die Pollinie ist so lang wie der Mittelmeridian, der Äquator doppelt so lang wie die Pollinie, und die Parallelkreise bilden sich parallel zum Äquator ab. Alle Abbildungen sind im ganzen, einige auch in den Breitenzonen flächentreu (aber nicht in den Gradabteilungen). Die Entwürfe unterscheiden sich in den Meridianbildern: Diese sind in den Entwürfen 1 und 2 geradlinig, aber am Äquator geknickt (Trapez-Entwürfe), in den Entwürfen 3 und 4 Ellipsen (elliptische Entwürfe) und in den Entwürfen 5 und 6 Sinuslinien (sinusoidale Entwürfe). Abb. 88 zeigt den Entwurf Nr. 6.

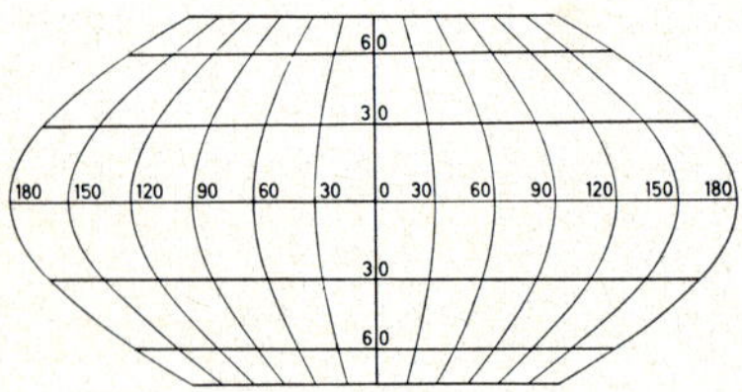

Abb. 88. Abbildung von Eckert

3.6.4 Kombinierte Abbildungen

Diese durch Kombination zweier oder mehrerer Entwürfe entstehenden Abbildungen bezeichnet man auch als *Mischkarten*. Ein bereits beschriebenes Beispiel ist die modifizierte Globularprojektion (3.6.2.2). Auch einige Entwürfe von Eckert (3.6.3.3) sind Kombinationen von zylindrischen und pseudozylindrischen Abbildungen.

Bei Planisphären ist das bekannte Beispiel der Entwurf des Deutschen *O. Winkel* (1913). Dieser entsteht durch Bildung des arithmetischen Mittels zwischen dem Aitoffschen Entwurf (3.6.2.3) und der mittabstandstreuen zylindrischen Abbildung mit zwei längentreuen Parallelkreisen (3.3.1.2).

Die Abbildungsgleichungen bei Aitoff lauten:

$$x = \operatorname{arc} \delta \cos \alpha \quad \text{und} \quad y = 2 \operatorname{arc} \delta \sin \alpha.$$

Dabei ist

$$\cos \delta = \cos \frac{\lambda}{2} \cos \varphi \quad \text{und} \quad \cos \alpha = \frac{\sin \varphi}{\sin \delta}.$$

Für die zylindrische Abbildung gilt:

$$x = \operatorname{arc} \varphi \quad \text{und} \quad y = \operatorname{arc} \lambda \cos \varphi_0 .$$

Daraus folgt das arithmetische Mittel:

$$x = \frac{\operatorname{arc} \varphi + \operatorname{arc} \delta \cos \alpha}{2},$$

$$y = \frac{\operatorname{arc} \lambda \cos \varphi_0 + 2 \operatorname{arc} \delta \sin \alpha}{2}.$$

Wenn man δ und α durch φ und λ ausdrückt, ergeben sich komplizierte Formeln. Der Weg über die Einzelberechnung der beiden Abbildungen und anschließende Mittelbildung führt einfacher zum Resultat. Der Entwurf ist in Abb. 89 mit $\varphi_0 = 40°$ dargestellt. Er ist eine vermittelnde Abbildung, weist also keine besonderen Abbildungseigenschaften aus, gilt aber als eine der besten Planisphären.

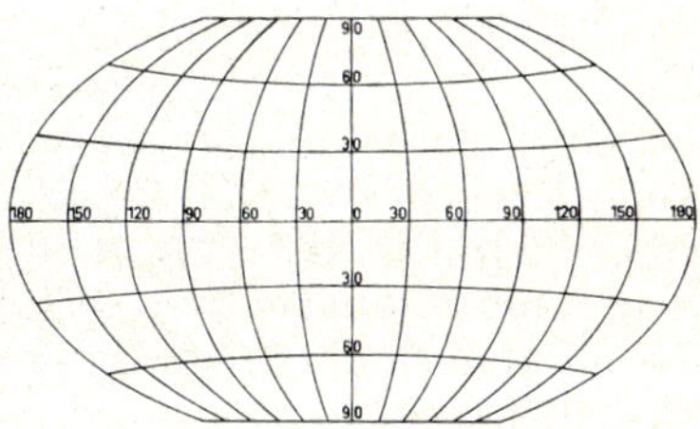

Abb. 89. Abbildung von Winkel

3.6.5 Zerlappte Netze

In allen Planisphären nehmen die Verzerrungen besonders dort große Ausmaße an, wo die Darstellungen weiter vom Äquator und Mittelmeridian entfernt liegen. Eine Lösung aus dieser Schwierigkeit ist dadurch möglich, daß man statt *eines* Mittelmeridians *mehrere* Mittelmeridiane in günstiger Lage einführt. Durch das partielle Gruppieren der Netzteile um diese Meridiane herum muß aber das Netz an anderen Stellen aufgeschnitten werden, und zwar am besten dort, wo dies am wenigsten stört. Solche aufgeschnittenen Netze — auch *interrupted projections* oder *mehrpolige Abbildungen* genannt — können z. B. die Kontinente geschlossen und mit geringeren Verzerrungen darstellen, wenn man das Aufschneiden hierbei etwa durch die Mitte der Weltmeere führt.

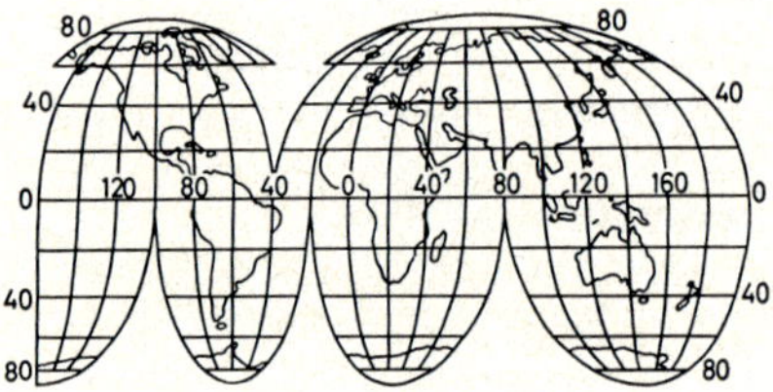

Abb. 90. Abbildung von Goode

Der Amerikaner *J. P. Goode* (1916) hat auf diese Weise mehrere Entwürfe aus unechten Zylinderabbildungen abgeleitet. Abb. 90 zeigt ein solches, aus dem Entwurf von Mollweide stammendes Netz. Man kann aber auch auf normale azimutale Abbildungen zurückgreifen: Ein Pol bildet das Zentrum, während der Gegenpol mehrfach dargestellt wird. Eine solche, vom Äquator ab aufgeschnittene Darstellung eignet sich zur Wiedergabe der Weltmeere.

3.7 Geodätische Abbildungen

Obwohl sie in den mathematischen Grundlagen übereinstimmen, unterscheiden sich die geodätischen Abbildungen in folgenden wesentlichen Punkten von den kartographischen Abbildungen: 1. Ihre Anwendung liegt bei den Karten und Kartenwerken *großer* und *mittlerer* Maßstäbe, während die kartographischen Abbildungen heute fast nur noch bei kleinmaßstäbigen Karten auftreten. 2. Sie gehen stets von einem für die jeweilige Landesvermessung genau definierten Erdellipsoid (2.3.2) aus. 3. Ihre Netzlinien sind die von *geodätischen* Koordinaten (2.2.4), während die kartographischen Abbildungen mit geographischen Koordinaten arbeiten. 4. Es geht bei ihnen nicht nur darum, die ebenen Bilder der Netzlinien *graphisch* darzustellen; vielmehr sollen die Ergebnisse der Grundlagenvermessungen auch *numerisch* fixiert werden, d. h. es sollen für einzelne Lagefestpunkte, die auf dem Ellipsoid durch geographische Koordinaten oder in anderer Weise festgelegt sind, rechtwinklig-ebene Koordinaten berechnet werden.

Die verzerrungsfreie Übertragung der Koordinaten in eine Ebene ist auch hier nicht möglich, doch tritt bei den geodätischen Abbildungen die Forderung nach weitgehender Ähnlichkeit zwischen Urbild und Abbild noch stärker in den Vordergrund.

Die geodätischen Abbildungen haben sich besonders mit dem Aufkommen der Landesvermessungen im 19. Jahrhundert entwickelt. Dabei arbeitete man zunächst vielfach mit *Soldnerschen Koordinaten*. Heute benutzt man fast nur konforme, vorwiegend transversale zylindrische Abbildungen *(Gaußsche Koordinaten)* [10, 12].

3.7.1 Soldnersche Koordinaten

Bei *J. G. Soldner* (1810) wird ein in der Mitte des Vermessungsgebietes liegender Hauptmeridian als Abszissenachse (x-Achse) angenommen. Ein ausgezeichneter Punkt O ist Koordinatenursprung. Die Ordinate y eines Punktes P_1 wird durch das ellipsoidische Lot von P_1 auf die x-Achse dargestellt: $y_1 = \overline{F_1 P_1}$ (Abb. 91). Seine Abszisse x_1 ist der Meridianbogen vom Ursprung O bis zum Fußpunkt F_1, also $x_1 = \overline{OF_1}$.

In der Ebene wird der ellipsoidische Hauptmeridian längentreu auf der x-Achse eines rechtwinkligen Koordinatensystems abgebildet. Die ellipsoidischen Ordinaten werden ebenfalls in wahrer Länge als y-Werte rechtwinklig zur Abszissenachse abgetragen. Die Abbildung entspricht also der in (3.3.1) für die Kugel behandelten mittabstandstreuen zylindrischen Abbildung mit längentreuem Äquator, jedoch in transversaler Lage.

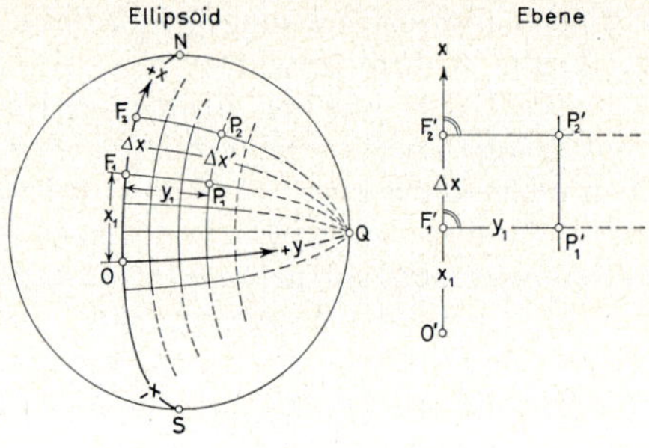

Abb. 91. Soldnersche Koordinaten

Da die Ordinaten auf dem Ellipsoid gegen den Punkt Q konvergieren, erleiden die Abszissenunterschiede Δx in der Abbildung eine Dehnung. Um diese in tragbaren Grenzen zu halten, hat man z. B. in Preußen, das für die Katastervermessungen Soldnersche Koordinaten benutzt hat, die Systeme auf 64 km beiderseits des Hauptmeridians beschränkt und das Staatsgebiet in eine entsprechend große Anzahl selbständiger Systeme eingeteilt.

3.7.2 Gaußsche Koordinaten

C. F. Gauß hat für die von ihm geleitete hannoversche Landesvermessung (1822—1847) das Verfahren der winkeltreuen (konformen) Abbildung mit längentreuem Hauptmeridian entwickelt. Damit die Abbildung winkeltreu wird, müssen die Längen der ellipsoidischen Ordinaten gedehnt werden. Diese Abbildung ist der in (3.3.3) behandelten Mercatorprojektion für die Kugel analog; ihre Lage ist jedoch transversal.

Wie in (3.7.1) bereits erwähnt, erleiden die Abszissenunterschiede auf dem Ellipsoid mit zunehmender Entfernung vom Hauptmeridian infolge der Konvergenz der Ordinaten eine Verkürzung. Die Länge eines Abszissenunterschiedes $\Delta x'$ (Abb. 91) in einer Entfernung y vom Hauptmeridian ist, wenn r den Krümmungshalbmesser des Ellipsoids darstellt, $\Delta x' = \Delta x \cos y/r$. Die Differenz $\Delta x - \Delta x'$ stellt die Verzerrung (Vergrößerung) in der Abbildung dar. Ihr Wert ist

$\Delta x - \Delta x \cos y/r = \Delta x \cdot (1 - \cos y/r)$, und wenn wir $\cos y/r$ in einer Reihe entwickeln und uns dabei auf das erste Glied beschränken,

$$\Delta x \left[1 - \left(1 - \frac{1}{2!} \cdot \frac{y^2}{r^2} + \ldots\right)\right] = \Delta x \cdot \frac{y^2}{2r^2}.$$

Damit die Winkeltreue gewahrt bleibt, muß diese Vergrößerung auch jedem Stück Δy einer Ordinate als entsprechender Zuschlag $\mathrm{d}y \cdot y^2/2r^2$ zugefügt werden. Für die ganze Ordinate ist demnach der

$$\text{Zuschlag} = \int_0^y \frac{y^2}{2r^2} \cdot \mathrm{d}y = \frac{y^3}{6r^2}.$$

Die Längenverzerrung einer Strecke s ergibt sich damit zu $(1 + y^2/2r^2)$. Jede gemessene Strecke ist mit diesem Faktor zu multiplizieren, bevor mit ihr Rechnungen im Koordinatensystem vorgenommen werden. Der Wert der Längenverzerrung beträgt z. B. für $y = 50$ km 1,000031, für $y = 100$ km 1,000123 das sind 3,1 bzw. 12,3 cm/km.

Die von Gauß unzusammenhängend hinterlassene Darstellung hat *L. Krüger* vervollständigt. Daher führen die Gaußschen Koordinaten in Deutschland die Bezeichnung *Gauß-Krüger-Koordinaten*. Im englisch sprechenden Ausland heißen sie meist *transversale Mercator-Koordinaten*.

3.7.2.1 *Das deutsche Gauß-Krüger-System*

Mit zunehmender Entfernung vom Hauptmeridian nehmen die Zuschläge immer größere Werte an. Um sie in tragbaren Grenzen zu halten, wurden in Deutschland Systeme eingerichtet, bei denen die Meridiane 6°, 9°, 12° usw. als längentreue *Haupt-* oder *Mittelmeridiane* die Abszissenachsen darstellen. Jedes System hat nach beiden Seiten eine Ausdehnung von 1,5 Längengraden (rund 100 km) (Abb. 92). Im Bereich der *Grenzmeridiane* 7° 30′, 10°30′ usw. werden nach Bedarf

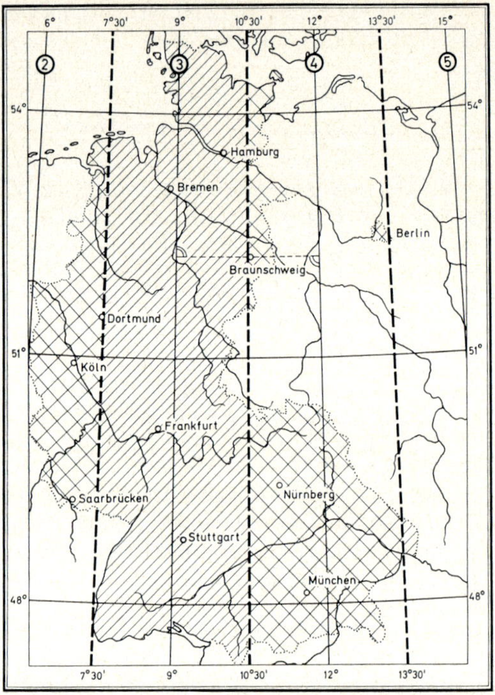

Abb. 92. Meridianstreifensysteme nach Gauß-Krüger für den Bereich der Bundesrepublik Deutschland

die Lagefestpunkte in beiden Systemen koordiniert; die Längenverzerrung beträgt dort etwa in unserer Breite 1,00012. Bezugsfläche ist das Besselsche Ellipsoid (2.3.2).

Die Meridianstreifensysteme sind folgendermaßen eingerichtet: Damit negative Vorzeichen bei den Ordinaten vermieden werden, erhält jeder Hauptmeridian den Wert $y = 500000$ m. Davor erscheint als Kennziffer die fortlaufende Nummer jedes Streifens. Sie ist gleich der durch 3 geteilten Längengradzahl des Hauptmeridians. Die so veränderten Ordinaten heißen *Rechtswerte*. Die Abszissen werden vom Äquator auf dem Hauptmeridian gezählt und als *Hochwerte* bezeichnet.

Als Beispiel sei die Turmspitze (Knopfmitte) der Andreaskirche in Braunschweig mit den geographischen Koordinaten

$$\lambda = 10^\circ\,31'\,15{,}8414'' \quad \text{und} \quad \varphi = 52^\circ\,16'\,09{,}4416''$$

aufgeführt. Ihre Gauß-Krüger-Koordinaten sind im System des 9. Längengrades

$$R_9 = 3\,603\,820{,}13 \text{ m} \quad \text{und} \quad H_9 = 5\,793\,801{,}08 \text{ m},$$

im System des 12. Längengrades

$$R_{12} = 4\,399\,055{,}56 \text{ m} \quad \text{und} \quad H_{12} = 5\,793\,741{,}52 \text{ m}.$$

Der Ordinatenfußpunkt ist im System mit der Kennziffer 3 um den Betrag H_9, im System mit der Kennziffer 4 um den Betrag H_{12} vom Äquator entfernt. Die Gaußsche Ordinate beträgt im 3. System $y = +\,103\,820{,}13$ m, d. h. der Punkt liegt östlich des Hauptmeridians von 9°; im 4. System ergibt sich $y = -\,100\,944{,}44$ m, d. h. der Punkt liegt westlich des Hauptmeridians von 12°.

3.7.2.2 *Das UTM-System*

Diese aus der Bezeichnung *Universal Transversal Mercatorprojection* abgeleitete Abkürzung kennzeichnet eine konforme transversale zylindrische Abbildung, die vor allem bei Militärkarten der USA und der NATO im Gebrauch ist. Sie wurde jedoch 1951 durch die Internationale Assoziation für Geodäsie (IAG) auch für Landesvermessungen empfohlen.

Das auf dem Internationalen Ellipsoid (2.3.2) beruhende UTM-System überdeckt die Erde zwischen 80° nördl. und südl. Breite mit 60 Meridianstreifensystemen von je sechs Längengraden Ausdehnung. Um größere Längenverzerrungen im Bereich der Grenzmeridiane zu vermeiden, ist der Mittelmeridian nicht längentreu, sondern mit dem Verjüngungsfaktor 0,9996 abgebildet. Eine Längentreue ergibt sich damit etwa bei 180 km beiderseits des Mittelmeridians, während die Längenverzerrung am Grenzmeridian etwa 1,00015 beträgt (für $\varphi \approx 50^\circ$).

Die Mittelmeridiane der als *Zonen* bezeichneten Streifensysteme liegen bei 3°, 9°, 15° usw. östlicher und westlicher Länge. Die Zonen sind durchlaufend von West nach Ost — beginnend bei dem Mittelmeridian 177° westlicher Länge — numeriert. Zone 3° östlicher Länge trägt demnach die Nummer 31, Zone 9° ö. L. die Nummer 32 usw. Innerhalb jeder Zone sind Intervalle von etwa je 8° Breitenunterschieden gebildet, die — beginnend bei 80° südlicher Breite — mit großen Buchstaben bezeichnet werden. Jedes der so entstandenen Felder wird nun weiter durch Gitterlinien mit vollen 100 km-Werten in x und y — vom Mittelmeridian ausgehend — in Quadrate von 100 km Seitenlänge unterteilt, die man entsprechend einer Anordnung in Zeilen und Spalten durch Doppelbuchstaben kennzeichnet (Abb. 93). Die exakte Festlegung der Punkte innerhalb eines Quadrates wird dann mit Hilfe der Koordinaten vorgenommen. Die Koordinaten bezeichnet

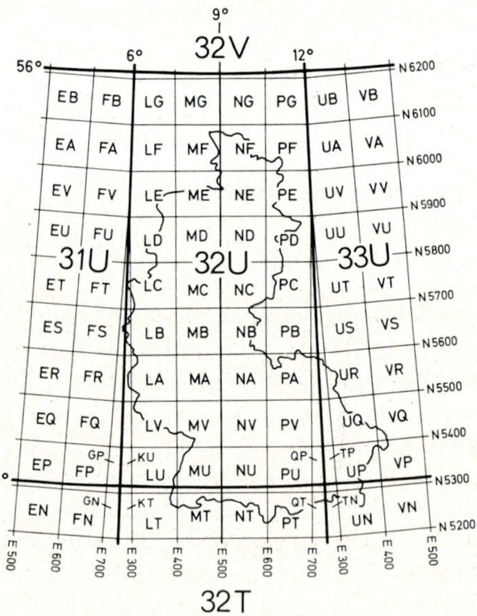

Abb. 93. UTM-System

man mit E (East = Ost, entsprechend y oder Rechtswert) und N (North = Nord, entsprechend x oder Hochwert). Auf diese Weise ergibt sich der Aufbau eines universellen *Meldegitters* (3.7.3 und [134]).

3.7.2.3 *Weitere konforme Systeme*

Als Ergänzung zum UTM-System gibt es für Polargebiete oberhalb 80° Breite die *Universal Polar Stereographic Projection* (UPS), ebenfalls mit einem Meldegitter. Sie beruht auf einer konformen Azimutalabbildung in normaler Lage (3.2.3) mit den Daten des Internationalen Ellipsoids [134].
Die *osteuropäischen Staaten* und die *DDR* verwenden für Karten mittlerer Maßstäbe Meridianstreifensysteme nach Gauß-Krüger mit einer Längenausdehnung von 6° und längentreuem Mittelmeridian auf der Basis des Ellipsoids von Krassowskij (2.3.2). Bei Karten in Maßstäben 1 : 5000 und größer werden 3° breite Meridianstreifen benutzt.
In *Österreich* gibt es 3° breite Meridianstreifen mit den längentreuen Mittelmeridianen 28°, 31° und 34° ostwärts Ferro (Ferro = 17°40′ westl. Greenwich) auf der Grundlage des Besselschen Ellipsoids. Die Zählung der x- oder Hochwerte beginnt am Äquator, die der y- oder Rechtswerte am Mittelmeridian, so daß westlich der x-Achse negative y-Werte auftreten [67].
In der *Schweiz* wird eine konforme schiefachsige Zylinderabbildung benutzt, deren Nullpunkt in Bern liegt und deren x-Achse mit dem Berner Meridian zusammenfällt. Die längentreue y-Achse ist das Bild der Berührungslinie des Zylinders mit dem Erdellipsoid. Zur Vermeidung negativer Zahlenwerte und von Koordinatenvertauschungen hat der Nullpunkt die Koordinatenwerte $x = 200$ km, $y = 600$ km. Der Abbildung liegt das Besselsche Erdellipsoid zugrunde [64].
In den meisten anderen Staaten der Erde werden ebenfalls konforme Systeme benutzt und zwar überwiegend auf der Grundlage der Gaußschen Abbildung. Nähere Angaben über die einzelnen Systeme enthält eine Veröffentlichung der Vereinten Nationen [81].

3.7.3 Gitter, Gitternord, magnetisch Nord

Jeder Meridianstreifen bildet ein ebenes rechtwinkliges Koordinatensystem. Nun können bestimmte runde Rechts- und Hochwerte in den Karten durch Linien dargestellt werden. Bei wertgleichen Abständen in beiden Richtungen erhalten wir in der Karte ein Quadratnetz, das sog. *Gitter*, das in allen amtlichen deutschen Kartenwerken eingetragen oder im Kartenrahmen angedeutet ist (Abb. 130).

Die Maschenweite des Gitters beträgt bei Karten in den Maßstäben 1 : 5000, 1 : 25000 und 1 : 50000 4 cm, entsprechend einer Länge von 200 m bzw. 1 km bzw. 2 km in der Natur; bei den Maßstäben 1 : 100000 und 1 : 200000 5 cm, entsprechend 5 km bzw. 10 km in der Natur.

Mit Hilfe eines *Planzeigers* (Abb. 94), der an eine entsprechende untere Gitterlinie angelegt wird, lassen sich grobe Rechts- und Hochwerte eines bestimmten Kartenpunktes aus der Karte entnehmen.

Sämtliche den Rechtswert angebenden Gitterlinien in einem Meridianstreifen verlaufen parallel zu dem nach *Geographisch*-Nord weisenden Hauptmeridian. Die als *Gitter*-Nord bezeichnete Richtung der Gitterlinien fällt also nur im Hauptmeridian mit Geographisch-Nord zusammen, während sie in jedem östlich oder westlich gelegenen Punkt von Geographisch-Nord um einen bestimmten Winkel abweicht. Dieser Winkel γ, der von den Richtungen nach Geographisch-Nord und Gitter-Nord gebildet wird, heißt *Meridiankonvergenz*

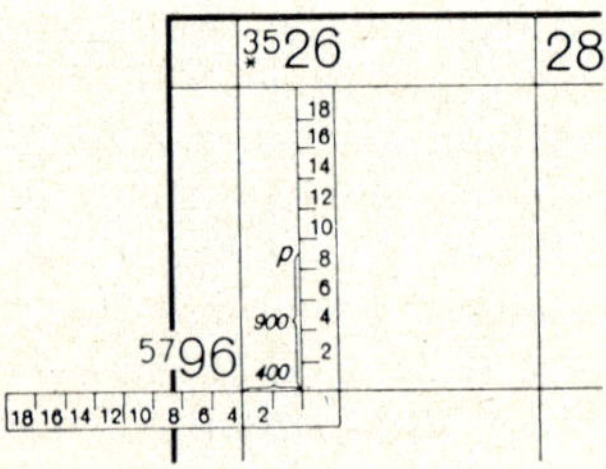

Abb. 94. Planzeiger
Rp = 3 526 400
Hp = 5 796 900

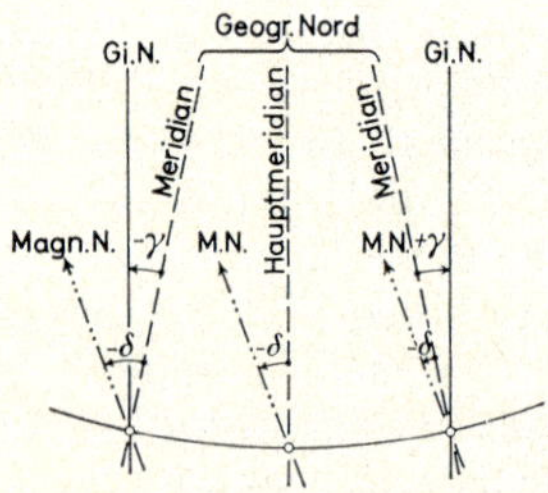

Abb. 95. Meridiankonvergenz, Deklination, Nadelabweichung in einem Meridianstreifensystem

(Abb. 95). Er wird vom Meridian aus im Uhrzeigersinn gezählt, so daß γ ostwärts der Abszissenachse positiv, westwärts negativ ist. Die Größe der Meridiankonvergenz in einem bestimmten Punkt hängt von dessen Lage ab, nämlich von seinem Längenunterschied l oder seinem Abstand y gegen den Mittelmeridian und von seiner geographischen Breite φ. Genähert ist $\gamma = l \cdot \sin \varphi \approx y/R \cdot \varrho \cdot \tan \varphi$, wobei R den Krümmungsradius der Ordinate auf dem Ellipsoid darstellt.

Die deutschen amtlichen Kartenwerke sind, mit Ausnahme der Deutschen Grundkarte 1 : 5000, durch geographische Netzlinien begrenzt. Das eingetragene Gitternetz verläuft daher nicht parallel zu den östlichen oder westlichen Begrenzungslinien, sondern weicht von ihnen um den Betrag der Meridiankonvergenz ab (Abb. 130b).

Bei Arbeiten mit einem Kompaß (z. B. beim Einnorden einer Karte) oder mit einer Bussole (z. B. bei Kartenberichtigungen), kommt noch eine weitere Nordrichtung in Frage, nämlich die Richtung einer freischwebenden Magnetnadel, die als *Magnetisch*-Nord bezeichnet wird. Der Winkel δ, den die Richtungen nach Magnetisch-Nord und nach Geographisch-Nord einschließen, ist die *Deklination*, und der Winkel zwischen den Richtungen nach Magnetisch-Nord und Gitter-Nord heißt *Nadelabweichung*. Diese ist die Differenz von Deklination und Meridiankonvergenz. Da die Deklination in Deutschland z. Z. durchweg westlich, also negativ ist, ist die Nadelabweichung in den deutschen Koordinatensystemen, absolut betrachtet, ostwärts des Hauptmeridians gleich der Summe, westlich des Hauptmeridians gleich der Differenz von Deklination und Meridiankonvergenz.

4. Merkmale und Mittel kartographischer Gestaltung

Es ist die Aufgabe jeder Kartengestaltung (vgl. 1.1), zur Wiedergabe von Gegenständen und ihren Merkmalen die kartographischen Gestaltungsmittel — die sog. *Kartengraphik* — so anzuwenden, daß beim Kartenbenutzer eine möglichst zutreffende Vorstellung oder Erkenntnis entsteht. Die dazu notwendige Entwicklung einer systematischen und logischen Kartengraphik läßt sich wie folgt beschreiben:

1. Man stellt zunächst für die *Objekte* allgemeine Merkmale (Objektgesetzmäßigkeiten) fest, nach denen sich jedes Objekt beschreiben und klassifizieren läßt (4.1).

2. Man ermittelt andererseits für die *kartographische Darstellung* ebenfalls Merkmale (graphische Gesetzmäßigkeiten), die bei jeder graphischen Wiedergabe zu berücksichtigen sind (4.2).

3. Schließlich strebt man eine sinnvolle Zuordnung zwischen den Objektmerkmalen einerseits und den kartographischen Merkmalen andererseits an, indem man graphische Strukturen darauf untersucht, ob sie bestimmte Objektmerkmale wiedergeben können oder nicht. Diese Zuordnung führt zu einer Reihe von *kartographischen Gestaltungsmitteln* und ihren typischen *Variationen*, mit denen bestimmte Aussagen möglich sind (4.3).

4.1 Merkmale der Kartengegenstände (Objektgesetzmäßigkeiten)

4.1.1 Zum Begriff des Objekts

Im weitesten Sinne kann die Bezeichnung „Objekt" für jedes Konkrete und Abstrakte gelten, für das die Sprache ein Wort besitzt. Nicht alle Objekte sind jedoch zur kartographischen Darstellung geeignet; es kommen vielmehr nur solche in Betracht, die *raumbezogen* sind (sog. *Kartengegenstände*). Nur für diese ist nämlich die Frage „*Wo* ist das Objekt ?" sinnvoll und durch die Wiedergabe lösbar. Dagegen sind z. B. Rechte wie das Schuldrecht, ferner Musikstücke, Formeln, aber auch Empfindungen ohne erkennbaren eindeutigen Raumbezug.
Die Kartengegenstände lassen sich wie folgt einteilen:

1. *Gegenstände selbst* sind die unbelebten und belebten Objekte unserer Umwelt. Da es sich um sinnlich wahrnehmbare, meist sichtbare Gegenstände handelt, spricht man auch von *Erscheinungen* (z. B. See, Haus, Tier, Mensch). Zum besseren

Verständnis der Umwelt und zur besseren Kommunikation darüber werden die einzelnen Objekte durch Bildung von Klassen, Arten, Gattungen usw. einem Ordnungsschema unterworfen. Jedes Objekt verliert damit allerdings bestimmte individuelle Kennzeichen, was etwa einer begrifflichen Generalisierung (4.4.1) entspricht.

2. *Sachverhalte* geben an, wie die Objekte sich zu sich selbst oder zu anderen Objekten verhalten. Das Verhalten *zu sich selbst* läßt sich durch bestimmte, häufig nicht sofort wahrnehmbare Eigenschaften beschreiben, wie z. B. Temperatur eines Gewässers, Merkmale eines Bodenprofils. Das Verhalten *zu anderen Objekten* beruht entweder auf einer einfachen *Relation* (z. B. Bevölkerungsdichte als Relation zwischen Gesamtbevölkerung und Bezugsfläche) oder auf *raumzeitlichen Veränderungen* (z. B. Wasserstände, Berufspendler). Auch die Sachverhalte lassen sich in Klassen usw. zusammenfassen. Daneben gibt es aber auch die Bildung von *Typen*, bei denen die Merkmale meist sehr verschiedenartig und komplex sind; man beachte z. B. den in der Bodenkunde üblichen Unterschied zwischen Boden*art* und Boden*typ*!

Kartengegenstände werden in ihrer Wiedergabe beschrieben durch Angaben über ihren räumlichen Bezug, ihr substantielles Merkmal und ihr zeitliches Verhalten. Diese Merkmale werden nachfolgend näher untersucht.

4.1.2 Räumlicher Bezug

Die Angabe zum Raumbezug eines Objektes ist das für die Kartendarstellung besonders typische Merkmal. Es handelt sich um eine *geometrische* Information über die nach *außen* gerichtete Beziehung eines Objektes zu seiner Umwelt; sie ist die Antwort auf die Frage „*Wo* ist das Objekt?“. Dabei lassen sich nach Art und Abgrenzung des Vorkommens die Objekte in Diskreta und Kontinua unterscheiden.

1. *Diskreta* lassen sich nach allen Seiten gegen andere Objekte abgrenzen. Die geometrische Information ist je nach Größe und Form des Objekts sowie nach Kartenmaßstab flächenhaft, linienhaft oder punktförmig. Innerhalb seiner Abgren-

zung kann das Diskretum *absolut* vorkommen, wenn es sozusagen ausschließlich auftritt (z. B. topographisches Objekt, Bodenart). Bei *relativem* Vorkommen wird dagegen das Objekt erst registriert, wenn ein bestimmter Intensitätsgrad erreicht ist (z. B. bei der Verbreitung von Konfessionen, Sprachen, Tieren, Pflanzen): Wenige Eskimos in Mitteleuropa geben noch keinen Anlaß, von „Vorkommen" zu sprechen. Streng genommen werden bei relativem Vorkommen nicht die Objekte selbst dargestellt, sondern die Flächen, über die sie sich verbreiten *(Verbreitungsflächen)*.

2. *Kontinua* sind räumlich oder flächenhaft unbegrenzte Objekte. *Raumfüllende* Kontinua sind z. B. das Schwerefeld und Wetterdaten, *flächenfüllende* dagegen die Erdoberfläche oder der Grundwasserspiegel. Die geometrische Information ergibt sich aus der Lageangabe von Zahlenwerten, die sich von Ort zu Ort stetig ändern. Man spricht deshalb auch von einem *Wertefeld*.

Kontinua können Realitäten oder Modelle sein. *Reale* Kontinua sind z. B. das raumfüllende Schwerefeld oder die flächenfüllende Meeresoberfläche. Kontinua als *Modelle* sind z. B. die auf physikalischen Grundlagen beruhenden raumfüllenden Klimadaten oder das flächenfüllende Geoid, doch gibt es auch geometrische Modelle wie die raumfüllenden Isochronen (Linien gleicher Reisezeit von einem Punkt) oder das flächenfüllende Rotationsellipsoid.

4.1.3 Substantielles Merkmal

Es handelt sich um eine Angabe, die nach *innen*, auf das Wesen des Objekts bezogen ist und über die Qualität bzw. die Quantität des Objekts informiert.

1. *Qualität* — hier als völlig wertfreier Begriff gedacht — ist die Angabe von Art, Eigenschaft oder Gattung eines Objekts (z. B. Wald, Bodenart, Konfession) und damit die Antwort auf die Frage „*Was* ist da und dort?".

2. *Quantität* bedeutet Mengen, Werte, Größen usw. und damit die Antwort auf die Frage „*Wieviel* ist da und dort?". Man unterscheidet zwischen *absoluten* Angaben (z. B. Punkthöhen, Einwohnerzahlen) und *relativen* Angaben (z. B. Bevöl-

kerungsdichte), ferner zwischen *Einzelwerten*, die in der Karte eindeutig fixierbar sind (z. B. Daten einer Wetterstation, Grundstückskaufpreis) und *Mittelwerten* (z. B. Geburten je 1000 Einwohner) bzw. *Summenwerten* (z. B. Gesamtproduktion), die sich auf bestimmte Kartenflächen beziehen und daher ohne exakte Lage sind.

4.1.4 Zeitliches Verhalten

Hierbei handelt es sich um die zeitliche Bezogenheit des Objektes und damit um die Antwort auf die Frage „*Wann* war das Objekt wo und wie?“. Zwar enthalten alle Objekte eine dynamische Komponente, doch kommt es bei einer kartographischen Wiedergabe darauf an, ob vorzugsweise das Beharrende (Statische) oder das sich Ändernde (Dynamische) zum Ausdruck gebracht werden soll.

1. *Statisches* Verhalten bedeutet die Konstanz der Erscheinungen und Sachverhalte. Ihre Wiedergabe hat den Charakter einer „Momentaufnahme“, d. h. der Zustandserfassung zu einem bestimmten Zeitpunkt, wie dies vor allem bei topographischen Karten der Fall ist.
2. *Dynamisches* Verhalten führt zu einer Wiedergabe, bei der die Veränderungen im Raum im Vordergrund stehen (z. B. Strömungen, Transporte, Stadtentwicklungen). Hierbei können sich Geometrie, Qualität und Quantität ändern.

4.1.5 Bildung von Objektgruppen

Durch Kombination der Objektarten und -merkmale lassen sich bestimmte Objektgruppen bilden, zu denen spezifische kartographische Darstellungsweisen gehören.

In *topographischen* Karten (siehe 5.) treten mit einer Ausnahme nur flächenhafte, lineare und lokale Diskreta auf, die gewöhnlich nur nach ihrer Qualität, nicht auch noch nach Quantität beschrieben werden. Die Ausnahme ist die Geländeoberfläche als einziges, flächenfüllendes Kontinuum. Alle Objekte wirken statisch.

In *thematischen* Karten (siehe Bd. II, 1.) treten dagegen alle sinnvollen Kombinationsmöglichkeiten auf. Das Erscheinungsbild der Karte wird daher in erster Linie von den Merkmalen bestimmt, die für die jeweils dargestellte Fachthematik kennzeichnend sind.

4.2 Merkmale kartographischer Darstellung (Graphische Gesetzmäßigkeiten)

Dieser Abschnitt geht der Frage nach, welche Merkmale kennzeichnend sind a) für graphische Darstellungen allgemein und b) für kartographische Darstellungen im besonderen. Die Gesamtheit dieser Merkmale bewirkt eine typische Darstellungsweise, die man auch als *Kartengraphik* bezeichnet. Ihr allgemeines Kennzeichen ist die geometrisch exakte, d. h. maßstäbliche Anordnung graphischer Strukturen.
Die weiteren Untersuchungen und Erkenntnisse gehen von dem — in der Kartographie üblichen — Fall der *Positivdarstellung* aus, d. h. daß die Bildstellen dunkler als die bildfreien Stellen sind.

4.2.1 Kartengraphik als Zeichensystem

4.2.1.1 *Aufbau des kartographischen Zeichensystems*

Nach den Ausführungen in 1.3 kann man auch die kartographische Darstellungsweise als ein Zeichensystem im Sinne der Zeichentheorie (Semiotik) auffassen, bei dem jedes Zeichen eine codierte Information darstellt. Analysiert man dieses Zeichensystem, so ergibt sich ein dreistufiger Aufbau:

1. *Graphische Elemente* sind die nach ihrer geometrischen Ausbreitung zu unterscheidenden *Punkte*, *Linien* und *Flächen*. Diese bilden die Bausteine jeder graphischen Darstellung überhaupt und lassen sich mit dem Laut bzw. Buchstaben der Sprache vergleichen.

2. *Zusammengesetzte Zeichen* sind spezifische Zusammenfügungen der Elemente zu höheren Gebilden (sog. *Superzeichen* im Sinne der Informationstheorie). Das für die Karto-

graphie typische, originale und bedeutendste Superzeichen ist die *Signatur* (das *Kartenzeichen*). Die drei weiteren Superzeichen, nämlich *Diagramm*, *Halbton* und *Schrift* stammen aus anderen Bereichen graphischer Darstellung. Alle diese Zeichen sind dem Wort der Sprache vergleichbar. Graphische Elemente und zusammengesetzte Zeichen bilden gemeinsam die kartographischen Gestaltungsmittel (4.3).

3. *Graphische Gefüge* ergeben sich, wenn die Elemente und Zeichen auf unterschiedliche Objektarten und -merkmale angewandt werden und dabei bestimmte graphische Strukturen erzeugen. Dem graphischen Gefüge, das in wesentlichem Maße den Gesamteindruck der Karte bestimmt, entspricht etwa der Satz der Sprache mit seiner Aussage. Abb. 96 zeigt Beispiele linearer Gefüge.

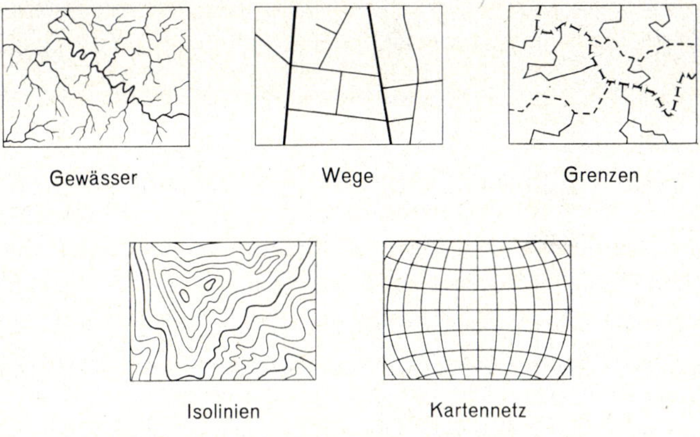

Abb. 96. Beispiele linearer graphischer Gefüge

4.2.1.2 *Variation der Zeichen*

Mit dem dreistufigen Aufbau des kartographischen Zeichensystems ist die Vielfalt der graphischen Erscheinungsmöglichkeiten aber noch nicht ausreichend beschrieben. Vielmehr können die Zeichen (Gestaltungsmittel) auch noch durch den

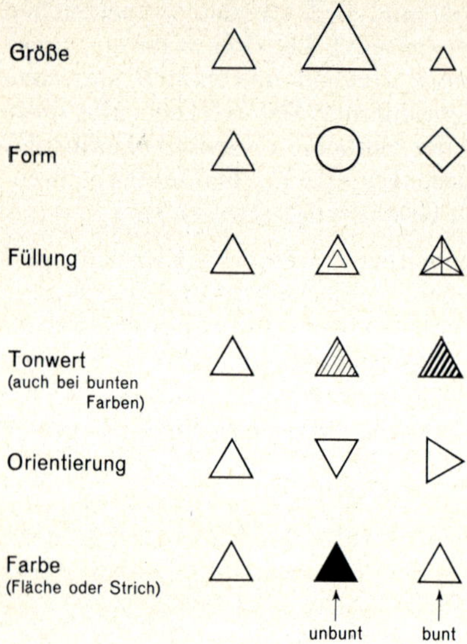

Abb. 97. Möglichkeiten der graphischen Variation eines Zeichens

Einsatz *graphischer Variabler* in jeweils bestimmter und typischer Weise in ihrer Erscheinung verändert werden. Die Abb. 97 bringt eine Zusammenstellung der möglichen Zeichenvariationen.

Allgemein ergeben sich damit folgende Ausdrucksmöglichkeiten:

a) Eine *objektive Gliederung* durch differenzierte Darstellung nach Qualitäten und/oder Quantitäten der Objekte mit allen Variablen;

b) eine *subjektive Bewertung* durch Betonen oder Zurückdrängen (mit den Variablen Größe und Tonwert);

c) eine verstärkte *Anschaulichkeit* durch Assoziieren (mit den Variablen Form und Farbe).

Im einzelnen eignen sich die Variablen für die Merkmalsangaben sehr unterschiedlich. Qualitäten lassen sich am besten durch Variation in Farbe, Form und Orientierung angeben, während Quantitäten in erster Linie durch Variation von Größe, Tonwert und Füllung zum Ausdruck kommen.

Die *Farbe* nimmt unter den graphischen Variablen eine besondere Stellung ein und soll daher noch ausführlicher behandelt werden. Farbe als *Sinneseindruck* ergibt sich aus einem physikalischen Vorgang (*Farbreiz* durch elektromagnetische Schwingung in Form des Lichtes) und einem physiologischen Vorgang (*Farbempfindung* am Ende des Weges Auge—Gehirn). Farbe als *Substanz* (z. B. Druckfarbe) ist im Gegensatz dazu besser als „Farbmittel" zu bezeichnen.
Lichtfarbe ist die farbige Wirkung der von einer Lichtquelle ausgehenden emittierten Strahlung. Trifft die Lichtfarbe auf einen Körper, so wird ein Teil des Spektrums von diesem aufgenommen (absorbiert). Den übrigen, zurückgeworfenen (remittierten) Anteil bezeichnet man als *Körperfarbe.* Durch Farbmittel läßt sich die Körperfarbe verändern; dabei können die Mittel deckend oder lasierend (transparent) sein.
Unbunte Farben reichen von Weiß über Grau bis Schwarz und unterscheiden sich damit nur durch die Helligkeit (Leuchtdichte). *Bunte Farben* werden dagegen durch drei Merkmale beschrieben: 1) Der *Farbton* ist die Eigenschaft, die eine bunte Farbe von einer unbunten unterscheidet. 2) Die *Sättigung* kennzeichnet den Grad der Buntheit im Vergleich zum gleichhellen Unbunt. 3) Die *Helligkeit* ist ein Ausdruck für die Stärke der Lichtempfindung. Dabei ist es wichtig zu wissen, daß Sättigungsstufe und Helligkeitsstufe nicht in einer konstanten, sondern für jeden Farbton verschiedenen Beziehung zueinander stehen.
Die *additive Farbmischung* tritt bei Lichtfarben dann ein, wenn mehrere Lichtquellen gemeinsam strahlen. Dabei führt die fortgesetzte Mischung vom Dunkleren zum Helleren. Mit den drei Grundfarben violettblau, grün und orangerot ist bei entsprechender Tonwertvariation nahezu jede bunte Farbe bis hin zum Weiß darstellbar (z. B. beim Farbfernsehen).
Die *subtraktive Farbmischung* tritt bei Körperfarben, vor allem bei Farbmitteln, dann ein, wenn mehrere lasierende Substanzen übereinander liegen. Die fortgesetzte Mischung führt hierbei vom Helleren zum Dunkleren. Mit den drei Grundfarben (Normfarben) gelb, magentarot und cyanblau

läßt sich bei entsprechender Tonwertvariation nahezu jede Farbe bis hin zum Schwarz darstellen (z. B. beim Mehrfarbendruck).

Farbordnungen und *-systeme* (z. B. Ostwald, Hickethier) versuchen, die Farbentheorie für die Praxis anwendbar und standardisierbar zu machen. Eine *Farbtafel* entsteht aus der Kombination der drei Grundfarben der subtraktiven Farbmischung oder anderer Farbtöne in jeweils verschiedenen Tonwertabstufungen. Sie ermöglicht Auswahl und Vergleich von Farben für bestimmte Darstellungen und macht zugleich das technisch Erforderliche erkennbar.
Als *Vier-Farben-Problem* wird die Feststellung bezeichnet, daß sich vier Farben so auf diskrete Flächen verteilen lassen, daß sich an keiner Stelle Flächen gleicher Farbe berühren.
Farbassoziationen können die Anschaulichkeit einer Darstellung wesentlich fördern. Das gilt für Naturfarben (Waldgrün, Gewässerblau) wie für Farbkontraste und -skalen, die Empfindungen (z. B. Temperaturen) oder Tendenzen (Gewinn und Verlust bei Bevölkerungsbewegungen) zum Ausdruck bringen.

4.2.1.3 *Zeichendimensionen*

Die Zeichentheorie (Semiotik) unterscheidet zwischen drei sog. Zeichendimensionen, die allerdings nicht als Dimensionen im geometrischen Sinne, sondern als Betrachtungsweisen aufzufassen sind.

1. Die *syntaktische* Dimension regelt die Beziehung der Zeichen untereinander, befaßt sich also mit der formalen Bildung der Zeichen. Da der Sinngehalt des Zeichens hierbei noch keine Rolle spielt, ist demnach eine kartographische Darstellung bereits dann syntaktisch einwandfrei, wenn die Zeichen in ihrer Struktur richtig erkannt werden (weil z. B. Größe, Abstand und Kontrast der Zeichen ausreichend gewahrt sind).

2. Die *semantische* Dimension betrifft die Beziehung der Zeichen zu den Objekten, bringt also die sog. Zeichenbedeutung zum Ausdruck. Erst sie stellt sicher, daß die beim Empfänger eintreffende Nachricht möglichst identisch ist mit der von der Informationsquelle ausgehenden. Eine Signatur kann zwar syntaktisch einwandfrei sein, aber durch den Leser (z. B. ein Kind) ihrem Sinngehalt nach nicht erfaßt werden. Unbekannte Fremdwörter und ganze Fremdsprachen sind typische Beispiele aus dem sprachlichen Bereich.

3. Die *pragmatische* Dimension regelt die Beziehung zum wahrnehmenden Subjekt und nimmt damit Einfluß auf dessen Verhaltens-

weise. So kann das syntaktisch einwandfrei wahrgenommene und semantisch als Wanderweg erkannte Kartenzeichen den Wanderer zum Begehen dieses Weges veranlassen. Allgemein kann das Kartenlesen Bekanntes sichtbar machen, aber auch Neues vermitteln.
Die Hauptaufgabe der Kartographie liegt im syntaktischen Bereich; hier gilt es, eine graphische Gestaltung zu finden, die das einwandfreie Erkennen des Zeichens sicherstellt. Dagegen ist die semantische Funktion des Zeichens etwas, das auch den Kartenautor im Rahmen der Zeichenerklärung angeht und zugleich ein bestimmtes Bildungsrepertoire vom Benutzer verlangt. Die pragmatische Dimension schließlich liegt vorwiegend im Entscheidungsbereich des Benutzers; sie kann jedoch durch eine geeignete kartographische Gestaltung wirkungsvoll gefördert werden.

4.2.2 Graphische Mindestgrößen

Mit kleiner werdendem Maßstab schrumpft auch jede maßstäbliche Objektwiedergabe immer mehr zusammen, bis schließlich ihre Lesbarkeit in Frage gestellt ist. Daher ist zunächst festzustellen, welche *Mindestgrößen* die Zeichen aufweisen müssen, um noch lesbar zu sein. Die Grenze dieser Lesbarkeit ergibt sich aus dem menschlichen Sehvermögen und der Leistungsfähigkeit der kartentechnischen Verfahren.

Das *menschliche Sehvermögen* bezieht sich hier auf den Fall, bei dem ein Auge mit normaler Sehkraft unter normalen Beleuchtungsverhältnissen und mit dem üblichen Betrachtungsabstand auf die Karte blickt. Dabei lassen sich Kartenelemente einwandfrei erkennen, wenn sie die in Abb. 98 dargestellten Mindestgrößen nicht unterschreiten. Ferner soll die Mindestgröße von Farbflächen etwa 1 mm² betragen,

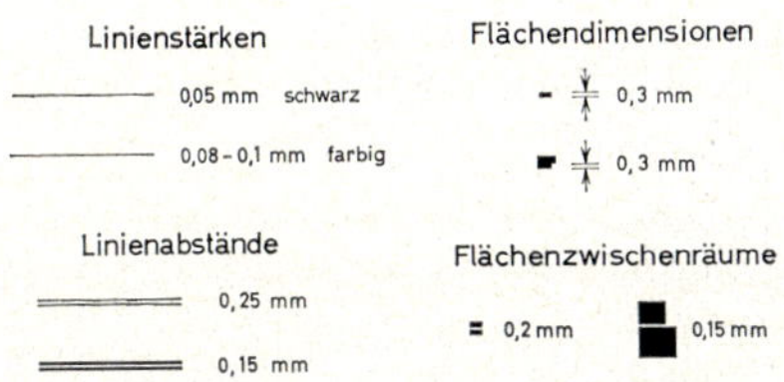

Abb. 98. Minimaldimensionen von Kartenelementen

damit die Farbe erkennbar ist. Werden statt der Farbe Rasterflächen dargestellt, so vergrößert sich der Mindestbetrag noch je nach Feinheit des Rasters.

Für größere Betrachtungsabstände, wie sie z. B. bei Schulwandkarten üblich sind, ergeben sich auch entsprechend größere Minimaldimensionen.
Die Mindestgrößen spielen auch eine wichtige Rolle beim Entwurf des Zeichenschlüssels einer Karte. Karten großer Maßstäbe werden z. B. oft in verkleinerter Form (als Planungsunterlagen usw.) benutzt; darauf ist dann schon bei der Abmessung von Strichbreiten und der Feinheit von Signaturen Rücksicht zu nehmen.

Die Leistungsfähigkeit der *Kartentechnik* ist von der Qualität der einzelnen Prozesse abhängig, die vom Ausgangsoriginal bis zum gedruckten Exemplar zu durchlaufen sind. Dabei treten im Vergleich zur ersten Darstellung stets gewisse Güteverluste in Form von Abbildungsunschärfen, Passerungenauigkeiten, Strichverbreiterungen usw. auf, doch ist die moderne Reproduktionstechnik durchaus in der Lage, diese Einflüsse so klein zu halten, daß ein Zuschlag zu den obigen Zahlenwerten gewöhnlich nicht erforderlich ist.

4.2.3 Kartengraphik und Gestaltwahrnehmung

Neben dem objektiv-geometrischen Erfordernis der Mindestgröße spielen auch die Gesetze der subjektiven Wahrnehmung eine Rolle. Diese ergeben sich aus den Erkenntnissen der *Gestaltpsychologie*. Die Gestaltwahrnehmung durch Menschen beruht darauf, daß nach bestimmten Gestalt-Gesetzen aus graphischen Elementen Figuren gebildet werden. Insbesondere bewirkt das *Prägnanzprinzip* (Prinzip der guten Gestalt), daß derjenige Zusammenschluß von Elementen bevorzugt wird, der eine möglichst geschlossene, stabile, in sich folgerichtige und einfache Gestalt ergibt.

Für die Kartengraphik bedeutet dies zunächst eine nicht zu große graphische Dichte und einen ausreichenden Kontrast. Häufen sich nämlich Darstellungen auf engem Raum (z. B. Ballungen von Siedlungen, Verkehrswegen, Gewässern), so wird die Lesbarkeitsgrenze bereits bei Dimensionen erreicht, die größer als die Werte in 4.2.2

sind. Bei einfarbigen Darstellungen sind z. B. Linien durch ausreichende graphische Strukturierung gut unterscheidbar zu halten. Optische Täuschungen sind zu vermeiden oder — wie z. B. beim *Machschen Phänomen* zwischen benachbarten Tonwertstufen — möglichst gering zu halten. Schließlich muß auch der Einfluß des Wissens und der Gewohnheiten des Kartenbenutzers (z. B. Gewöhnung an Nordorientierung sowie Lichteinfall bei Schummerung) bedacht werden.

4.2.4 Kartengraphik und Kartentechnik

Die Kartengraphik hat auch die Möglichkeiten der Kartentechnik zu berücksichtigen, denn der graphische Gestaltungsspielraum hat dort seine Grenzen, wo die weitere Verarbeitung einer graphischen Struktur durch Zeichnung, Reproduktion und Druck schwierig oder gar unmöglich wird oder wo aufwendige Vorgänge zur Kostenfrage werden.

Sehr feine und dichte Darstellungen können den Verkleinerungsspielraum für eine Karte einengen. Formatbeschränkungen ergeben sich mitunter aus dem vorhandenen Gerätepark. Im Vergleich zu durchlaufenden Linien erfordern lineare Signaturen oft einen hohen Zeichenaufwand. Beim Einsatz eines Zeichenautomaten sind die mechanischen und programmtechnischen Möglichkeiten des Zeichenwerkzeugs zu beachten. Die konsequente Anwendung der sog. kurzen Skala (Druck mit Normfarben der subtraktiven Farbmischung) erfordert sorgfältige Entwurfsüberlegungen.
Die Holzschnittkarten des 15. Jahrhunderts ließen nur einen relativ groben Duktus zu. Dagegen konnte später auf den Kupferplatten in sehr feiner Strichmanier gearbeitet werden. Farbflächen waren nur durch manuelles Kolorieren der gedruckten Strichkarten darstellbar. Erst die Erfindung der Autotypie ermöglichte die gerasterte Wiedergabe von Halbtönen (Schummerung). Maßbeständige Folien und Offsettechnik verbessern und verbilligen heute den Mehrfarbendruck.

4.3 Kartographische Gestaltungsmittel

Nach den Ausführungen in 4.2.1.1 gelten als kartographische Gestaltungsmittel die Grundelemente Punkt, Linie und Fläche sowie die zusammengesetzten Zeichen Signatur, Diagramm, Halbton und Schrift. Mit diesen Zeichen lassen sich jeweils bestimmte graphische Variationen (4.2.1.2) und typische Aussagen über Objektmerkmale vornehmen.

4.3.1 Punkte

Es handelt sich um kleine graphische Punkte mit einem Mindestdurchmesser von etwa 0,3 mm (4.2.2), die jeweils für sich die Lage eines Objekts angeben. Punkte, die nur Teile eines Punktrasters oder ähnlicher Anordnungen sind, gehören daher nicht hierher, sondern gelten als flächenhafte Signaturen.
Die graphische Variation ist fast nur mit der Farbe und damit zur Angabe unterschiedlicher Objektqualitäten möglich. Bei Verzicht auf Farbvariation kann der Punkt selbst nur die *Lage* angeben, und es sind daher zur Angabe von *Qualität* oder *Quantität* weitere Gestaltungsmittel erforderlich (Schrift in Abb. 99a, Signatur und Schrift in Abb. 99b).

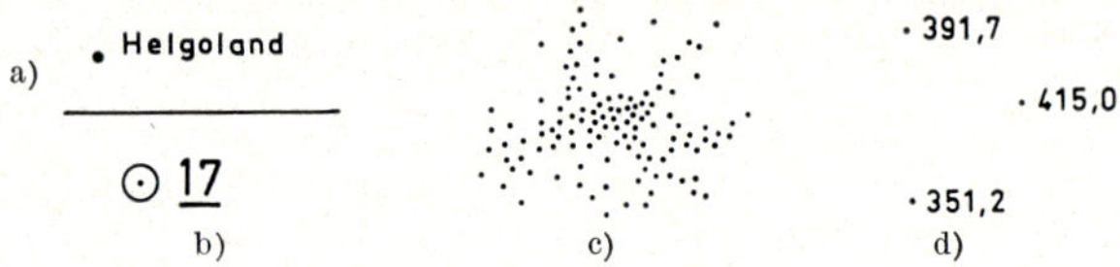

Abb. 99. Punktdarstellungen

a u. b) als Lageangabe je eines Objektes c) als Mengenwert von Objekten d) eines Kontinuums

Die Lageangabe kann sich auf folgende Fälle beziehen:
1. Lageangabe für lokale (punktförmige) Diskreta
a) Der Punkt stellt jeweils ein einziges Objekt dar; dies kann je nach Maßstab eine kleine Insel oder ein Vermessungspunkt sein (Abb. 99a und b).
b) Bei großer Häufung artgleicher Objekte kann ein Punkt auch eine konstante Anzahl von Objekten repräsentieren und besitzt damit die Bedeutung eines *Mengenwertes*. Diese Darstellungsweise eignet sich neben der Angabe absoluter Mengen besonders gut zur Wiedergabe typischer *Objektverteilungen* (z. B. Bevölkerung; Abb. 99c).

2. Lageangabe für Zahlenwerte im Kontinuum
Beispiele dafür sind Höhen- und Tiefenpunkte in topographischen Karten, Meßpunkte in Wetterkarten usw. Die notwendige quantitative Angabe liefert der beigeschriebene Zahlenwert (Abb. 99d).

4.3.2 Linien

Unter diesen Begriff fallen alle nicht unterbrochenen Striche, die eine *Lage* angeben. Die graphische Variation ist nach der Farbe (Qualitätsangabe) oder nach der Größe (= Strichbreite zur Angabe von Quantität einschließlich Wert und Bedeutung) möglich. Ohne diese Variation sind qualitative oder quantitative Angaben nur mit *zusätzlichen* Gestaltungsmitteln — Signatur oder Schrift — oder durch *Umwandlung* in lineare Signaturen (im Wege der Linienunterbrechung) zu gewinnen (Abb. 100).

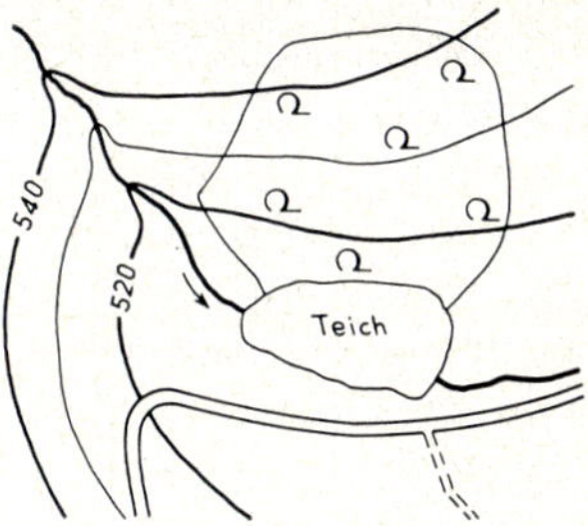

Abb. 100. Liniendarstellungen: Begrenzungs- und Mittellinien diskreter Objekte, Isolinien im Kontinuum. Die Feldwegdarstellung ist eine lineare Signatur, Erläuterung durch Schrift, Signatur (oder Farbe)

Mit der Lageangabe sind folgende Aussagen möglich:

1. Abgrenzung diskreter Objekte, wie z. B. Grundstücke, Wälder, Gewässer. Bei relativ schmalen Objekten tritt an die Stelle der *Begrenzungslinien* die *Mittellinie*.

2. Die Verbindung gleicher Werte im Kontinuum. Solche Linien bezeichnet man als *Isolinien* oder *Wertelinien* (z. B. Höhenlinien; ferner Isothermen, Isochronen usw. siehe Bd. II, 1.3.5).

Die Wahl der Linienbreite kann mitunter nicht nur Ausdruck für die Bedeutung sein (z. B. Grenze eines großen, übergeordneten Bereiches), sondern auf für den Grad der geometrischen Exaktheit: Dünne Linien wirken exakt, dicke dagegen weniger lagetreu.

4.3.3 Flächen

Es handelt sich um Vollflächen, die in ihrer gesamten Ausdehnung in Farbton und Tonwert konstant sind. Das schließt auch solche Darstellungen ein, die lediglich aus technischen Gründen durch sehr feine Raster (Mikroraster) wiedergegeben werden. Grobe, dem Auge als solche erkennbare Raster (Makroraster, Schraffuren) zählen dagegen zu den Flächensignaturen. Die graphische Variation ist nur nach Farbton und Tonwert möglich.

Die Flächendarstellung gestattet folgende Aussagen:

1. Angabe von Lage und Qualität flächenhafter Diskreta. Dabei gibt der Rand (die Kontur) der Fläche die Abgrenzung des Objekts wieder, während in der Variation des Farbtons die verschiedenen Qualitäten zum Ausdruck kommen. Beispiele dafür sind die schwarzen bzw. bunten Gebäudeflächen in topographischen Karten und die politischen Karten.

2. Angabe flächenbezogener Quantitäten. Wie in 1) gibt die Kontur die Grenze der Bezugsfläche an, jedoch findet nunmehr eine Variation des Tonwerts statt und zwar entsprechend den auf die einzelnen Flächen bezogenen unterschiedlichen Quantitäten. Eine solche Darstellung wird als *Flächenkartogramm* bezeichnet (Bd. II, 1.3.7.1).

3. Angabe von Wertstufen eines Kontinuums. Solche Wertstufen (also Quantitätsbereiche) ergeben sich, wenn man die Fläche zwischen zwei Isolinien mit einer Farbe ausfüllt (z. B. farbige Höhenschichten nach 5.3.2.7). Die Farbvariation entspricht dann unterschiedlichen Wertintervallen.

4.3.4 Signaturen

Signaturen, auch *Kartenzeichen* genannt, sind abstrahierte Objektbilder oder konventionelle Zeichen, die man allen graphischen Variationen (4.2.1.2) unterziehen kann und mit denen folgende Aussagen möglich sind:

1. Stets eine qualitative Angabe (z. B. Ort, Verwaltungsgrenze, Bodenbedeckung) durch Variation in Farbe, Form oder Orientierung,
2. dazu in vielen Fällen eine Lageangabe (z. B. Ort, Verwaltungsgrenze),
3. in manchen Fällen auch noch eine quantitative Angabe (z. B. Einwohnerzahl). Eine solche Angabe läßt sich in *stetiger* Weise durch Veränderung der Größe der Signatur oder in *gestufter* Weise durch Wechsel von Form, Tonwert oder Füllung zum Ausdruck bringen. Die stetige Darstellung erfordert einen besonderen Größenmaßstab.

Die große Fülle der Gestaltungsmöglichkeiten macht die Signatur zu einem der wichtigsten Gestaltungsmittel in Karten. Sie ist eine abstrakte bis bildhafte Kurzschrift, die im Vergleich zur Kartenschrift weniger Kartenfläche beansprucht und zugleich das Vorstellungsvermögen unmittelbarer anspricht. Allerdings ist damit der Zwang verbunden, die Signaturen in einer besonderen Zeichenerklärung *(Legende)* zu erläutern.
Die Signatur tritt allein oder in Verbindung mit anderen Gestaltungsmitteln auf. Man gewinnt eine brauchbare Übersicht über die Vielfalt der Signaturen, wenn man sie 1. nach ihrer Form und 2. nach der Anordnung im Kartenbild gruppiert. Eine Zusammenstellung von Beispielen enthält die Abb. 102.

4.3.4.1 *Formen der Signaturen*

Man kann unterscheiden:

1. Bildhafte Signaturen, auch als sprechende oder abgeleitete Signaturen bezeichnet:

Dazu gehören a) Grundrißbilder und b) Aufrißbilder von Objekten, beide in anschaulicher oder mehr oder weniger stark schematischer Weise. *Anschauliche* Signaturen weisen die größere Ähnlichkeit mit dem Objekt auf, sind daher leich-

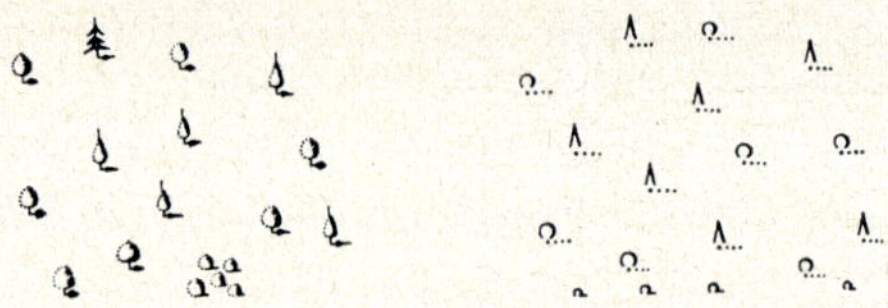

Abb. 101. Anschauliche und abstrakte Baumsignaturen

ter verständlich und von gefälligem Aussehen. Sie erfordern jedoch meist einen hohen Zeichenaufwand und sind für eine mechanisierte und automatisierte Kartentechnik wenig geeignet. Von den mehr schematischen, *abstrakten* Signaturen gilt das Umgekehrte (Abb. 101). c) Eine weitere Gruppe bilden die *symbolhaften* Darstellungen als typische und allgemeinverständliche Sinnbilder der Objekte (Abb. 102).

2. Geometrische Signaturen:

Diese Gruppe reicht von einfachen Figuren wie Kreis, Dreieck, Quadrat usw. bis zu Linienunterbrechungen und Makrorastern (Schraffuren). Die Figuren können dabei als Hohlformen, Vollformen oder teilgefüllte Formen sowie in verschiedensten Kombinationen miteinander auftreten.

3. Ziffern, Buchstaben, Unterstreichungen:

Ziffern werden als Index-, Schlüssel- oder Verhältniszahlen, *Buchstaben* als Abkürzungen dann benutzt, wenn sie verständlicher sind als konventionelle Symbole oder wenn sie eine bessere Gesamtdarstellung ermöglichen (z. B. in Bodenkarten, geomorphologischen Karten). *Unterstreichungen* von Schriften liefern eine zusätzliche qualitative Angabe für das Objekt (z. B. Sitz einer Verwaltung).

4.3.4.2 *Anordnung der Signaturen*

1. Lokale Signaturen (Positionssignaturen):

Sie geben Lage und Qualität solcher Objekte an, die nicht mehr grundrißtreu oder -ähnlich darstellbar sind. Dabei wird die Lage durch die Mitte oder den Fußpunkt der Signatur, die Qualität durch Variation nach Form, Farbe oder Orien-

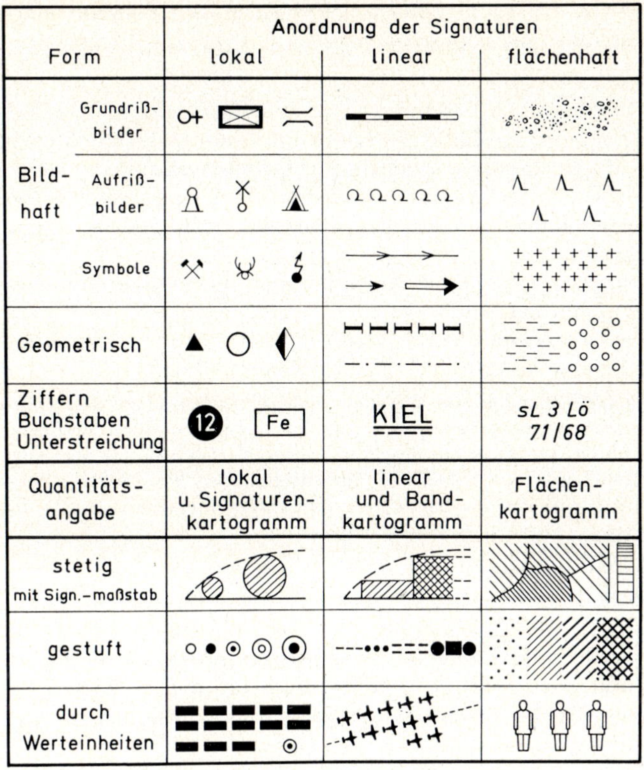

Abb. 102. Beispiele für Formen und Anordnungen von Signaturen

tierung angegeben. Die Signatur ist — im Gegensatz zur Kartogrammsignatur (Nr. 4) — größer als das Grundrißbild des Objekts.

Quantitäten (z. B. Einwohnerzahlen) werden stetig oder gestuft wiedergegeben (4.3.4 Nr. 3). Ein besonderer Fall liegt vor, wenn man solche Angaben durch Häufung gleich großer Signaturen darstellt. Jede Signatur repräsentiert damit eine festgelegte Werteinheit (*Werteinheitensignatur*, vgl. den Mengenwert bei 4.3.1). Infolge des meist großen Flächenbedarfs geht dabei die Lagetreue verloren.

2. Lineare Signaturen:

a) Treten sie in Verbindung mit dem Gestaltungsmittel *Linie* auf, so gibt die Linie die Lage, die Signatur die Qualität an (z. B. Hochspannungsleitung). b) Treten sie allein auf, so geben sie beides an und bestehen meist in einer regelmäßigen Folge bildhafter oder geometrischer Zeichen (z. B. Grenzsignaturen).
Quantitäten (z. B. Transportmengen entlang der Verkehrswege) werden stetig oder gestuft wiedergegeben. Bei stetiger Wiedergabe werden die Liniensignaturen bis zu bandförmigen Darstellungen verbreitert *(Bandsignaturen)*.

Auch Kontinua lassen sich mit Liniensignaturen darstellen. Dazu gehören die Hilfshöhenlinien ebenso wie die nach bestimmten Regeln (Stufung) aufgebauten Böschungsschraffen (5.3.2.3), die für jeden Strich Lage und Größe der Geländeneigung angeben. In Strömungsbereichen zeigen die Längen der pfeilartigen Signaturen häufig den Betrag der Strömungsgeschwindigkeit an.

3. Flächenhafte (flächig verteilte) Signaturen:

Es sind Kartenzeichen, die in ständiger Wiederholung über eine Fläche gleichmäßig oder unregelmäßig verteilt sind einschließlich der als solche sichtbaren Raster (Makroraster, Schraffuren) und die Qualität flächenförmiger Objekte angeben (Wald, Bodenarten, Sprachen usw.). Die Abgrenzung wird durch eine Linie oder einfach durch das Ende der Signaturen angezeigt. Zu dieser Gruppe kann man auch die Formzeichen (5.3.2.6) und die Gebirgsschraffen (5.3.2.3) der Geländedarstellung rechnen.

4. Signaturen für Kartogramme:

Durch diese werden flächenbezogene Quantitäten (4.1.2) dargestellt.

Sind die darzustellenden Werte *absolute* Größen (z. B. Fördermengen), so ergibt sich eine rein äußerlich den lokalen Signaturen entsprechende Wiedergabe. Im Gegensatz zu den lokalen Signaturen sind jedoch hier die Zeichen kleiner als die Bezugsfläche und auch in dieser verschiebbar (Signaturenkartogramm).

Handelt es sich dagegen um *relative* Größen (z. B. Bevölkerungsdichte), so findet eine Flächenfüllung statt, die den flächenhaften Signaturen entsprechen kann, hier aber eine Variation nach Tonwerten ausdrücken soll (Flächenkartogramm, Abb. 108).
Weitere Einzelheiten siehe Bd. II, 1.3.7.

4.3.5 Diagramme

Diagramme sind graphische Mittel zur Veranschaulichung quantitativer Daten, vor allem statistischer Größen, mit denen die *sachliche Aufgliederung* oder die *zeitliche Entwicklung* eines Sachverhaltes gezeigt wird. Die graphische Variation von Diagrammen ändert Art und Umfang der Aussage nicht, kann aber die Verdeutlichung fördern. Man kann unterscheiden:

1. Die quantitative Angabe ist auf einen festen Punkt bezogen (z. B. Winddiagramm, Pegeldiagramm). Da solche *lokalen Diagramme* wie die Signaturen lagetreu sind, werden sie auch vielfach zu diesen gerechnet *(Diagrammsignatur)*.

2. Die quantitative Angabe bezieht sich auf eine bestimmte, in der Karte noch erkennbare Fläche. Sie ist daher nicht lokalisierbar, wird also innerhalb der Bezugsfläche nur raumtreu angeordnet (z. B. Gliederung nach Berufen innerhalb eines Kreises). Solche Darstellungen gelten als *Kartodiagramme*. Weitere Einzelheiten siehe Bd. II, 1.3.7.2.

4.3.6 Halbtöne

Halbtöne sind Flächen, die im Gegensatz zu den Flächenfarben (4.3.3) wechselnde Tonwerte aufweisen. Sie kommen wie folgt vor:

1. Als *Schummerung* zum Zwecke einer möglichst formanschaulichen Geländedarstellung (5.3.2.5). Eine solche Wiedergabe kann Gefällverhältnisse und grundrißähnliche Lagemerkmale aufzeigen.

2. Als Ergebnis photographischer Aufnahmen (z. B. *Luftbilder*) und deren Wiedergabe in *Luftbildkarten* und ähnlichen Darstellungen (Band II, 3.). Dabei zeigen sprunghafte Ver-

änderungen der Halbtöne (Konturen) häufig, jedoch nicht immer Grundrißmerkmale an (z. B. Wegegrenzen), während qualitative Daten meist erst durch einen besonderen Deutungsprozeß *(Interpretation)* zu gewinnen sind.
Bei der Kartenvervielfältigung im herkömmlichen Druckverfahren sind die Halbtöne in beiden Fällen in feine Rasterelemente aufzulösen, so daß hierbei streng genommen nur von *Pseudo-Halbtönen* gesprochen werden kann.

4.3.7 Kartenschrift

Die Kartenschrift gilt als besonderer Bestandteil des Karteninhalts (1.4.2.2), da sie unter allen Gestaltungsmitteln die geringste *geometrische* Aussagemöglichkeit besitzt; dafür ist sie aber das wichtigste *erläuternde* Element der Karte. Stumme Karten wirken unfertig, Karten mit einer nicht verständlichen Sprache (z. B. Japanisch) erscheinen fremd.
Durch die graphische Variation nach Farbe und Form lassen sich Qualitäten beschreiben, durch die Variation nach Größe auch Quantitäten angeben. Im einzelnen ergeben sich die *Merkmale der Kartenschrift* wie folgt (Abb. 103):

1. Die *Schriftart* (der *Duktus*) bestimmt weitgehend das Gesamtbild und damit zugleich Lesbarkeit und ästhetische Wirkung der Kartenschrift. Sie läßt sich als Variation nach der Form auffassen: Mehrere Schriftarten in einer Karte können verschiedene Objektklassen kennzeichnen. Die Kartenschriften sind zeichnerisch entwickelt worden, doch lehnen sich die heute gebräuchlichen Arten stark an die im Buchdruck üblichen Schriftzeichen an und werden neuerdings auch wie diese benannt (siehe DIN 16518). Man unterscheidet folgende Gruppen von Schriftarten (Abb. 103):

— *Antiqua* oder römische Schrift mit wechselnden Strichbreiten und Fußstrichen (Serifen) (*a*); eine besonders gerundete Form wird in der Kartographie auch als *Kursiv* bezeichnet (*b*, *g*, *h*).

— *Grotesk-*, Block- oder Balkenschrift mit konstanten Strichbreiten und ohne Serifen (z. B. nach DIN 1451) (*c*);

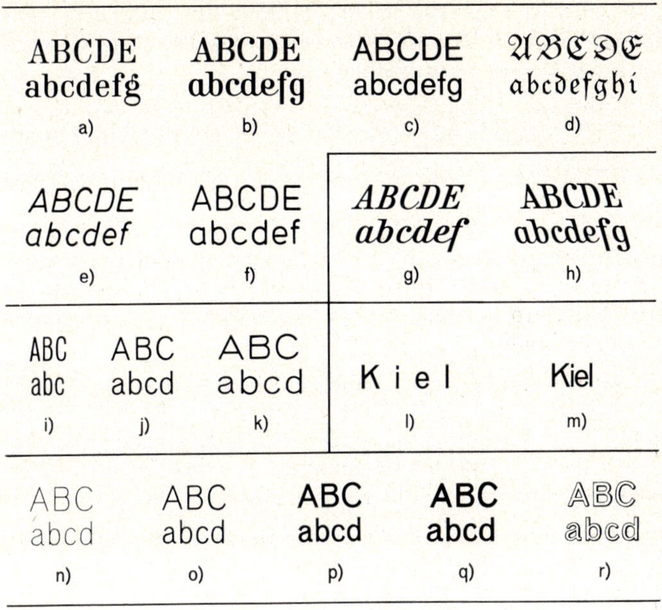

Abb. 103. Merkmale der Kartenschrift

— *Fraktur-* oder gebrochene Schrift, in Karten überwiegend nur bis zum 16. Jahrhundert angewandt (*d*);

— *Normschrift* als Schreibschrift nach DIN 16 (*e*) und 17 (*f*) für einfachere Darstellungen, mit konstanten Strichbreiten und gerundeten Enden (Schablonenschrift). Dazu gehört auch die neue Internationale Normschrift, die als DIN 6776 eingeführt werden soll.

Majuskeln, *Versal-* oder *Kapitalschriften* weisen nur gleich hohe Großbuchstaben auf, während bei *Minuskeln* auch Kleinbuchstaben verschiedener Ober- und Unterlänge auftreten.

2. Auch die *Schriftlagen* lassen sich als Variation der Form auffassen. Neben der stehenden Schrift (*a—d*, *f*) gibt es die

vorwärts- oder rechtsliegende (*e, g*) sowie die rückwärts- oder linksliegende (*h*) Schrift. Eine schräggestellte Antiqua wird auch als *Kursivschrift* bezeichnet.

3. Unter den Schriftbreiten, die ebenfalls Formvariationen sind, gibt es die enge oder schmale (*i*), normale (*j*) und breite (*k*) Schrift.

4. Die *Schriftstärken* gelten als Variation in Größe bzw. Füllung; sie geben damit häufig Mengen, Werte und Bedeutungen, also Quantitäten an. In der Kartographie trifft man neben der Haarschrift (*n*) vor allem auf magere (*o*), normale (*p*) und halbfette (*q*) Schriften. Hohlschriften (*r*) — meist mit Schattierung — sind nicht gefüllte Schriften.

5. Die *Schriftgröße* (der *Schriftgrad*) bietet als typische Größenvariation die Möglichkeit zu quantitativer Differenzierung (z. B. Einwohnerzahlen einer Gemeinde) einschließlich einer Abstufung nach Bedeutung (z. B. Größe einer Region, eines Seenbereiches oder Gebirgszuges).

6. Die Farbvariation der Schrift erleichtert die Zuordnung zu den einzelnen Objektqualitäten.

7. Durch *Sperren (Spationieren)* (*l*) werden die Buchstabenabstände größer, durch *Komprimieren* (*m*) kleiner.

Für die *Anwendung der Kartenschrift* gibt es zwei Möglichkeiten:

1. Kartenschrift in Verbindung mit einem anderen Gestaltungsmittel:

— Qualitative Angabe a) anstelle eines anderen Gestaltungsmittels (z. B. einer Signatur), b) zur weiteren Differenzierung einer (z. B. durch Schraffur) bezeichneten Qualität und c) zur Identifizierung durch Angabe von Namen (Abb. 104).

— Quantitative Angabe durch Zahlenwerte (km-Stein, Höhenlinie) oder durch die Schriftgröße (z. B. Ortsname neben der Ortssignatur gibt zugleich ungefähre Einwohnerzahl an).

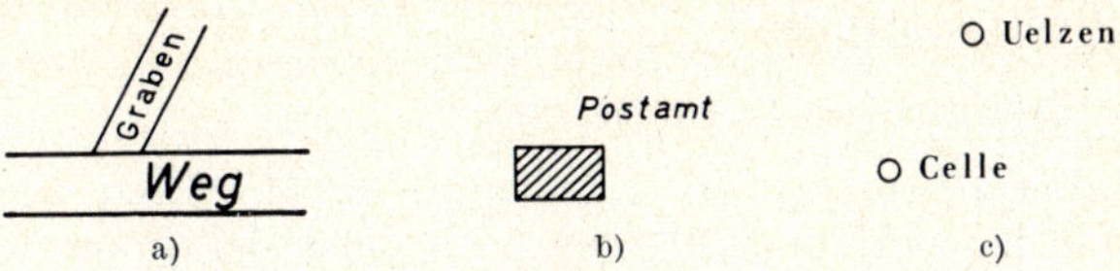

Abb. 104. Kartenschrift als qualitative Angabe

a) zur Erläuterung anstelle von Signaturen b) zur weiteren Differenzierung c) zur Identifizierung

2. Kartenschrift allein:

Hier liefert die Schrift neben der qualitativen Angabe auch noch eine Lageangabe, allerdings nur in raumtreuer Darstellung. Beispiele dieser Art sind a) flächenhafte Diskreta, die sich nicht exakt abgrenzen lassen wie die Verbreitung von Pflanzen und Tieren sowie b) die Wiedergabe topographischer oder landschaftlicher Bereiche (Abb. 105).

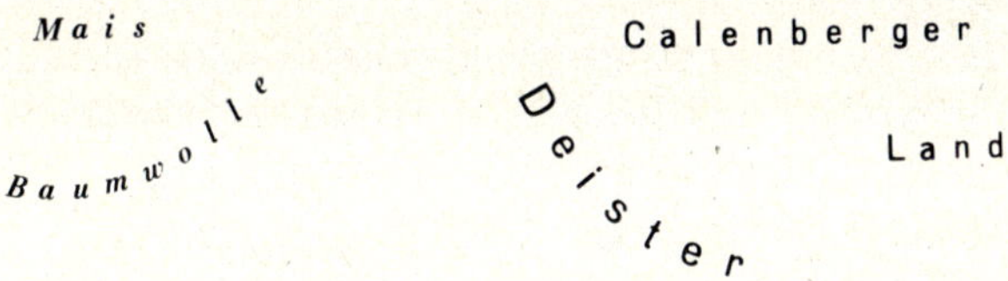

Abb. 105. Kartenschrift zur Angabe von Lage und Qualität

Die *Lage der Schrift (Schriftplazierung)* soll eine klare Zuordnung zum bezeichneten Objekt gewährleisten, möglichst wenig Verdeckungen anderer Darstellungen hervorrufen und Bereiche vermeiden, in denen Fortführungen zu erwarten sind.

Im einzelnen lassen sich dazu etwa folgende Regeln angeben:

1. Bei flächenhaften Objekten (z. B. Gebirge, Staatsgebiete) waagerecht oder in Richtung der größten Ausdehnung;
2. bei linearen Objekten (z. B. Flußlauf) parallel zur Linienführung;
3. bei lokalen Objekten (z. B. Ortssignatur) rechts von der Objektdarstellung und etwas höher als diese, soweit freie Fläche vorhanden. Dabei entweder waagerecht oder — wie bei Atlaskarten häufig — parallel zu den Breitenkreisen.

4.4 Generalisierung

4.4.1 Bedeutung der Generalisierung

Die Betrachtungen zur Kartengraphik (4.2) und zu den Gestaltungsmitteln (4.3) sind noch nicht der Frage näher nachgegangen, welchen Einfluß der *Kartenmaßstab* auf das kartographische Erscheinungsbild ausübt. Tatsächlich schrumpft mit kleiner werdendem Maßstab jede geometrisch exakte Wiedergabe eines Objektes immer mehr zusammen, bis sie schließlich unterhalb des Betrages der *graphischen Mindestgröße* (4.2.2) liegen würde. Da dies aber nicht praktikabel ist, hat man im Hinblick auf die Forderungen an die Karte (1.4.3.2) wie folgt zu entscheiden:

1. Man beachtet entweder das *Prinzip der Lesbarkeit*, muß dann aber das Objekt vergrößern, also unmaßstäblich wiedergeben und schränkt damit das *Prinzip der geometrischen Richtigkeit* ein,

2. oder man betreibt *Verzicht auf Wiedergabe* des Objekts und schränkt damit jedoch das *Prinzip der Vollständigkeit* ein. Dieser Verzicht läßt sich a) aus der geringen Objektbedeutung oder b) infolge Platzmangels auf der Zeichenfläche begründen.

Diese Entscheidungsvorgänge und die daraus folgenden, oft sehr weitreichenden graphischen Wirkungen kennzeichnen die Maßnahmen der Generalisierung, die damit eine zentrale Rolle bei vielen kartographischen Arbeiten spielt.
Die Generalisierung erstreckt sich auf alle Objektmerkmale, die sich kartographisch darstellen lassen. Dies sind nach 4.1.1 die Angaben über den räumlichen Bezug, das substantielle Merkmal und das zeitliche Verhalten. Dementsprechend lassen sich drei *Kategorien der Generalisierung* bilden, die man auch als *geometrische, begriffliche* und *zeitliche Generalisierung* bezeichnen kann. Die geometrische Generalisierung ist in den meisten Fällen eine graphische Generalisierung, doch lassen sich Generalisierungsergebnisse auch numerisch darstellen.
Eine weitere Unterscheidung ergibt sich danach, ob die Generalisierung auf das Objekt selbst oder auf seine Kartendar-

stellung bezogen ist. Im ersten Fall kann man von *Objektgeneralisierung*, im zweiten Falle von *kartographischer Generalisierung im engeren Sinne* sprechen.

1. *Objektgeneralisierung*

Diese Generalisierung *vom Objekt zur Karte* tritt bei der Herstellung von Grundkarten auf, wobei hierzu auch thematische Karten kleinerer Maßstäbe zu rechnen sind, in denen erstmalig eine bestimmte Fachthematik dargestellt werden soll. Ist dabei die Datenerfassung ausschließlich für die Kartenherstellung gedacht — was z. B. bei topographischen Grundkarten fast immer zutrifft —, so bleibt die Generalisierung allein auf den Vorgang der *Erfassung* der Objekte beschränkt. Bei einer nicht allein auf Karten bezogenen fachthematischen Datenerfassung (z. B. Statistik) kann vor der Kartendarstellung eine weitere, meist begriffliche Datengeneralisierung (z. B. Bildung von Typen, Wertstufen) erforderlich sein.

Im Rahmen der Objektgeneralisierung erzeugt das begriffliche Generalisieren Objektklassen, z. B. verschiedene Klassen von Straßen und Wegen. Das geometrische Generalisieren vernachlässigt z. B. kleine Gebäudevorsprünge oder erfaßt kleine Objekte wie Masten und Denkmäler im Hinblick auf die Signaturendarstellung nur nach ihrem Mittelpunkt. Solche Vorgänge lassen sich demnach auch als *topographisches* bzw. *thematisches* Generalisieren bezeichnen. Da die Daten der Erfassung vollständig in der Kartendarstellung erscheinen, ist die *Wiedergabe* in Grundkarten frei von weiteren Generalisierungen.

2. *Kartographische Generalisierung*

Diese Generalisierung von *Karte zu Karte* tritt bei der Herstellung von Folgekarten auf und ist damit — vor allem in der topographischen Kartographie — als der bedeutendere Fall der Generalisierung anzusehen. Durch begriffliches Generalisieren werden Klassen zu größeren Einheiten zusammengefaßt. So wird z. B. die Gruppe der Gebäude gebildet aus den Klassen der Wohn- und der Wirtschaftsgebäude; aus den geologischen Formationen Lias, Dogger und Malm entsteht die undifferenzierte Wiedergabe von Jura. Auch die Bildung von Wertestufen bei der Wiedergabe von Quantitäten läßt sich als begriffliche Generalisierung auffassen. Beim zeitlichen Generalisieren werden Bezugszeitpunkte ungenauer oder Zeitintervalle vergrößert.

Durch das begriffliche und zeitliche Generalisieren, mehr aber noch durch die geometrische Generalisierung ergibt sich die neue Karte als graphische Umgestaltung der Ausgangskarte. Bei der kartographischen Generalisierung im engeren Sinne wird also im Gegensatz zur Objektgeneralisierung gerade die *Wiedergabe* von der Generalisierung betroffen. Die Möglichkeit einer einfachen photomechanischen Verkleinerung oder Vergrößerung der Ausgangskarte ist demgegenüber nur beschränkt anwendbar und stellt fast immer ein Provisorium dar.

Der Begriff der kartographischen Generalisierung wird mitunter auch für den Gesamtkomplex der Generalisierung benutzt, um damit den Bedeutungsinhalt des Wortes „Generalisierung“ gegen andere Inhalte aus fremden Fachgebieten abzugrenzen. Hier erhält der Begriff jedoch eine enge Bedeutung.

4.4.2 Elementare Vorgänge und Methoden der Generalisierung

1. *Analyse der Generalisierungsvorgänge*

Die weiteren Betrachtungen beziehen sich in erster Linie auf den Bereich der kartographischen Generalisierung. Nach den typischen graphischen Wirkungen lassen sich sieben *elementare Vorgänge* beschreiben, die in Abb. 106 näher erläutert sind. So einfach und übersichtlich eine solche Zusammenstellung erscheint, so schwierig kann jedoch das Generalisieren im Einzelfalle sein [64]. Dies ergibt sich aus folgenden Gründen:

a) Die Vorgänge, die im Sprachgebrauch häufig etwas unzutreffend auch als Regeln oder Grundregeln bezeichnet werden, sind noch keine klaren Anwendungsvorschriften. Sie

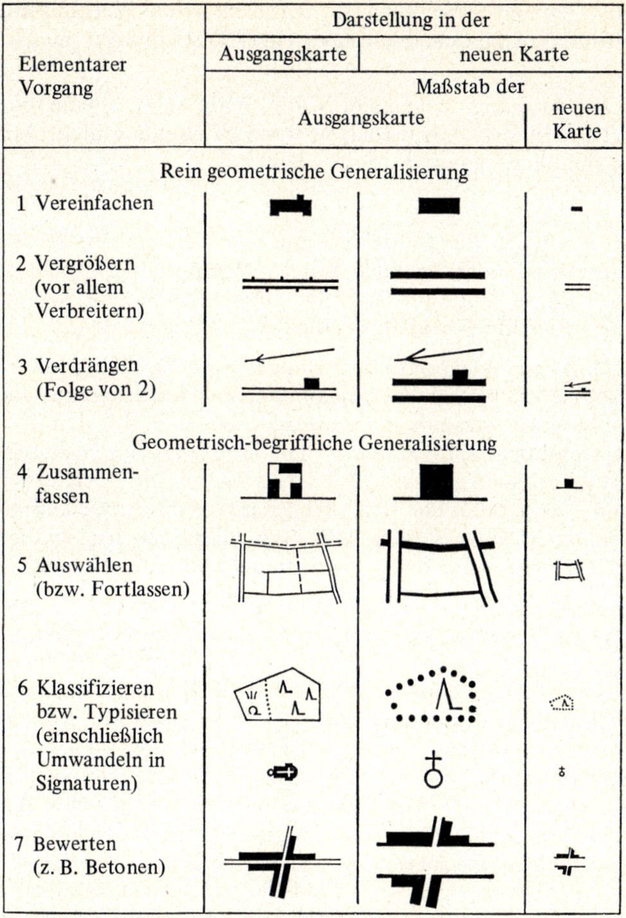

Abb. 106. Elementare Vorgänge der kartographischen Generalisierung

sind vielmehr Einzelschritte, deren sinnvolle Verknüpfung erst mit zusätzlichen methodischen Festlegungen möglich ist.

b) Die Vorgänge sind nicht völlig unabhängig voneinander und lassen sich daher auch in ihren Wirkungen nicht ganz voneinander trennen (z. B. Nr. 2 und 3).

2. *Methoden der Generalisierung*

Die Methoden der Generalisierung beruhen auf der Anwendung mehr oder weniger fester Regeln, nach denen die elementaren Vorgänge auf die Objektdarstellung bezogen und miteinander verknüpft werden:

a) Meist ist eine bestimmte Reihenfolge der Objektklassen einzuhalten, wobei die Objektrelationen zu beachten sind. In topographischen Karten beginnt man z. B. mit dem Netz der Gewässer und Verkehrswege; dann folgt das Siedlungsbild (Einzelheiten dazu in 5.3.1.1), während die Oberflächenformen erst nach der Grundrißgeneralisierung an die Reihe kommen. Dieses Prinzip läßt sich allerdings bei späteren Fortführungen der Karte nicht immer konsequent einhalten.

b) Maßstab und Zweckbestimmung der Karte verschaffen den einzelnen Vorgängen auch unterschiedliches Gewicht und variablen Spielraum. *H. Louis* [175] unterscheidet hierzu zwischen maßgebundenem und freiem Generalisieren. Das *maßgebundene* Generalisieren, das vor allem in größeren Maßstäben auftritt, bedeutet gleichgewichtiges Generalisieren gleichgroßer und gleichwertiger Objektdarstellungen. Es legt Wert auf eindeutige und geometrisch ausreichende Wiedergabe und gibt damit den Vorgängen 1 bis 3 den Vorrang. Das *freie* Generalisieren als verschiedengewichtiges Generalisieren tritt dagegen immer stärker mit kleiner werdendem Maßstab auf, wenn die Richtigkeit einer Darstellung zugunsten der Lesbarkeit soweit einzuschränken ist, daß statt einer *Gruppe* gleichwertiger Objekte nur noch *ein* Objekt wiedergegeben wird. Solche Fälle liegen vor, wenn z. B. eine Häufung von Einzelgebäuden, Flußschleifen oder Straßenkehren durch jeweils eine einzige Darstellung ersetzt wird, die umgekehrt keine eindeutigen Schlüsse mehr auf die örtliche Situation zuläßt. Die Vorgänge 4 bis 7 herrschen vor.

Die Feststellung, daß die in Abschnitt 1 aufgezeigten Generalisierungsvorgänge keine Anwendungsvorschriften, sondern vorwiegend Beschreibungen sind, macht deutlich, daß der Generalisierungsvorgang durch sie nicht frei wird von den subjektiven Auffassungen des Bearbeiters. Auch im Rahmen eines genau vorgegebenen Zeichenschlüssels verbleibt somit ein auf Erfahrung, Können und Intuition des Kartographen beruhender individueller Gestaltungsspielraum. Daher sind die Bemühungen verständlich, ein System allgemeiner Gesetzmäßigkeiten zu entwickeln, durch das die Generalisierungsergebnisse von jeder persönlichen Entscheidung unabhängig werden. Zwar ergibt sich dadurch keineswegs eine im absoluten Sinne *objektive* Generalisierung, denn auch die Gesetzmäßigkeiten beruhen auf veränderbaren Konventionen; es wird sich aber im Ergebnis wenigstens eine *gesetzmäßige*, also homogene, d. h. einheitliche und in sich vergleichbare Generalisierung einstellen. Dies spielt vor allem bei der Herstellung umfangreicher Kartenwerke eine Rolle.

4.4.3 Mathematische Kriterien der Generalisierung

Die Bemühungen um eine gesetzmäßige Generalisierung werden verstärkt durch die angelaufenen Versuche, die elektronische Datenverarbeitung auch im Bereich der kartographischen Generalisierung einzusetzen. Hierbei ergibt sich der Zwang, die Gesetzmäßigkeiten, d. h. die Bedingungen für die Anwendung der elementaren Vorgänge, in mathematische Formen zu kleiden. Diese Aufgabe läßt sich auf zwei Wegen lösen, nämlich durch die Analyse bisher generalisierter Karten oder durch freie Ansätze zur automatischen Generalisierung.

4.4.3.1 *Analyse bisher generalisierter Karten*

Die statistische Auswertung von Generalisierungen führt zu mathematischen Gesetzmäßigkeiten, die man auch als *Ist-Konzept* bezeichnen kann. Einer der ersten Ansätze hierzu ist das von *F. Töpfer* [197] 1961 formulierte *Auswahlgesetz (Wurzelgesetz)*. Danach ist

$$n_F = n_A \cdot \sqrt{\frac{m_A}{m_F}},$$

wobei n_F = Anzahl der Objekte im Folgemaßstab,

n_A = Anzahl der Objekte im Ausgangsmaßstab,

m_A = Maßstabszahl des Ausgangsmaßstabs,

m_F = Maßstabszahl des Folgemaßstabs,

Die Formel gilt vor allem für die Generalisierung topographischer Karten großen und mittleren Maßstabs. Sie läßt sich noch zu einer Reihe erweiterter Auswahlgesetze modifizieren, wenn im Folgemaßstab Objektbedeutung bzw. Zeichenschlüssel wesentlich von den Verhältnissen im Ausgangsmaßstab abweichen. Auch kann man sie auf die geometrische Formvereinfachung ansetzen, wenn man Ecken und Wendepunkte bei linienhaften Objekten (Straßen, Flüsse usw.) und bei den Umringslinien flächenhafter Objekte (Seen, Ortsumrisse usw.) als fiktive Einzelobjekte auffaßt.

E. Srnka [224] erweiterte 1970 das Auswahlgesetz zum Selektionsgesetz für lokale und lineare Objekte. *J. Neumann* [195] untersuchte 1972 die Beziehungen, die sich für bebaute Flächen zwischen Ausgangs- und Folgemaßstab ergeben. *P. Mesenburg* [77] ermittelte 1973 den Grad der Generalisierung an einzelnen Objektgruppen mit Hilfe der Faktorenanalyse.

Das Auswahlgesetz berührt in erster Linie die *quantitative* Seite der Generalisierung (Vorgänge 4 und 5), läßt dabei aber noch weitgehend die Entscheidung offen, *welches* Objekt nun unter gleichwertigen Objekten auszuwählen ist. Auch wären für die Erhaltung typischer Lagebeziehungen im Grundriß (z. B. gegenseitige Stellung zwischen Gebäuden) sowie von Formtypen in der Geländewiedergabe noch andere Kriterien zu finden. Darüber hinaus gehen alle genannten Arbeiten von der stillschweigenden Annahme aus, daß die untersuchten Generalisierungsergebnisse als richtig, d. h. als sachgerecht, anzusehen sind.

4.4.3.2 *Ansätze zur automatischen Generalisierung*

Diese Ansätze gehen von geometrischen Bedingungen aus, die für jede kartographische Darstellung einzuhalten sind. Ein solches, mehr konstruktives Vorgehen läßt sich auch als *Soll-Konzept* bezeichnen. So legen z. B. *W. Beck* [105] 1971 und *J. Neumann* [195] 1972 zahlreichen Generalisierungsvorgängen das Prinzip der konstanten Bilddichte zugrunde. *W. Staufenbiel* [80] orientiert sich 1973 bei der Generalisierung von Wohnplätzen streng am Prinzip des Einhaltens graphischer Mindestgrößen bei Strecken und Flächen. *A. Berger* [61] geht 1974 bei bestimmten Siedlungstypen ähnlich vor, verknüpft damit aber noch Bedingungen in bezug auf Flächentreue, Proportionstreue und Anzahltreue. *H.-J. Gottschalk* [70] verwendet bei der Generalisierung von Höhenlinien Glättungsfunktionen (5.3.2.4 Nr. 4).

4.4.4 Lagemerkmale der kartographischen Darstellung

Die Wirkungen der Generalisierung, insbesondere die notwendige Einschränkung der geometrischen Richtigkeit zugunsten der Lesbarkeit, führen auch zu unterschiedlichen Lagemerkmalen, die sich durch vier Gruppen von Darstellungsweisen beschreiben lassen.

1. Grundrißtreue Darstellung

Diese, auch als *Maßstabstreue* bezeichnete Darstellungsweise herrscht in Karten großen Maßstabs vor. Diskrete flächenhafte und lineare Objekte werden durch ihre Begrenzungslinien, Kontinua durch Isolinien maßstäblich exakt wiedergegeben (Abb. 109). Die Genauigkeit kartometrischer Arbeiten (z. B. Längen- und Flächenmessungen) findet ihre Grenze lediglich in der Genauigkeit des kartometrischen Verfahrens und in der allgemeinen Genauigkeit der zeichnerischen Darstellung.

2. Grundrißähnliche Darstellung

Diese Darstellungsweise ist vorwiegend bei Karten mittlerer Maßstäbe anzutreffen. Lineare Objekte werden verbreitert wiedergegeben, und allgemein ist der Verlauf aller Linien und Flächenkonturen stärker vereinfacht bzw. geglättet (Abb. 111), bei Höhenlinien jedoch unter Beachtung typischer Formen (Abb. 124). Kartometrische Arbeiten sind meist mit ausreichender Genauigkeit möglich, haben jedoch die beschriebenen Wirkungen zu berücksichtigen.

3. Lagetreue Darstellung

Diese auch als *Positionstreue* bezeichnete Darstellungsweise tritt in Karten mittlerer, noch mehr aber in Karten kleinerer Maßstäbe auf. Die Grundrißgestalt des Objektes ist nicht mehr darstellbar; die Mitte einer Signatur kennzeichnet lediglich den Mittelpunkt eines lokalen Objektes, und bei bandförmigen Objekten gibt eine einzige Linie die gedachte Mittellinie an (Abb. 107a). Dementsprechend sind auch kartometrische Arbeiten bereits stärker eingeschränkt.

4. Raumtreue Darstellung

Während die lagetreue Darstellung noch die genaue Position der Objektmitte angibt, zeigt die raumtreue Darstellung nur noch die ungefähre geographische Lage eines Objektes in der Karte an. Dabei treten zwei Fälle auf:

a) Das Objekt ließe sich zwar lagetreu darstellen, die tatsächliche Wiedergabe ist jedoch stark schematisiert, bisweilen in fast skizzenhafter Manier (z. B. bei schematisch dargestellten Verkehrsnetzen, Abb. 107b). Solche Darstellungen,

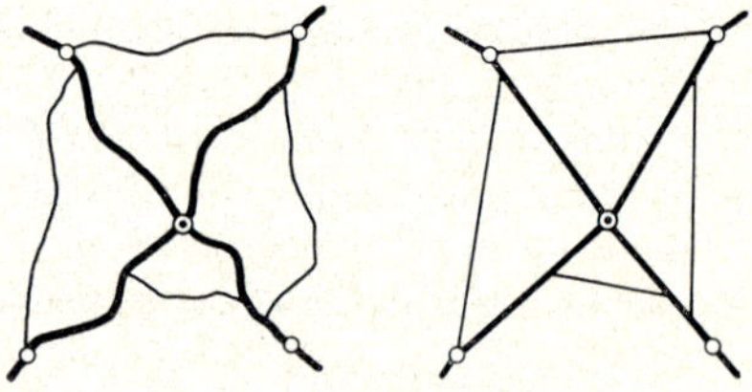

a) b)

Abb. 107. Lage- und raumtreue Darstellungen

a) Orte und Verkehrsnetz lagetreu b) Orte lagetreu, Verkehrsnetz raumtreu

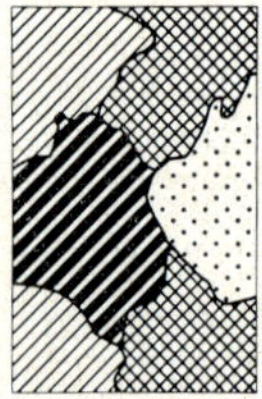

Abb. 108. Flächenkartogramm als raumtreue Darstellung

die auch als *Topogramme* bezeichnet werden, lassen kaum noch exakte kartometrische Arbeiten zu.

b) Das Objekt läßt sich nach seiner Lage überhaupt nicht eindeutig fixieren (z. B. ein statistischer, auf eine Bezugsfläche bezogener Mittelwert wie die Bevölkerungsdichte, vgl. 4.1.3). Darstellungen solcher flächenbezogenen Quantitäten gelten als *Kartogramme* (Abb. 108) bzw. *Kartodiagramme* (Bd. II, 1.3.7). Kartometrische Arbeiten lassen sich hierbei nur auf die Bezugsfläche selbst oder auf Größe bzw. Fläche der nach der Größe variierten Signaturen beziehen.

4.5 Urheberrecht an Karten

Kartographische Gestaltung als gedankliche Entwicklung und teilweise auch Anwendung eines bestimmten Zeichensystems für eine neue Karte ist eine eigenschöpferische Leistung des Autors. Als Ergebnis einer solchen Entwicklung ist jede Karte ein Werk, das als persönliche geistige Schöpfung [222] dieses Autors urheberrechtlichen Schutz genießt.

In der Bundesrepublik Deutschland zählt das *Urheberrechtsgesetz von 1965* unter anderem „Darstellungen wissenschaftlicher oder technischer Art wie Zeichnungen, Pläne, Karten, Skizzen, Tabellen und plastische Darstellungen" ausdrücklich zu den geschützten Werken, wenn sie persönliche geistige Schöpfungen sind. Das Urheberrecht umfaßt neben dem *Veröffentlichungsrecht* das *Verwertungsrecht*, das aus dem Recht der Vervielfältigung, der Verbreitung und der Ausstellung besteht. Bearbeitung und Umgestaltung einer Karte zum Zwecke der Veröffentlichung oder Verwertung sind daher nur mit Einwilligung des Urhebers möglich. Das Verwertungsrecht ist jedoch eingeschränkt bei Sammelwerken für den Unterricht und bei Vervielfältigungen zum persönlichen und eigenen wissenschaftlichen Gebrauch. Auch kann der Autor seine Rechte als *Nutzungsrechte* ganz oder teilweise anderen Personen übertragen.

Handelt es sich beim Kartenautor nicht um einen freischaffend Tätigen, so wird sein persönliches Urheberrecht meist im Rahmen dienst- bzw. arbeitsrechtlicher Vereinbarungen durch seine Beschäf-

tigungsstelle wahrgenommen, d. h. in der amtlichen Kartographie durch den Dienstherrn und in der Privatkartographie durch den Arbeitgeber.
Bei Karten, die ganz oder überwiegend nach strengen Formvorschriften entstehen (z. B. großmaßstäbige Flurkarten und Lagepläne), kann es umstritten sein, ob sie überhaupt schutzwürdige Werke sind. Unabhängig davon besteht bei den amtlichen Karten meist ein allgemeines Vervielfältigungsverbot auf der Grundlage der verschiedenen Vermessungsgesetze.
Fragen des Urheberrechts treten besonders dann auf, wenn eine Karte auf der Grundlage einer anderen Karte entsteht, z. B. der Entwurf einer privaten Wanderkarte auf der Basis einer amtlichen Karte. Werden dabei lediglich Abzeichnungen oder Maßstabsveränderungen, mechanische Vervielfältigungen oder einfache Änderungen in den Farben oder Schriftarten vorgenommen, so liegt keine eigene Leistung vor; es handelt sich vielmehr um rechtsverletzende Plagiate der Vorlage. Dagegen liegen durchaus eigenschöpferische Tätigkeiten vor, wenn der Inhalt der Vorlage durch wesentlich andere graphische Betonung neugestaltet wird, wenn andere Darstellungsmittel zum Zuge kommen (z. B. Schummerung) oder wenn wesentlich neue Eintragungen stattfinden (z. B. Wanderwege mit Kennzeichnungen).

Das Urheberrecht ist in vergleichbarer Weise geregelt in der DDR durch Gesetz von 1965, in Österreich durch das 1953 novellierte Gesetz von 1936 und in der Schweiz durch ein Gesetz von 1922.

Das *Welturheberrechtsabkommen von 1952*, dem bis heute die meisten Staaten beigetreten sind, regelt Einzelheiten des internationalen Urheberschutzes. Das Copyright-Zeichen © mit dem Namen des Urhebers und der Jahresangabe der ersten Veröffentlichung gilt als Hinwies auf ein schutzwürdiges Werk.

5. Topographische Karten

5.1 Begriffe und Aufgaben

Entsprechend der in 1.6 vorgenommenen Zweiteilung aller Karten in topographische und thematische Karten gilt als *topographische Karte* in einem sehr weiten und allgemeinen Sinne jede „Karte, in der Situation, Gewässer, Geländeformen, Bodenbewachsung und eine Reihe sonstiger zur allgemeinen Orientierung notwendiger oder ausgezeichneter Erscheinungen den Hauptgegenstand bilden und durch Kartenbeschriftung eingehend erläutert sind“ [53]. Insbesondere ist damit zunächst noch keine Einschränkung hinsichtlich des Kartenmaßstabs verbunden; diese ergibt sich erst im Zuge der im nächsten Abschnitt vorgenommenen Kartengruppierung. Man bezeichnet die Gesamtheit dieser Karten auch als *allgemein-geographische Karten.*

Will man die *Aufgaben* zusammenstellen, die eine topographische Karte zu erfüllen hat, so gelingt dies am besten, wenn man sich die Anliegen der Benutzer einer solchen Karte vergegenwärtigt. Dabei ergeben sich folgende Gruppen:

1. *Bildung und Information:* Unterricht, Selbstudium, Erläuterung aktueller Geschehnisse;
2. *Geländeorientierung:* Wandern, Sport, militärische Operationen;
3. *Verwaltung und Planung:* a) Flächenhaft: Land- und Forstwirtschaft, Industrie, Wasserwirtschaft, Raumordnung und Städtebau, Landesverteidigung; b) Linienhaft: Verkehrswege, Versorgung, Energiewirtschaft;
4. *Wissenschaftliche Interpretation:* Geowissenschaften, (Geographie, Geologie, Geophysik), Ur-, Siedlungs-, Verkehrs- und Wirtschaftsgeschichte;
5. *Kartographische Grundlage:* Amtliche und private Stellen des Vermessungswesens und der Kartographie: Unterlage für Folgekarten, Quelle und Grundlage für thematische Karten.

Die unterschiedliche Verwendung topographischer Karten führt dazu, daß die Benutzer häufig auch unterschiedliche Anforderungen an Form und Inhalt der Karte stellen. So berechtigt diese Wünsche im einzelnen sind, so schwierig oder gar unmöglich ist es, alle Wünsche in einer Karte zu vereinen. Jede gute topographische Karte ist daher in gewisser Weise auch das Ergebnis eines bestmöglichen Kompromisses zwischen solchen nicht selten divergierenden Forderungen. Letztlich wird der Umfang des Karteninhalts auch durch die Notwendigkeit begrenzt, daß er — besonders bei amtlichen Kartenwerken — auf lange Zeit in wirtschaftlich vertretbarer Weise auf dem laufenden zu halten ist. Dieser *Zwang zur Fortführung* wird angesichts der heute immer rascheren Veränderungen im Landschaftsbild zu einem mehr und mehr dominierenden Faktor (5.6.2.10).

5.2 Gruppierung topographischer Karten

Eine weitere Gliederung nach Maßstabsbereichen läßt sich wie folgt vornehmen:

1. Topographische Karten im engeren Sinne. Es sind Karten, die das Gelände und die mit ihm verbundenen Gegenstände in großen und mittleren Maßstäben mit maßstabsbedingter Vollständigkeit und Genauigkeit darstellen. Die Grenze dieser Karten kann man etwa beim Maßstab 1 : 300000 ziehen. Manche Autoren verwenden den Begriff der topographischen Karte überhaupt nur in dem hier angegebenen Sinne.

Auch über die weitere Einteilung dieser Kartengruppe gibt es zahlreiche, zum Teil unterschiedliche Auffassungen. Vielfach ist die folgende Gruppierung üblich:

a) Topographische Grundkarten oder Plankarten

Es handelt sich um Karten bis etwa zum Maßstab 1 : 10000 einschließlich, die meist echte Grundkarten sind und bei denen eine grundrißtreue Darstellung vorherrscht. Der Inhalt solcher auch als *topometrisch* bezeichneten Karten weist — außer bei Stadtkarten — meist nur 2 oder 3 Farben auf.

b) Topographische Spezialkarten

Der Bereich dieser Karten, die heute schon vielfach Folgekarten, also abgeleitete Karten sind, liegt etwa zwischen den Maßstäben 1 : 20000 und 1 : 75000. Sie sind durch eine noch weitgehend grundrißähnliche Darstellung gekennzeichnet. Die Farbdifferenzierung ist stärker; teilweise treten auch Flächenfarben auf.

c) Topographische Übersichts- oder Generalkarten

Sie beginnen etwa mit dem Maßstab 1 : 100000. Ihr hervorstechendes Merkmal ist der höhere Grad von Generalisierung und die Zunahme der Signaturendarstellung.

2. *Geographische Karten.* Diese auch als *chorographisch* („raumbeschreibend“) bezeichneten kleinmaßstäbigen Karten stellen die landschaftlichen Raumverhältnisse charakteristisch vereinfacht dar. Kennzeichnend für solche Karten in Maßstäben kleiner als etwa 1 : 300000 ist also der maßstabsbedingte Verzicht auf Detailwiedergabe zugunsten einer wohlabgestimmten Darstellung geographischer Zusammenhänge. Zu dieser Gruppe gehören auch die meisten Karten in allgemeinen Atlanten.

Mitunter wird auch in dieser Gruppe noch unterteilt in Generalkarten (bis 1 : 1000000), Regional- und Länderkarten (bis etwa 1 : 10 Mill.), Erdteilkarten und Erdkarten (etwa ab 1 : 20 Mill.).

5.3 Karteninhalt

Der Inhalt topographischer Karten setzt sich aus der Situationsdarstellung, der Geländedarstellung und der Schrift zusammen. Die Anlagen 1 bis 8 geben hierzu typische Beispiele für den jeweiligen Kartenmaßstab; dabei lassen sich in der Folge der Anlagen 1 bis 7 auch die Wirkungen der Generalisierung gut erkennen.

5.3.1 Situationsdarstellung

Unter diesem Begriff versteht man die Lagedarstellung aller topographischen Objekte mit Ausnahme der Geländeoberfläche und ihrer Einzelheiten. Gemeinsames Merkmal aller dieser Objekte ist die Tatsache, daß es sich ausnahmslos um *Diskreta* handelt.

Häufig spricht man auch von *Grundrißdarstellung;* dabei darf man jedoch nicht übersehen, daß im geometrischen Sinne auch die Geländedarstellung teilweise eine Grundrißdarstellung ist (z. B. Höhenlinien).

5.3.1.1 *Siedlungen*

1. Grundrißtreue Darstellung:

Bis einschließlich zum Maßstab 1 : 5000 lassen sich alle wesentlichen Einzelheiten von Gebäuden noch maßstäblich wiedergeben. Bei der anwendbaren Minimaldimension von 0,3 mm (Abb. 98) in der Karte ergibt sich für das kleinste noch darstellbare Objekt ein Ausmaß von etwa $0{,}3 \cdot 5000 = 1500$ mm $= 1{,}5$ m in der Natur. Damit lassen sich wesentliche Vorsprünge, Erker usw. noch darstellen.

Es liegt nahe, die in diesem Maßstab dargestellten Einzelgebäude nach der Art ihrer Nutzung kenntlich zu machen. So unterscheidet die „Deutsche Grundkarte 1 : 5000" (5.6.2.1) Wohn- und Wirtschafts- bzw. Industriegebäude durch verschiedene Schraffuren (siehe Anl. 1), also durch Variation in der Form der Flächensignaturen. Der Schweizer Grundbuch-Übersichtsplan trifft diese Unterscheidung nicht. Eine zunehmende Bedeutung für die kartographische Wiedergabe gewinnt das sog. *Stadtrelief*, d. h. die vertikale Gliederung der Häuser nach Höhe bzw. Geschoßzahl. Erste Ansätze dazu findet man in der Darstellung von Hochhäusern durch Variation in Farbe oder Füllung der Gebäudefläche oder in der Strichbreite der Umringslinie.

Der Maßstab 1 : 10000 gilt gewöhnlich als Grenzmaßstab für grundrißtreue Darstellung, da sich hier nur noch Häuserdetails mit Ausmaßen von mindestens 3 m maßstäblich wiedergeben lassen.

2. Grundrißähnliche Darstellung:
Mit kleiner werdendem Maßstab würden bei maßstabsgetreuer Wiedergabe zuerst Details, später ganze Objekte geringer Ausdehnung die kartographischen Minimaldimensionen unterschreiten. An dieser Stelle setzt nun der Prozeß der *Generalisierung* ein (4.4).

a) Bei Siedlungen in *offener Bauweise*, d. h. bei freistehenden Einzelgebäuden, sind Einzelheiten (z. B. Neubauten, kleine Gebäude, Lichtschächte, Innenhöfe) zu vernachlässigen und dadurch die Formen zu *vereinfachen*, ferner kleinere Objekte *fortzulassen*. Erscheint es jedoch nötig, typische Einzelheiten (z. B. schmale Gebäudeseiten) bzw. auch kleinere Objekte (z. B. Umformerhaus) noch darzustellen, so sind die Dimensionen zu *vergrößern*. Das führt zu *Verdrängungen* in den gegenseitigen Lageverhältnissen, durch die z. B. Abstände zwischen Gebäuden und Verkehrswegen sowie Schrägstellungen zu ihnen unterdrückt werden müssen. Mit kleiner werdendem Maßstab sind schließlich größere *Zusammenfassungen* nicht zu vermeiden oder es fallen (z. B. in regelmäßigen Einzelhaussiedlungen) so viele Gebäude fort, daß die verbleibenden Darstellungen in Form kleiner schematischer Rechtecke oder Quadrate gewissermaßen als *Gebäudesignaturen* gelten können, die jeweils mehrere Häuser repräsentieren.

Die Ausführung einwandfreier Generalisierungen verlangt vom Kartographen Sachkenntnis und Erfahrung. Beim Aufbau eines Ortsbildes sind nach den Erläuterungen zum Musterblatt für die Topographische Karte 1 : 100000 (5.6.2.5) zuerst Kirchen, Kapellen, Brücken u. dgl. möglichst lagerichtig zu zeichnen. Anschließend werden Eisenbahnen, Bahnhöfe, charakteristische Plätze und Hauptdurchgangsstraßen festgehalten. Vom Ortskern ausgehend folgen abschnittsweise die übrigen Straßen, Gewässer, Häuserblöcke und Einzelhäuser. Typische Formen von Straßenkreuzungen und Abzweigungen sind eher zu übertreiben als abzuschwächen. Untergeordnete kurze Straßen- und Wegezüge müssen mitunter vernachlässigt werden. Wichtige Bauwerke werden jeweils zuerst eingetragen. Großer Wert ist auf die Erhaltung des Siedlungscharakters zu legen. Je nach Raumbedarf müssen mitunter die äußere Bebauungsgrenze und die daran anschließende Gartenfläche unter Beachtung des sich ebenfalls ändernden Höhenlinienbildes leicht verdrängt werden.
Wertvolle Hinweise für die Generalisierung lassen sich oft aus der Entstehungs- und Entwicklungsgeschichte der Siedlung erhalten. Bei der Ableitung kleinerer Maßstäbe aus bereits generalisierten Unterlagen empfiehlt es sich, eine grundrißtreue Darstellung oder noch besser ein Luftbild vergleichend zu Rat zu ziehen.
Der Einsatz der Automation in der Generalisierung (EDV-gestützte Generalisierung) setzt voraus, daß alle Gebäudeecken, Straßenknickpunkte usw. in digitalisierter Form, d. h. mit Koordinatenangaben vorliegen. Nach dem Programmablauf von *W. Staufenbiel* [80] werden dann Zug um Zug Gebäudeflächen, -seiten und -abstände berechnet und darauf untersucht, ob sie größer als bestimmte Grenzwerte sind. Ist das für eine Fläche nicht der Fall, so entscheidet eine Bedeutungs-Kennziffer darüber, ob das Gebäude *fortfällt* oder durch *Vergrößern* beibehalten wird. Ist eine Gebäudeseite zu klein, so wird die Gebäudekontur *vereinfacht;* ist der Abstand zum Nachbargebäude oder zur Straße zu klein, so werden die Gebäude *zusammengefaßt* bzw. es wird das Gebäude an die Straße oder von dieser weg *verschoben. Staufenbiel* nimmt an, daß mit geeigneten Geräten und Programmen beim Übergang vom Maßstab 1 : 5000 nach 1 : 25000 etwa 90% der in der Praxis auftretenden Fälle automatisierbar sind. Weitere Hinweise siehe 4.4.3.2.

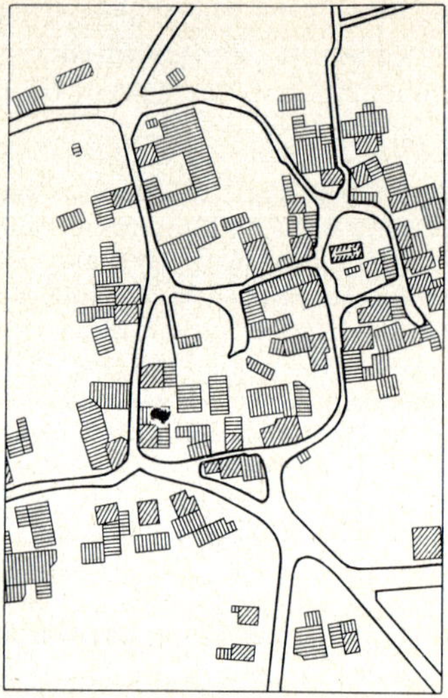

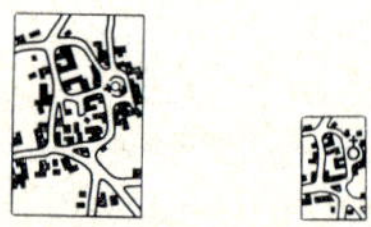

Abb. 109. Offene Bauweise in den Maßstäben 1:5000, 1:25000, 1:50000

Die Abb. 109 zeigt eine Siedlung in dem grundrißtreuen Maßstab 1 : 5000 sowie in den Maßstäben 1 : 25000 und 1:50000, wie sie in der Karte erscheint. Um die Auswirkungen der Generalisierung besser vor Augen zu führen, sind in Abb. 110 die drei Originale auf den gleichen Maßstab 1 : 10000 reduziert.

Abb. 110. Offene Bauweise nach Abb. 109, reduziert auf den einheitlichen Maßstab 1:10000

b) Bei Siedlungen in *geschlossener Bauweise*, d. h. bei eng bebauten Stadtteilen, wurden bisher in Karten 1 : 25000 die Gebäude meist zur sog. *Teilblockdarstellung* durch Flächenschraffur zusammengefaßt. Künftig gibt man aber auch in diesem Bereich der Darstellung der Einzelgrundrisse der Gebäude den Vorzug. Vom Maßstab 1 : 50000 ab werden jedoch die eng bebauten Ortskerne stets durch lückenlos gefüllte Flächendarstellung der Wohnblöcke wiedergegeben. Die in den Blöcken gelegenen Freiflächen werden demnach vernachlässigt, doch wird die damit verbundene höhere Flächendichte der Bebauung teilweise wieder aufgehoben durch die notwendige Verbreiterung der Straßenflächen. Abb. 111 zeigt die Darstellung eines Ortskerns für die Maßstäbe 1 : 25000, 1 : 50000 und 1 : 100000, und zwar im Ausgangsmaßstab 1 : 25000. Solche Darstellungsweisen sind etwa bis zum Maßstab 1 : 200000 möglich.

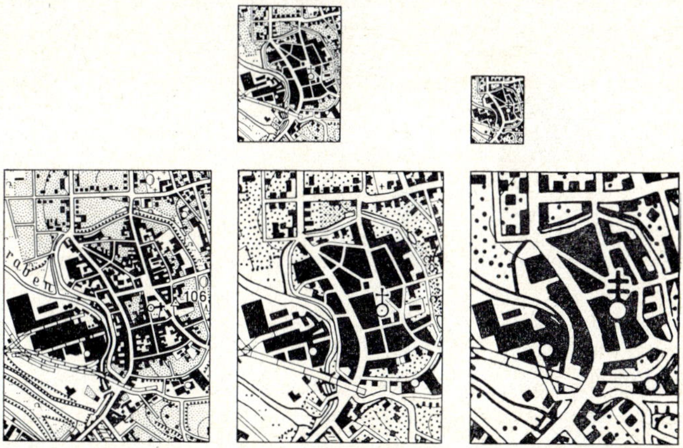

Abb. 111. Geschlossene Bauweise in den Maßstäben 1 : 25000, 1 : 50000, 1 : 100000, zugleich dargestellt im einheitlichen Maßstab 1 : 25000
(Druck mit Genehmigung des Niedersächsischen Landesverwaltungsamtes — Landesvermessung — v. 17. 5. 74 — B5 — 107/74)

c) In Maßstäben 1 : 300000 und kleiner läßt sich auch bei größeren Siedlungen die innere Struktur nicht mehr zum

Ausdruck bringen. Man beschränkt sich daher auf *Gesamtumrisse*, teilweise sogar in vergrößerter Form, die man bis zu Maßstäben von 1 : 5000000 antrifft (siehe Abb. 112a und Anlage 7).

3. Darstellung durch Ortssignaturen:

Etwa vom Maßstab 1 : 300000 ab schrumpfen die Umrißdarstellungen kleinerer Orte so zusammen, daß Form und Größe im einzelnen nicht mehr erkennbar sind. Mit einer sehr diffizilen Darstellungsweise läßt sich zwar bis etwa zum Maßstab 1 : 1000000 die gesamte Siedlungsstruktur und bebaute Fläche eines bestimmten Gebietes noch zum Ausdruck bringen (Abb. 112a), doch geht man in der Praxis dieses Maßstabsbereiches meist zu Ortssignaturen über, die nicht mehr die bebaute Fläche anzeigen, sondern etwa in Ortsmitte als Zeichen für Siedlung stehen (Abb. 112b).

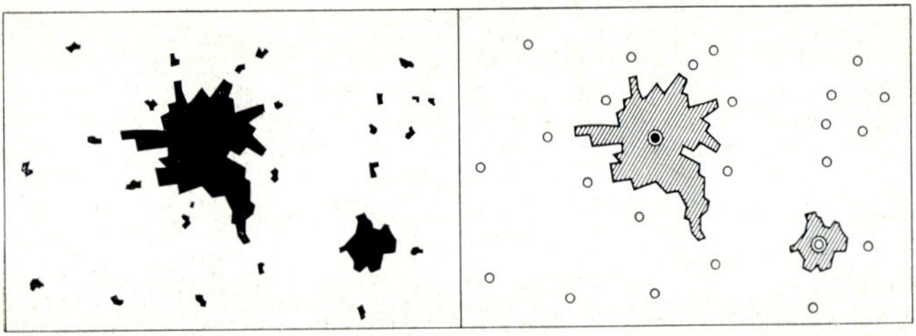

a) b)

Abb. 112. Siedlungsdarstellung durch a) Gesamtumrisse und b) Ortssignaturen

Durch Variation in Größe, Form oder Füllung der Ortssignatur kann man zusätzlich eine *quantitative* Angabe — hier die Einwohnerzahl — in gestufter Weise darstellen. Dazu bedarf es allerdings einer Zeichenerklärung, die den Bereich der Einwohnerzahlen angibt, der durch eine bestimmte Signatur erfaßt wird.

In kleinen Maßstäben kann man die Orte nur noch in einer bestimmten Auswahl bringen. Diese Auswahl kann nach der Einwohnerzahl, aber auch nach verkehrstechnischen, wirtschaftlichen, kulturellen, historischen, politischen und anderen Gesichtspunkten getroffen werden.

4. In Karten zwischen den Maßstäben 1 : 25000 und 1 : 5 Mill. kommen immer mehrere Darstellungsarten zur Anwendung; sie sind in der folgenden Übersicht zusammengestellt:

Darstellung der Wohnplätze												
Darstellungsart		Kartenmaßstab 1:										
		5000 u. größer	10000	25000	50000	100000	200000	300000	500000	1 Mill.	5 Mill.	10 Mill. u. kleiner
1. Grundrißtreu		▒	▒									
2. Grundrißähnlich:	a) Einzeldarstellung			▒	▒	▒	▒					
	b) Teilblockdarstellung			▒	▒	▒	▒	▒	▒			
	c) Gesamtumriß							▒	▒	▒	▒	
3. Ortssignaturen								▒	▒	▒	▒	▒

5.3.1.2 *Verkehrswege*

1. *Grundrißtreue* Darstellungen der Eisenbahnen und Straßen mit den Dämmen und Einschnitten sind in den großen Maßstäben bis 1 : 5000 möglich. Dabei ließen sich Wege unter Ausnutzung des zulässigen kleinsten Linienabstandes von 0,25 mm (Abb. 98) bis herab zu einer Breite von 1,25 m maßstäblich wiedergeben.

Das Musterblatt für die Deutsche Grundkarte 1 : 5000 (5.6.2.1) schreibt vor, daß Wege unter einer Breite von 3 m wie 3 m breite Wege zu behandeln sind. Hier wurde mit Rücksicht darauf, daß nicht Kartographen, sondern Techniker und Zeichner die Karte herstellen, die Minimaldimension überschritten.

2. Die *grundrißähnliche* bzw. *lagetreue* Darstellung in den kleineren Maßstäben benutzt neben der Linie die lineare Signatur, um Art, Bedeutung und Leistungsfähigkeit des Verkehrsweges auszudrücken.
Die Darstellung der *Schienenwege* wird in den deutschen amtlichen Kartenwerken nach Spurweite und Anzahl der Gleise differenziert. Abb. 113 zeigt Beispiele für vollspurige Eisenbahnen. Kleinmaßstäbige Karten bringen lediglich die Hauptverkehrslinien, in Atlanten meist als volle Striche in schwarzer Farbe.

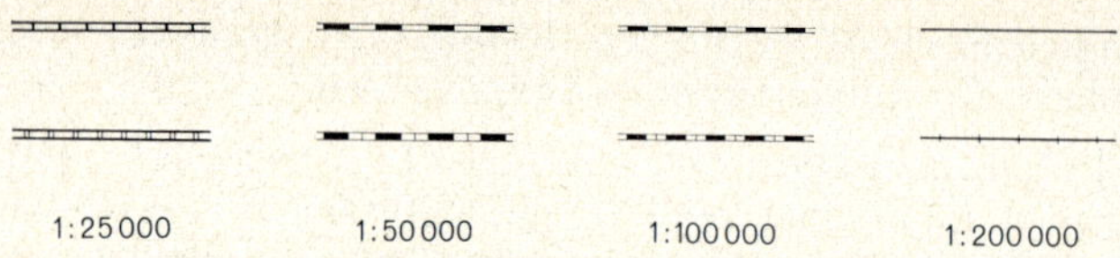

Abb. 113. Darstellung vollspuriger Eisenbahnen in amtlichen topographischen Karten, obere Zeile: eingleisig, untere Zeile: mehrgleisig

Das *Straßen- und Wegenetz* kann man entweder nach der *verwaltungsmäßigen Einteilung* als Ausdruck der *Verkehrsbedeutung* (Bundesfernstraßen, Landes-, Kreis- und Gemeindestraßen sowie sonstige Straßen) oder nach *Ausbauzustand und Leistungsfähigkeit* einteilen. Während z. B. die Deutsche Grundkarte 1 : 5000 beide Gesichtspunkte — durch entsprechende Beschriftung — berücksichtigt, ist für die anderen amtlichen Kartenwerke vorwiegend das zweite Merkmal maßgebend. In Karten kleiner Maßstäbe erscheinen mit Rücksicht auf die Übersichtlichkeit nur die Hauptverkehrsadern; in Atlanten meist als volle Striche in roter Farbe.

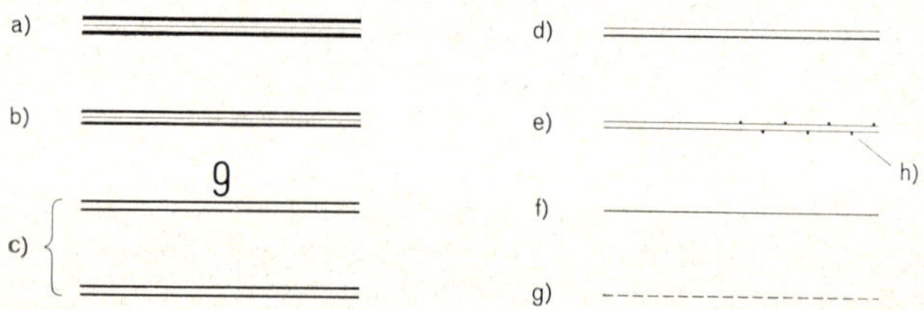

Abb. 114. Darstellung von Straßen und Wegen in der Topographischen Karte 1 : 25000

Das Musterblatt der Topographischen Karte 1 : 25000 in der Fassung von 1969 [303] unterscheidet (siehe Abb. 114):

a) *Autobahnen* ohne Unterscheidung nach der Anzahl der Fahrspuren.

b) *Autostraßen* als nicht zum Bundesautobahnnetz gehörende Kraftfahrstraßen mit mindestens vier Spuren.

c) *Bundesstraßen* (mit Nummer) und *Hauptstraßen (IA)* mit einer Fahrbahnbreite etwa ab 6 m.

d) *Nebenstraßen (IB)* mit einer Fahrbahnbreite etwa ab 4 m.

e) *Befestigte Fahrwege (II)* mit Unterbau und fester Fahrbahndecke sowie mit unterschiedlicher Fahrbahnbreite.

f) *Wirtschaftswege, Feld- und Waldwege (III)* als untergeordnete Verbindungen mit oder ohne befestigter Fahrbahn.

g) *Fuß- und Radfahrwege* werden nur dargestellt, wenn sie Verbindungen zwischen Wohnplätzen und Straßen, Straßenabkürzungen oder Wanderwege sind.

h) *Regelmäßige Baumanpflanzungen* werden als Punkte an den Begrenzungslinien wechselständig dargestellt.

Die Generalisierung der Verkehrswege in der Karte (Abb. 115) drückt sich einerseits durch die zeichnerische Verbreiterung, andererseits durch die Unterdrückung von Krümmungen aus. Die Straßenverbreiterungen betragen bereits im Maßstab 1 : 25000 etwa das Vierfache und erreichen in 1 : 100000 etwa das Fünfzehnfache der natürlichen Breite. Die teilweise Unterdrückung von Krümmungen führt zu Verkürzungen der Längen, ein Umstand, der bei Entfernungsmessungen in Karten zu berücksichtigen ist (siehe Bd. II, 5.2.4).

a) b)

Abb. 115. Straßendarstellung in 1 : 25000 (a), generalisiert für eine Wiedergabe in 1 : 200000 (b)

5.3.1.3 *Gewässer*

Zum *Gewässernetz* zählen alle dauernd oder zeitweise mit Wasser bedeckten Flächen. Schmale Wasserläufe werden mit einer Linie dargestellt; die Wiedergabe durch Doppellinien beginnt für den Maßstab 1 : 5000 bei einer Breite von über 2 m, entsprechend für 1 : 25000 über 3 m und für 1 : 50000 und 1 : 100000 über 5 m. Die Uferlinien von Flüssen, Strömen, Seen und Meeresküsten werden grundrißtreu oder -ähnlich wiedergegeben. In mehrfarbigen Karten erscheinen die Linien in blauer Farbe und die von ihnen eingeschlossenen Wasserflächen im Punktraster dieser Farbe bzw. in einem zweiten, helleren Blau. Wattflächen erhalten meist einen lichteren Punktraster. Richtungspfeile geben die Fließrichtung an. Für die Gewässernamen wird meist eine rückwärtsliegende Schrift angewandt.

Wasserbauten, *Schiffahrtszeichen* und *Fähren* werden durch Striche grundrißähnlich (z. B. Talsperren) bzw. lagetreu (z. B. Buhnen, Furten) oder als lagetreue Signaturen (z. B. Brunnen, Pegel, Kran) meist in schwarzer Farbe wiedergegeben.

Die Generalisierung der Gewässer drückt sich aus in einer Verbreiterung und in besonderem Maße in einem Fortfall der nicht mehr darstellbaren Bögen und Schleifen bei Flußläufen bzw. Buchten und Vorsprünge bei Küstenlinien. Eine solche Vereinfachung der Linienführung bewirkt eine Verkürzung der Längen, die noch erheblich größer sein kann als bei Straßen und Wegen (siehe Bd. II, 5.2.4). Beim Fortfall ganzer Wasserläufe ist darauf zu achten, daß das generalisierte Gewässernetz eine Dichte aufweist, die charakteristisch ist für die geomorphologischen und hydrogeologischen Verhältnisse des Gebietes.

5.3.1.4 *Bodenbedeckungen*

Die Objekte (Wald, Grünland, Garten, Ödland, Weingärten, Moor, Heide usw.) werden durch Linien oder lineare Signaturen (z. B. Punktreihen) abgegrenzt, soweit dies exakt möglich ist. Für die Angabe der Qualität benutzt man bis etwa zum Maßstab 1 : 100000 flächenhafte Signaturen (Abb. 116), teilweise auch schon mit Flächenfarben kombiniert. Diese Kombination gestattet es, die Bodenbedeckung auch dann erkennbar zu machen, wenn in einfarbigen Ausgaben (für Planungszwecke usw.) auf die Flächenfarbe (z. B. Waldgrün) verzichtet werden muß.

In kleineren Maßstäben treten die Flächensignaturen immer mehr zugunsten der Flächenfarben zurück. Gleichzeitig wird jedoch der Umfang der Darstellung mehr und mehr redu-

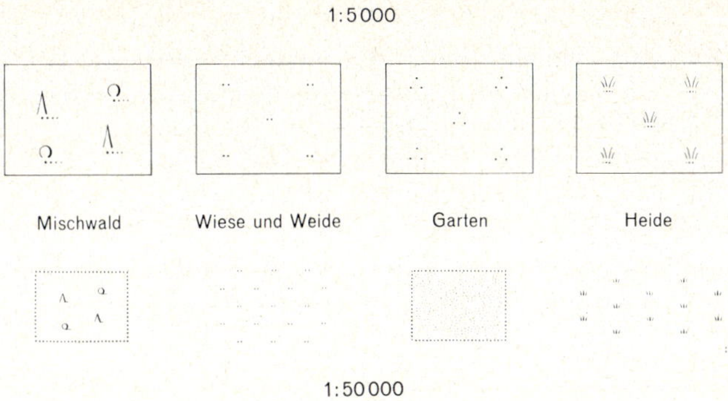

Abb. 116. Beispiele für die Darstellung von Bodenbedeckungen in den Maßstäben 1 : 5000 und 1 : 50000

ziert; vom Maßstab 1 : 500000 ab erscheint meist nur noch der Wald. In Karten kleiner als 1 : 1 Mill. findet eine Wiedergabe von Bodenbedeckungen fast kaum noch statt, da die Flächenfarben den farbigen Höhenschichten (5.3.2.7) vorbehalten sind und für Signaturen kaum noch Platz ist.

In neuerer Zeit verstärkt sich jedoch die Tendenz, die Bodenbedekkung bzw. -nutzung auch in Karten kleinerer Maßstäbe noch differenzierter zum Ausdruck zu bringen und hierfür die Farbvariation zu Lasten der farbigen Geländedarstellung stärker in Anspruch zu nehmen. Einen wesentlichen Beitrag hierzu hat vor allem *Ch. Herrmann* [72] 1972 mit seiner „Studie zu einer naturähnlichen topographischen Karte 1 : 500000" durch Kombination von Schräglichtschattierung mit Oberflächenbedeckungsfarben geliefert, wobei als sog. Systemelemente die Klimaregion, die Landnutzung, die rezente natürliche Vegetation und die bodenartige bzw. bodenfreie Oberfläche gelten.

5.3.1.5 *Einzelzeichen*

Unter diesem Sammelbegriff faßt man alle übrigen lokalen oder linienhaften Objekte zusammen. Als Gestaltungsmittel kommt dafür fast ausschließlich die Signatur (4.3.4) in Betracht, die in der Zeichenerklärung erläutert wird.

Abb. 117 enthält Darstellungsbeispiele, und zwar

a) für *lokale* Objekte wie 1) Denkmal, 2) Forstamt, 3) hervorragender Baum, 4) Hünengrab, 5) zweitürmige Kirche, 6) Rundfunk- bzw. Fernsehsender, 7) Tankstelle, 8) Trigonometrischer Bodenpunkt, 9) Aussichtsturm, 10) Zeltplatz;

b) für *lineare* Objekte wie 11) Damm, Deich, 12) Einfriedigung (Mauer oder Zaun), 13) Hochspannungsleitung, 14) kleiner Wall ohne Hecke, 15) trockener Graben.

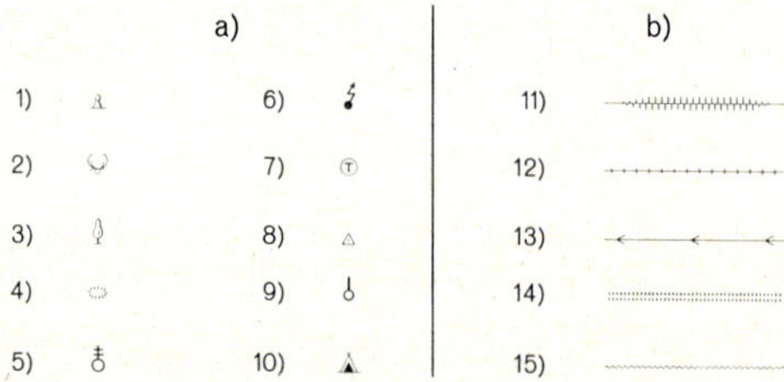

Abb. 117. Beispiele für Einzelzeichen in der Topographischen Karte 1 : 50000

Im weiteren Sinne kann man zu dieser Gruppe auch die politischen Grenzen sowie die Grenzen von Grundstücken, Forstabteilungen, Naturschutzgebieten, Überschwemmungsgebieten usw. rechnen. In Karten kleiner Maßstäbe werden Staatsgrenzen häufig durch Farbsäume im Vollton oder durch Schraffur hervorgehoben.

Mit kleiner werdendem Maßstab findet ein fortwährendes Umsetzen in der Darstellung statt: Auf der einen Seite gehen grundrißtreue bzw. -ähnliche Darstellungen immer mehr in Signaturen über (z. B. Kirchen, Flughäfen), während auf der anderen Seite die Signaturen für kleinere Objekte (Denkmäler, Schornsteine) mehr und mehr fortfallen.

5.3.1.6 *Genauigkeit und Prüfung der Situationsdarstellung*

Die größtmögliche Lagegenauigkeit ergibt sich bei einem Betrag der Zeichengenauigkeit von $\pm$ 0,15 mm in der Karte zu

$m_L = \pm\, 0{,}15 \cdot m_k/1000$ [m], wenn m_k die Maßstabszahl ist. Danach erhält man für den Maßstab 1 : 5000 $m_L = \pm\, 0{,}8$ m, für 1 : 25000 $m_L = \pm\, 3{,}8$ m und für 1 : 100000 $m_L = \pm\, 15$ m. Die tatsächlichen Lagefehler sind jedoch oft das Mehrfache dieser Werte und zwar mit kleiner werdendem Maßstab vor allem infolge der Wirkungen der Generalisierung (besonders der Verbreiterung und Verdrängung), bei mehrfarbigen Karten auch durch die Passerungenauigkeit zwischen den Druckergebnissen der einzelnen Farben.

Für die Deutsche Grundkarte 1 : 5000 (5.6.2.1) besteht die Vorschrift, daß der mittlere Lagefehler für eindeutig nach der Karte identifizierbare Punkte den Betrag $m_L = \pm\, 3$m nicht überschreiten soll. Für die amtlichen Kartenwerke kleinerer Maßstäbe gibt es keine entsprechenden Forderungen.

Die Prüfung der Lagegenauigkeit kann sich auf die absolute und die relative Lage von Punkten und Linien beziehen. Die *absolute*, d. h. koordinatenrichtige Lage prüft man durch Vermessungen übergeordneter Genauigkeit oder durch exakte Karten größeren Maßstabs. Bei der Prüfung älterer Karten überträgt man oft das Koordinatennetz an Hand identifizierbarer Punkte und erhält damit ein sog. *Verzerrungsgitter*, dessen Abweichungen von der Sollfigur Ausdruck für die Absolutgenauigkeit, aber auch für die Relativgenauigkeit von Teilbereichen ist. Die *relative* Lage, d. h. die Nachbarschaftsbeziehung läßt sich oft bereits durch den Augenschein oder durch wenige Maße prüfen. Sie umfaßt — vor allem bei großmaßstäbigen Karten — die Angaben für Wege- und Gewässerbreiten, Gebäudemaße und -abstände sowie das Einhalten von Schnitten (z. B. Hochspannungsleitungen mit Grenzen), Parallelitäten und Rechtwinkligkeiten.

5.3.2 Geländedarstellung

5.3.2.1 *Aufgaben und Probleme*

Die Aufgabe der Geländedarstellung besteht darin, mit graphischen Mitteln die *räumlichen* Bodenformen in der *Kartenebene* so wiederzugeben, daß die Darstellung 1. *geometrisch einwandfrei* ist und 2. eine unmittelbare und möglichst zutreffende *Vorstellung* von der Geländeoberfläche vermittelt.

Für die Wahl der Gestaltungsmittel ist zu beachten, daß es sich bei dem Objekt um ein *Kontinuum* handelt, das aber vereinzelt auch Unstetigkeitsstellen (Fels, Böschungskanten u. ä.) aufweist.

Bei Karten *großer Maßstäbe* steht die erste Bedingung im Vordergrund: Eine geometrisch einwandfreie Darstellung soll gewährleisten, daß man die Höhen von Kartenpunkten sowie Geländeneigungen, Fallrichtungen und Profile bestimmen und Erdmassen berechnen kann. Diese vor allem vom Ingenieurbau erhobenen Forderungen lassen sich durch die Höhenliniendarstellung (5.3.2.4) weitgehend erfüllen. Dagegen ist eine unmittelbare Vorstellung von der Geländeoberfläche — abgesehen von Kleinformen — nur bedingt zu erzielen.

In Karten *mittlerer Maßstäbe* ergibt sich die beste Synthese beider Bedingungen: Hier kommt noch die geometrische Wiedergabe zu ihrem Recht, von gewissen, durch die Generalisierung bedingten Einschränkungen abgesehen; andererseits ist es mit Hilfe weiterer Gestaltungsmittel möglich, eine anschauliche oder gar plastische Geländewiedergabe zu erzielen — geeignetes Gelände vorausgesetzt.

In Karten *kleiner Maßstäbe* ist eine geometrisch einwandfreie Wiedergabe weder möglich noch besonders nötig. Da auf der anderen Seite eine Karte stets einen relativ großen Geländeabschnitt erfaßt, wird die subjektive Vorstellung noch dadurch gefördert, daß die Formen in ihren großen Zusammenhängen erkennbar werden.

Auch die Situationsdarstellung kann in bestimmtem Umfang Hinweise auf das Geländerelief geben: Der Verlauf der Gewässer markiert die jeweils tiefsten Stellen. Wege und Wirtschaftsgrenzen haben sich der Geländeform anzupassen; daher sind gewundene Linienführungen ein Indiz für steile Hänge oder Mulden, während gekrümmte Grenzen oft eine stärkere Hangwölbung anzeigen.

Auf ihrem langen Entwicklungsweg hat die Geländedarstellung einige sich deutlich abzeichnende Stufen durchlaufen, die sich allerdings zeitlich stark überlagern [166].

5.3.2.2 *Seiten- und Schrägansichten*

Auf den aus dem Altertum überlieferten Karten sind die Berge durch einfache, neben- oder übereinander angeordnete Bogenformen, durch primitive Bergprofile (siehe Bd. II, 6.), durch glatte oder kammartige Streifen, durch wellen-, zacken- oder sägeförmige Linien usw. angedeutet.

Die Mönchskarten des Mittelalters bringen die Gebirge — rein symbolisch — durch formenreiche Bänder, die in den meisten Fällen mit ornamentalen, biblischen und mystischen Einzeichnungen versehen sind.

Abb. 118. Maulwurfshügelmanier

Abb. 119.
Apians „Große Karte von Bayern"

Alle diese Darstellungen sind jedoch nicht viel mehr als signaturenhafte Gebilde, die lediglich die Lage einer Bodenerhebung anzeigen. Eine solche *schematische* Wiedergabe, die noch keine Geländedarstellung im eigentlichen Sinne ist, bezeichnet man auch als *Haufenzeichnung* oder *Maulwurfshügelmanier* (Abb. 118). Etwa ab 1500 versuchte man aber, die Einzelform der Berge durch eine mehr *individuelle* Gestaltung wiederzugeben.

Einen ersten Höhepunkt dieser naturähnlichen Gestaltung erreicht *Ph. Apian* auf der „Großen Karte von Bayern", im ungefähren Maßstab 1 : 140000 aufgeführt und 1568 erschienen (Abb. 119). Ihm gelang es, durch Formlinien und Schattenzeichnung ein recht anschauliches Bild des Landes zu vermitteln. Seine Karte blieb bis ins 19. Jahrhundert Vorbild für die Ausführung von Geländezeichnungen.

Solchen *Seitenansichten* haftet aber der Nachteil an, daß sie in bergigen Gebieten große Teile des Grundrisses verdecken oder verdrängen. Daher kam man bald auf den Gedanken, eine Darstellung zu wählen, die einer Betrachtung von einem höheren Standpunkt entsprach. Derartige *Schrägansichten*, die oft auch aus militärischen Gründen gefertigt wurden, erhielten die Bezeichnung *Kavalier-, Militär- oder Halbperspektive*. Indem man den Standpunkt noch höher rückte, gelangte man schließlich zur *Vogelperspektive*.
Solche Darstellungen, die uns in vielen Karten erhalten sind, wirken zwar sehr anschaulich, sind aber im Gegensatz zu heutigen raumbildlichen Darstellungen (siehe Bd. II, 3.1) gewöhnlich nicht das Ergebnis einer geometrisch exakten perspektiven Konstruktion.

5.3.2.3 *Schraffen*

Als man in der Geländedarstellung aus der Vogelperspektive zur orthogonalen Projektion überging, behielt man zunächst die bei den Seiten- und Schrägansichten übliche Strichzeichnung bei. So entstanden etwa mit Beginn des 18. Jahrhunderts Schraffenkarten, in denen die *Schraffe* — auch *Bergschraffe*, *Bergstrich* — die Funktion einer Formlinie hatte, die in Richtung des stärksten Gefälles verlief. Eine quantitative Aussage (z. B. über die Geländeneigung) war mit dieser Darstellung noch nicht verbunden.

1. Böschungsschraffen:

Das Verdienst, die Schraffendarstellung auf eine mathematische Grundlage gestellt zu haben, gebührt dem sächsischen Major *J. G. Lehmann*. Die von ihm 1799 begründete Darstellung war hauptsächlich für militärische Zwecke gedacht; sie fand in den Karten des 19. Jahrhunderts größte Verbreitung. Mit Hilfe dieser *Böschungsschraffen* war es möglich, aus den Karten eine quantitative Angabe — nämlich die Geländeneigung — zu entnehmen. Aus der einfachen Formlinie war damit eine lineare gestufte Signatur geworden.

Lehmann ging zunächst von der Annahme einer senkrechten Parallelbeleuchtung auf die Geländefläche aus. Dabei verhalten sich die Beleuchtungsstärken auf geneigten Flächen wie die cos ihrer Neigungswinkel. Da die Schraffe ein rechteckiger Strich ist, kann man diese Beleuchtungsstärke nun graphisch durch das Schwarzweiß-Verhältnis zwischen Schraffenbreite und Zwischenraumbreite zum Ausdruck bringen. Um hierfür einfache Zahlenverhältnisse zu gewinnen, nahm Lehmann folgende Vereinfachungen vor: 1. Geländeneigungen über 45° sind militärisch uninteressant; solche Flächen gelten daher als unbeleuchtet, d. h. schwarz. 2. Im Bereich zwischen 0° und 45° wird ein linearer Lichtabfall, also nicht nach dem cos-Gesetz, angenommen. Für das Verhältnis von Schraffenbreite s (schwarz) und Zwischenraum w (weiß) ergibt sich dabei mit der Geländeneigung α (in Altgrad) die einfache Beziehung

$$s : w = \alpha : (45° - \alpha).$$

Für die Geländeneigungen stellt Lehmann Stufen von 5° zu 5° auf und erhält die folgenden Verhältniszahlen (Abb. 120a):

Gel.-Neig. α	0°	5°	10°	15°	20°	25°	30°	35°	40°	45°
$s : w$	0:9	1:8	2:7	3:6	4:5	5:4	6:3	7:2	8:1	9:0

Die absoluten Beträge für s und w wurden so gewählt, daß beim Betrachten der Karte aus größerer Entfernung ein der Geländeneigung entsprechender Grauton entsteht, während aus der Nähe die Schätzung des Verhältnisses $s : w$ möglich ist.

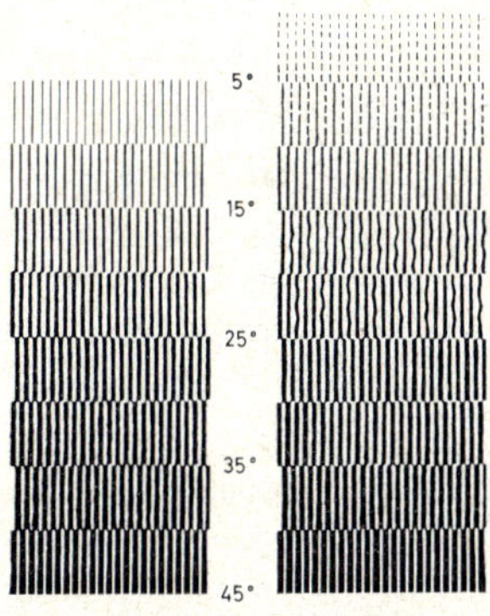

Abb. 120. Böschungsschraffen
a) nach Lehmann, b) nach Müffling
Aus Platzgründen ist hier für alle Neigungen gleiche Schraffenlänge angesetzt

Da die Stufenreihe bis 45° für die Darstellung des Gebirges nicht ausreicht, wurde sie später erweitert, z. B. in Bayern auf 60°, in Österreich auf 80°.

Insgesamt ergeben sich folgende Regeln für die Konstruktion der Böschungsschraffen:

1. Die Schraffen werden in horizontalen Reihen angeordnet (dazu ist eine Schätzung genäherter Höhenlinien erforderlich).
2. Die Schraffen sind Fallinien.
3. Ihre Länge ist von der Geländeneigung abhängig.
4. „Je steiler, desto dunkler".

Eine genauere Feststellung der Geländeneigung aus einer Lehmannschen Schraffendarstellung ist auch bei großer Übung nicht möglich. Der preußische General *v. Müffling* suchte deshalb 1821 eine leichter unterscheidbare Reihe dadurch zu gewinnen, daß er den Schraffen neben den verschiedenen Stärken auch unterschiedliche Formen gab (gerade volle Striche, gerade gerissene Striche und volle geschlängelte Striche) (Abb. 120b). Die geschlängelten Schraffen liefern kein schönes Bild und wurden praktisch kaum verwendet.

Eine Geländedarstellung in Schraffen finden wir heute noch z. B. in der „Karte des Deutschen Reiches 1 : 100000", siehe (5.6.2.4) und Anl. 4.

2. Schattenschraffen:

Während die Böschungsschraffen von einer senkrechten Beleuchtung ausgehen, wird hier eine *Schrägbeleuchtung* — meist von links oben — zugrunde gelegt. Dabei ergibt sich für die Lichthänge eine dünnere, für die Schattenhänge eine kräftigere Skala der Schraffenmanier.

Im übrigen lassen sich die bei den Böschungsschraffen aufgestellten Regeln 1 bis 3 auch hier anwenden. Mit solchen Schraffen wird eine gewisse Plastik erzielt, die besonders bei Gebirgsdarstellungen deutlich in Erscheinung tritt.

Das klassische Beispiel einer vollendeten Geländedarstellung mittels Schattenschraffen ist die in den Jahren 1844 bis 1864 erschienene *Dufourkarte*, das frühere amtliche Kartenwerk der Schweiz im Maßstab 1 : 100000 (Abb. 121).

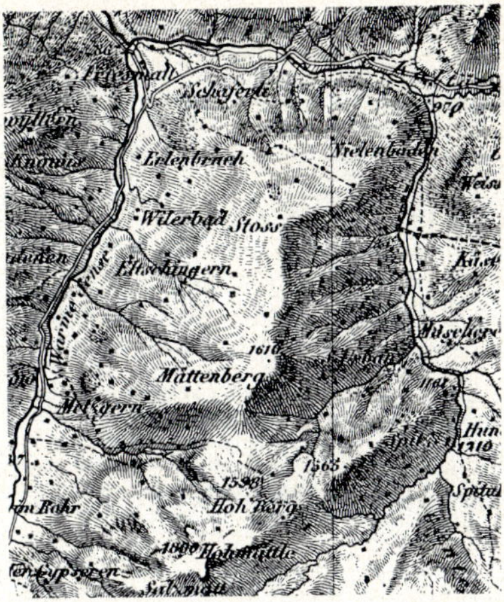

Abb. 121.
Schattenschraffen — Dufourkarte

3. Vereinfachte Gebirgsschraffen:

Solche auch als allgemeine Geländeschraffen bezeichneten Darstellungen findet man in Karten kleiner Maßstäbe, wo die Schraffen aus Platzmangel und wegen des Zwanges zu stärkerem Generalisieren nicht mehr streng nach den in 1) und 2) genannten Regeln konstruiert werden können. Die notwendigen Vereinfachungen und Zusammenfassungen dürfen dabei jedoch nicht zu groben morphologischen Verfälschungen führen. Hier wird die Schraffe zum subjektiven

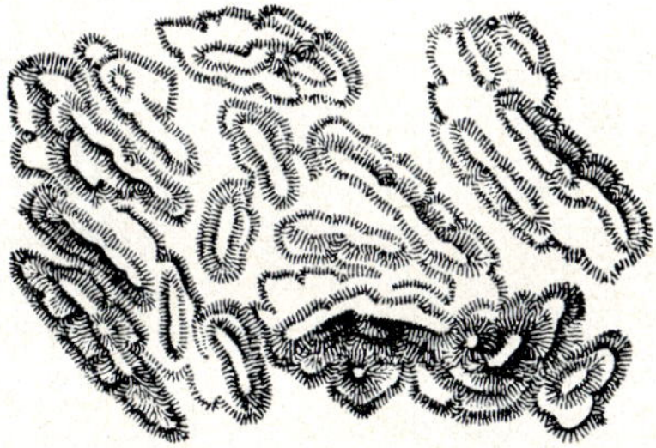

Abb. 122.
Vereinfachte Gebirgsschraffen

Gestaltungselement des Kartographen. Man findet solche Darstellungen noch in den meisten älteren Atlanten (Abb. 122).

4. Profilschraffen:

Sie entstehen bei der Herstellung von Orthophotos (2.6.4.2), wenn das notwendige Abfahren der Modellprofile am photogrammetrischen Auswertegerät durch eine Zusatzeinrichtung photographisch fixiert wird. Da sie lediglich Hilfsmittel für den Entwurf von Höhenlinien sind, spielen sie als kartographische Gestaltungsmittel keine Rolle.

5. Kritik der Schraffendarstellung:

Geht man von den beiden in (5.3.2.1) genannten Bedingungen der Geländedarstellung aus, so ergibt sich folgendes: In geometrischer Hinsicht genügt die Schraffe den heutigen Anforderungen nicht mehr, da man aus Böschungsschraffen allenfalls die Geländeneigung, aus keiner Schraffenart aber die absolute Höhenlage eines Punktes ableiten kann. Die Forderung nach Vermittlung einer subjektiven Vorstellung der Formen erfüllt sie dagegen recht gut. Sie wirkt anschaulich und erzeugt als Schattenschraffe sogar eine plastische Wirkung. Ein weiterer Nachteil ist die hohe Belastung der Kartenfläche bei der Wiedergabe von Gebirgen, die die Lesbarkeit der Situationsdarstellung und der Schrift sehr beeinträchtigen kann. Ein gewisser Ausweg ist hier der Übergang von der gewöhnlich schwarzen Darstellung zu einer solchen in grauen oder braunen Tönen. Im ganzen sind aber die Mängel so erheblich, daß die Schraffendarstellung heute als veraltet gilt und kaum noch angewandt wird.

5.3.2.4 *Höhenlinien und Höhenpunkte*

1. *Begriffliches.* In allgemeinster Form bezeichnet man Linien, die durch den Schnitt von Niveauflächen mit der Geländeoberfläche entstehen, als *Niveaulinien* oder *Horizontallinien.* Wird nun eine bestimmte Niveaufläche als Bezugsfläche (z. B. Normal-Null) angehalten, so gelten die Niveaulinien *oberhalb* dieser Bezugsfläche als *Höhenlinien (Höhenkurven, Höhenschichtlinien, Isohypsen)*, die *unterhalb* gelegenen Ni-

veaulinien als *Tiefenlinien (Isobathen)*. Dementsprechend läßt sich die Höhenlinie auch als Verbindungslinie benachbarter Geländepunkte gleicher Höhe über einer Bezugsfläche definieren. Ihre Orthogonalprojektion in die Kartenebene ergibt die Höhenliniendarstellung oder das *Höhenlinienbild*.

Höhenlinien sind demnach gedachte Linien, die nur im Falle von Uferlinien stehender Gewässer und bei Reisterrassen eine reale Entsprechung besitzen. Sie entstehen aus topographischen Vermessungen (2.6) durch Interpolation zwischen gemessenen Punkten oder durch unmittelbares Abfahren bei der Luftbildauswertung. Die Darstellung von Niveaulinien setzt daher geeignete Meßverfahren und -geräte sowie eine Bezugsfläche voraus. Letzteres ist am leichtesten zu verwirklichen bei der Tiefenmessung von Gewässern durch Lotungen gegen die Wasseroberfläche; es ist daher verständlich, daß Niveaulinien zunächst in Tiefenkarten erschienen. Die erste Isobathenkarte wird dem Feldmesser *P. Bruinns* zugeschrieben (7-Fuß-Tiefenlinie des Spaarneflusses in Haarlem 1584); 1697 schuf *P. Ancelin* eine Karte der Maas (siehe Bd. II, 6.). 1791 brachte der Franzose *Dupain-Triel* die „Carte de la France" als vermutlich erste Höhenlinienkarte heraus, aber erst um die Mitte des 19. Jahrhunderts war einerseits die Forderung nach geometrisch einwandfreier Geländedarstellung unüberhörbar und andererseits die Vermessungstechnik in der Lage, diese Forderung zu erfüllen. Damit war der Weg frei für den Eingang der Höhenlinien in die topographischen Karten.

2. *Äquidistante Höhenlinien*. Der Höhenunterschied zwischen benachbarten Höhenlinien wird als *Höhenstufe (Schichthöhe, Höhenlinienintervall)* bezeichnet. Ist diese für ein Höhenliniensystem konstant, so spricht man von *Äquidistanz*. Der Betrag der Äquidistanz hängt ab vom Kartenmaßstab, von der Geländeneigung, vom Formenschatz und von der Genauigkeit der Höhenmessung.

Imhof [17] findet für die sog. *ideelle Äquidistanz* — in Metern —

$$A = n \cdot \lg n \cdot \tan \alpha_{\max} \quad \text{mit} \quad n = \sqrt{\frac{m_k}{100} + 1}\,.$$

Darin ist m_K der Maßstabsfaktor und $\alpha_{\max}$ die maximale Geländeneigung. Für die gebräuchlichsten großen und mittleren Kartenmaßstäbe ergeben sich daraus die auf benachbarte volle Meter abgerundeten Werte der folgenden Tabelle für

a) Gebirge ($\alpha_{max} = 45°$), b) Hügel- und Bergland ($\alpha_{max} = 25°$),

c) Flachland ($\alpha_{max} = 10°$):

m_k	2000	5000	10000	25000	50000	100000	200000
a	2	5	10	20	30	50	100
b	1	2	5	10	15	25	50
c	0,5	1	2	2,5	5	10	10

Man nennt die durch die Äquidistanz festgelegten Höhenlinien auch *Haupthöhenlinien* und zeichnet sie gewöhnlich als durchgehende Linien. In bestimmten Abständen (z. B. jede 10. Linie) werden die Haupthöhenlinien zur besseren Gliederung des Höhenlinienbildes in größerer Strichbreite dargestellt. Bezifferte Haupthöhenlinien bezeichnet man als *Zähllinien.* Da für größere Gebiete die maximale Geländeneigung je Kartenblatt meist sehr verschieden ist, ist es kaum möglich, für ein geschlossenes Kartenwerk eine einheitliche Äquidistanz beizubehalten. Die Musterblätter der deutschen amtlichen Kartenwerke berücksichtigen diesen Umstand, indem sie, je nach Landschaftscharakter, verschiedene Äquidistanzen festlegen.

Auch innerhalb eines Kartenblattes können die Geländeneigungen stark differieren. Hier kann man sich helfen, indem man nach Bedarf an flachen Stellen *Hilfshöhenlinien (Zwischenhöhenlinien)*, meist in halber Äquidistanz, in Form linearer Signaturen (gerissen, punktiert usw.) einschaltet (Abb. 124). Man kann aber für flachere Gebietsteile auch allgemein eine kleinere Äquidistanz wählen und erhält dann im Kartenfeld sog. *schwingende* oder *kombinierte Äquidistanzen.* Obwohl solche Lösungen die morphologische Aussagekraft zweifellos erhöhen, sollte man sie doch auf zwingende Fälle beschränken, da sie andererseits die Vorstellung vom Gelände erschweren. Mitunter hilft in solchen Fällen auch der Gebrauch von Formzeichen (5.3.2.6).

Die *kleinstmögliche* Äquidistanz ergibt sich aus der Überlegung, daß bei einer vorgegebenen Strichbreite nur eine Anzahl von k Linien in einem Millimeterintervall auf der Karte nebeneinander liegen kann. Dann ist

$$A = \frac{m_k \cdot \tan \alpha_{max}}{1000 \cdot k} \text{ [m]}.$$

3. *Probleme der Höhenliniendarstellung.* Trotz vieler Vorzüge sind die Höhenlinien auch mit Nachteilen behaftet. Dazu gehören vor allem der unsichere Verlauf der Linien im Flach-

land, ferner die Tatsache, daß durch die Höhenlinien jeweils nur ein sehr schmales Geländeband exakt wiedergegeben wird, während für den Zwischenraum nur die hypothetische Annahme eines gleichmäßigen Gefälles gilt, ferner noch die unzureichende Formwirkung, die nur bei genügend enger Scharung (formverwandter Verlauf) benachbarter Linien wahrnehmbar wird.

Der letztgenannte Mangel führt dazu, daß eine räumliche Vorstellung gewöhnlich erst auf dem Wege eines intensiven geistigen Prozesses gewonnen werden kann. Die Abb. 123 stellt ein Stereopaar einer Höhenliniendarstellung $M = 1:200000$ dar. Man versuche zuerst, aus *einem* Bild der Abbildung eine Vorstellung von den Formen zu gewinnen und überprüfe sie durch den bei stereoskopischer Betrachtung gewonnenen Eindruck. Steht kein Taschenstereoskop zur Verfügung, so wird ein senkrecht zwischen die Augen gehaltenes Papierblatt das Zustandekommen des stereoskopischen Effekts erleichtern.

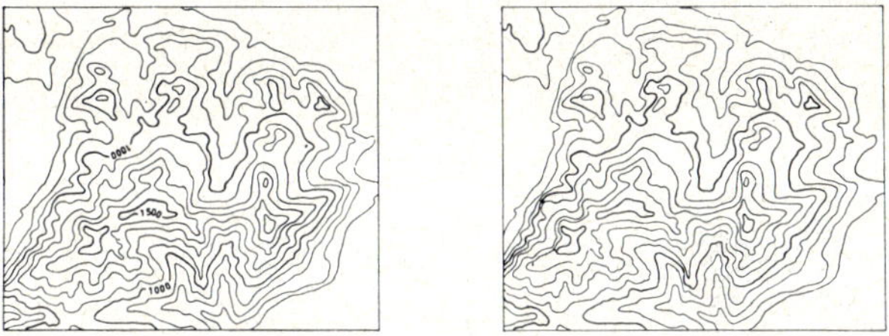

Abb. 123. Höhenlinien (Stereobildpaar)

Ein weiterer Mangel ist die Tatsache, daß die Höhenliniendarstellung bestimmter Einzelformen von ihrer absoluten Höhenlage und von der Geländeneigung abhängt. So ändert sich z. B. das Höhenlinienbild eines Dammes, wenn man ihn bis zum Betrage einer Äquidistanz gleichmäßig hebt, aber auch, wenn man ihn neigt. Schließlich ist zu berücksichtigen, daß die Höhenlinien auch die Krümmung des Geländes nicht exakt wiedergeben: Während sich die Krümmung einer Oberfläche aus der Schnittlinie mit der zu ihr senkrechten Ebene (Normalschnitt) ergibt, zeigen die Höhenlinien als Schnittlinien mit einer Horizontalebene stets größere Krümmungen, und zwar um so stärker, je weniger das Gelände geneigt ist. Nach dem Satz von *Meusnier* ist der Krümmungsradius in der horizontalen Kartenebene

$r_H = r_N \cdot \sin\alpha$, wenn r_N = Krümmungsradius im Normalschnitt und α = Geländeneigung. Die Ebene des Normalschnitts ist demnach um $90° - \alpha$ gegen die Kartenebene geneigt. r_H ist stets kleiner als r_N.

4. Die *Generalisierung* der Höhenlinien beginnt mit der Festlegung einer größeren Äquidistanz; dadurch bleibt meist nur jede 2., 4. oder 5. Höhenlinie erhalten. Teile einer sonst fortfallenden Höhenlinie müssen bei Bedarf als Hilfshöhenlinie erhalten bleiben. Die weiteren Veränderungen wirken sich vor allem auf die geometrische Lage aus; sie sind teils durch die Verdrängungen in der Situationsdarstellung, teils durch notwendige Formvereinfachungen bedingt. Wichtig ist, daß dabei das Formtypische erhalten bleibt oder sogar — wenn notwendig — betont wird (Abb. 124).

In einem generalisierten Höhenlinienbild spielt die *absolute*, also koordinatentreue Lage einer Höhenlinie eine geringe, die *relative*, d. h. die nachbarschaftliche Lage dagegen eine bedeutende Rolle, da

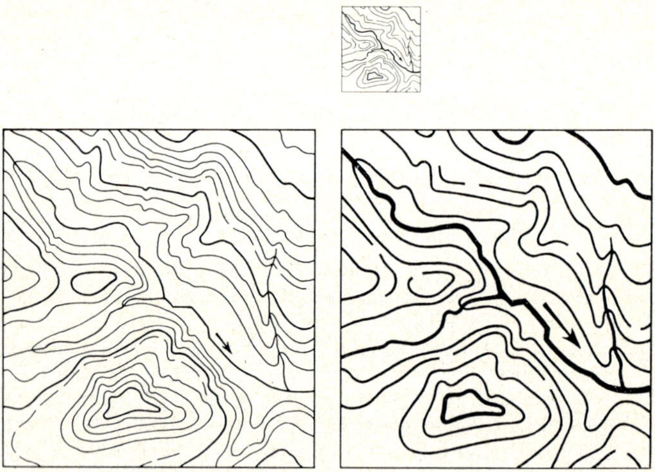

a) b)

Abb. 124. Höhenlinienbild a) 1 : 25000 (Äquidistanz 10 m) und b) generalisiert für 1 : 100000 (Äquidistanz 20 m) in Ausgangs- und Endmaßstab. Gerissen dargestellte Hilfshöhenlinien sind in a) bei 5 m, in b) bei 10 m eingeschaltet

nur aus ihr die Angaben über Größe, Richtung und Änderung des Gefälles sowie über Einzelformen zu gewinnen sind. Im allgemeinen gilt bei der Generalisierung von Höhenlinien, daß die Vollformen vor den Hohlformen Vorrang haben, d. h. daß z. B. kleine Mulden geschlossen werden müssen. Sollen jedoch Hohlformen beibehalten werden, so sind sie etwas zu öffnen. Bei sehr enger lokaler Scharung der Höhenlinien kann es zu geringfügigen Verdrängungen kommen. Verdrängungen, die sich aus dem vorweg generalisierten Grundriß ergeben (z. B. durch Verschieben von Straßen in Talbereichen), sind über einer größeren Zone abzufangen, damit sich keine zu großen Formverzerrungen, Gefälländerungen usw. einstellen.

Unter Beachtung solcher Regeln ist selbst in den Maßstäben 1 : 100000 und 1 : 200000 durchaus noch eine formtypische Generalisierung möglich [130, 161]. Mit kleiner werdendem Maßstab ist dann allerdings die Grenze exakter Höhenliniendarstellung erreicht.

Die Versuche zur *automatischen* Generalisierung von Höhenlinien gehen von mathematischen Ansätzen aus, die die Wirkung von Glättungsfunktionen haben. So ergeben sich bei dem von *H.-J. Gottschalk* [70] angewandten Verfahren der gleitenden Mittelbildung die Koordinaten eines Linienpunktes als gewogenes Mittel aus den Koordinaten benachbarter Punkte, wobei die Ausdehnung des Nachbarschaftsbereiches und die Gewichtsfunktion durch Testen zu ermitteln sind. Nahziel ist die Verwendung solcher oder ähnlicher Ansätze und die endgültige manuelle Korrektur am interaktiven Bildschirm.

5. *Farbton* der Höhenlinien. In mehrfarbigen Karten erscheinen die Höhenlinien meist in einem sepia- bis rotbraunen Farbton. Beim Verlauf durch Felsdarstellungen wird häufig auch eine schwarze, in Gletscherbereichen eine blaue Darstellung benutzt.

6. Über die *Höhenbezugsfläche* siehe 2.5.1.

7. *Höhenpunkte* ergänzen das Höhenlinienbild. Sie sind eine Auswahl der bei den topographischen Vermessungen bestimmten Punkte mit beigeschriebener Höhenzahl. Solche möglichst gleichmäßig verteilten Punkte befinden sich an markanten Stellen, also auf Kuppen und Sätteln, in Mulden und Kesseln sowie an einwandfrei identifizierbaren Stellen wie

z. B. Wegekreuzungen und Bahnübergängen. Das Musterblatt der Topographischen Karte 1:25000 [303] sieht eine mittlere Dichte von etwa 2 Höhenpunkten je km² vor.

8. Über die *Genauigkeit und Prüfung der Höhenlinien und Höhenpunkte* siehe 5.3.2.9.

5.3.2.5 *Schummerung (Schattierung)*

Die Schummerung ist die Variation eines Flächentonwertes nach bestimmten Regeln. Sie wird in der Karte zur Wiedergabe von Schatteneffekten angewandt und hat die Aufgabe, die Geländeformen plastisch zum Ausdruck zu bringen. Als Gestaltungsmittel kommt daher der echte oder unechte Halbton (4.3.6) in Betracht.

Von Hand ausgeführte Flächentönungen zur Kennzeichnung der Böschungsverhältnisse finden wir schon z. B. auf den Blättern der Kurhannoverschen Landesaufnahme (1764—1786), also zu einer Zeit, als eine drucktechnische Vervielfältigung von Halbtönen noch nicht möglich war. Erst mit der Entwicklung der Autotypie (Bd. II, 4.) im vorigen Jahrhundert gewann die Schummerung ihre volle Bedeutung.

Das Entstehen einer schattenplastischen Schummerung läßt sich erklären, wenn man sich ein Geländemodell durch eine Lichtquelle beleuchtet denkt. Die von der Flächenneigung und der Lichtrichtung abhängigen unterschiedlichen Tönungen (Licht- und Schattenpartien) der einzelnen Flächenelemente lassen sich entsprechend auf einer Kartenfläche wiedergeben, so daß beim Betrachten ein scheinbarer Raumeindruck entsteht.

Die einfache *Böschungsschummerung*, die lediglich nach dem Prinzip „je steiler, desto dunkler" arbeitet, ist in ihrer plastischen Wirkung gering. Die hier angenommene Senkrechtbeleuchtung ist — ähnlich wie bei den Böschungsschraffen (5.3.2.3) — ungeeignet, stärkere Kontraste hervorzurufen.

Die *Schräglichtschummerung* nimmt in der Regel eine von links oben kommende Hauptlichtrichtung an. Das entspricht dem üblichen Lichteinfall beim Lesen und Schreiben und zugleich dem aus der Photographie bekannten plastischen Gegenlichteffekt. Eine von den natürlichen Verhältnissen abgeleitete Südbeleuchtung ruft dagegen beim Lesen der nach Norden orientierten Karten leicht Pseudoeffekte hervor. Während nun die *Neigung* des Lichtstrahls die Raumwirkung allgemein beeinflußt, ist seine *azimutale Richtung* für den Formeindruck bestimmend (Abb. 125). Um daher gleichwertige Formen auch gleich gut erkennbar zu machen, kommt man ohne lokale Lichtdrehungen nicht aus. Das bedeutet aber, daß diese Schummerung, bei der die horizontalen Flächen einen Ton erhalten, nur manuell erstellbar ist. Sie ist eine der schwierigsten Arbeiten, liefert aber die wirkungsvollsten plastischen Effekte (vgl. die Schattenschraffen in 5.3.2.3).

Die *kombinierte Schummerung* ist eine Verknüpfung von Böschungsschummerung mit Schräglichtschummerung. Damit ergibt sich für die flachen Bereiche ein relativ heller bis weißer Tonwert. Da aber

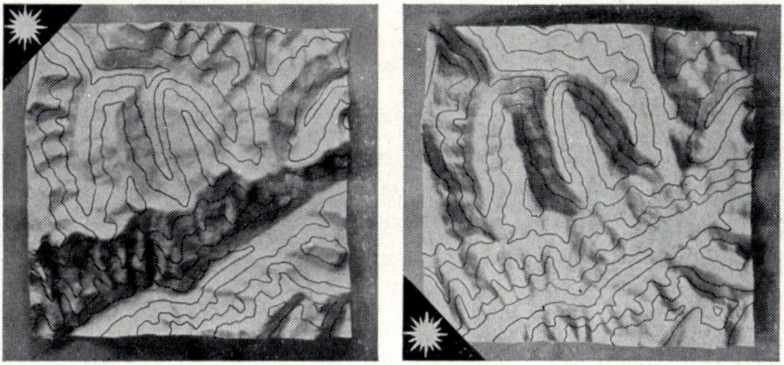

Abb. 125. Mechanische Schummerung mit verschiedenen Beleuchtungsrichtungen

gerade in den Talebenen die Situationsdarstellung besonders dicht ist, bleibt somit die Voraussetzung für eine gute Lesbarkeit erhalten.

Der *mechanischen Schummerung* liegt das photographische Bild eines in der Regel überhöhten Reliefs zugrunde. Das aus einer Gipsmasse ausgefräste und entsprechend dem Kartenmaßstab morphologisch überarbeitete Geländemodell wird schräg beleuchtet und mit einer langbrennweitigen Kamera photographiert. Zur Vermeidung von Störeffekten werden mehrere Lichtquellen günstig angeordnet. Das photographische Schummerungsbild verlangt eine eingehende sorgfältige Retusche, um die oben angeführten Mängel möglichst zu beheben. Die mechanische Schummerung wurde um 1930 von dem Münchener Bildhauer *K. Wenschow* entwickelt und ist heute in Deutschland, Frankreich, Italien, England und den USA verbreitet [160].

Die *analytische Schummerung* ist ein Verfahren, bei dem mit Hilfe der elektronischen Datenverarbeitung die Geländefläche in kleine Flächenelemente von rasterförmiger Anordnung zerlegt wird und für jedes Element aus dreidimensionalen Daten die mittlere Hangneigung und deren Azimut errechnet werden. Durch Vorgabe von Einfallswinkel und Azimut einer gedachten Lichtquelle läßt sich dann für jedes Element der durch die Beleuchtung bedingte Grauton bestimmen und automatisch zeichnen. Diese Entwicklung ist besonders von *P. Yoéli* (ab 1965, [228]) und *K. Brassel* (1973, [63, 110]) gefördert worden.

Schummerungen können — bewegtes Gelände vorausgesetzt — in den Maßstäben 1 : 25000 und kleiner zur plastischen Ausgestaltung des Kartenbildes Verwendung finden. Wegen ihres völligen Versagens in geometrischer Hinsicht werden sie bis etwa 1 : 500000 in der Regel in Verbindung mit einer Höhenliniendarstellung angewandt. Der Vorteil der Schummerungen liegt darin, daß sie — im Gegensatz zu den Schraffen — die Lesbarkeit des übrigen Karteninhalts kaum beeinträchtigen. In Karten kleinerer Maßstäbe ist die Schummerung in Verbindung mit einigen Höhenzahlen alleiniges Mittel für die Geländedarstellung. Als *vereinfachte Gebirgsschummerung* kann sie bis zu kleinsten Maßstäben benutzt werden.

5.3.2.6 *Formzeichen und Formzeichnungen*

Darstellungen dieser Art sind in erster Linie dazu bestimmt, das Höhenlinienbild zu ergänzen, indem sie *Kleinformen* vollständig oder überhaupt erst erkennbar machen. Im Vergleich zu den anderen Darstellungsarten sind sie das einzige Mittel zur Wiedergabe realer und zugleich diskreter Erscheinungen, die im Kontinuum „Oberfläche" gewisse Unstetigkeitsstellen bilden.

Als Gestaltungsmittel dienen lineare oder flächenhafte Signaturen, unter denen die schraffenartige Darstellung vorherrscht. Solche Schraffen unterscheiden sich aber wesentlich von den in 5.3.2.3 beschriebenen Schraffen, da sie sich stets auf die Wiedergabe von Strukturen geringer Ausdehnung beschränken.

1. Natürliche Formen:

Gefällwechsel in den Oberflächenformen werden durch Höhenlinien nicht immer ausreichend erfaßt. Solche Wechsel lassen in der Natur mehr oder weniger scharfe Kanten entstehen, die man durch *Kantenlinien* wiedergeben kann. Dabei unterscheidet man [194] je nach Ausprägung im Gelände zwischen scharfen und stumpfen Kanten, gerundeten Übergängen und Negativkanten (am Rande von Talböden) (Abb. 126).

a) b) c) d)

Abb. 126. Kantenlinien (in Kombination mit Höhenlinien)

a) scharfe Kante b) stumpfe Kante c) gerundeter Übergang d) Negativkante

Abrisse, Dolinen, Schutthalden, Dünen, vulkanische Kleinformen usw. werden meist durch *Keilschraffen* in Fallrichtung dargestellt (Abb. 127).

a) b) c) d)

Abb. 127. Natürliche und künstliche Kleinformen

a) Abriß b) Dünen c) Felszeichnung d) Steinbruch

Bei der *Felsdarstellung* spricht man von einer Form*zeichnung*, weil diese nicht nur auf geometrischen Prinzipien der Schraffenkonstruktion beruht, sondern auch auf freieren, künstlerischen Strichdarstellungen, durch die die Anschaulichkeit verstärkt werden soll. So ist z. B. auch eine horizontale Schraffur möglich, wenn dadurch die Schichtcharakteristik typisch wiedergegeben werden kann (Abb. 127).

Felszeichnungen erscheinen meist in schwarzer Farbe; die anderen Darstellungen werden gewöhnlich in der Farbe der Höhenlinien ausgeführt.

2. Künstliche Formen

Die wichtigste künstliche Form ist die Böschung. *Keilschraffen* liefern dabei die ansprechendste Darstellung, erfordern aber auch mehr Zeichenaufwand. Man findet daher besonders in Karten großer Maßstäbe die leichter darstellbaren *Linearschraffen* (Abb. 128).

Die Schraffen müssen senkrecht zu den Höhenlinien verlaufen und erscheinen in Karten großer Maßstäbe meist in schwarzer Farbe.

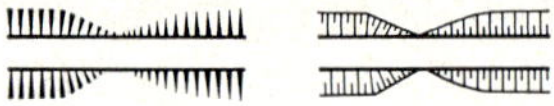

a) b)

Abb. 128. Einschnitt und Damm

a) mit Keilschraffen b) mit Linearschraffen

Das hat den Vorteil, daß sie in die Situationsdarstellung einbezogen und damit auch dann noch wiedergegeben werden können, wenn die Karte keine Geländedarstellung durch Höhenlinien enthält (z. B. Vorstufe der Deutschen Grundkarte 1 : 5000).

Auch zur Darstellung von Kiesgruben, Abraumhalden, Steinbrüchen usw. wendet man meist die Schraffen an (Abb. 127d).

5.3.2.7 *Farbtöne*

Keine der bisher behandelten Darstellungsweisen vermag allein aus der *Anschauung* einen unmittelbaren Eindruck über die *absolute* Höhe von Punkten oder Geländeteilen zu vermitteln. Dies läßt sich jedoch erreichen, wenn man das Gestaltungsmittel Fläche (4.3.3) anwendet und dabei der absoluten Höhe, d. h. der Quantität entsprechend nach den Farbmerkmalen Ton, Sättigung und Helligkeit (4.2.1.2) variiert. Damit ergibt sich zugleich eine rasche und wirkungsvolle Übersicht über die großen Formzusammenhänge.
In den meisten Fällen werden die Bereiche zwischen bestimmten Höhenlinien mit konstanten Farbmerkmalen versehen. Damit entsteht insgesamt jedoch ein gestufter Eindruck, der an sich dem Prinzip des Kontinuums nicht gerecht wird.

Man bezeichnet eine solche Darstellungsweise als *farbige Höhenschichten (Höhenstufen)* oder als *hypsometrische* Farben. Die letztgenannte Bezeichnung wird mitunter auch nur auf den Fall der hypsometrischen Karte bezogen, die vorwiegend oder nur eine sehr differenzierte Geländegliederung nach der Höhe enthält.

Die zahlreichen *Höhenfarbskalen*, die etwa von der Mitte des 19. Jahrh. ab entwickelt wurden, beruhen auf unterschiedlichen Regeln und Auffassungen.

1. In den Anfängen gab es neben regellosen, meist sehr kontrastreichen Farbskalen solche nach dem Grundsatz „Je höher, desto heller" (Graugrün bis Weiß), aber auch solche nach dem umgekehrten Prinzip „Je höher, desto dunkler" (Weiß bis Braun).

2. Ein großer Teil der heute — vor allem bei Atlaskarten — angewandten Höhenfarbskalen läßt sich aus Bodenbedeckungsfarben und/oder abgewandelten spektralen Farbreihen erklären.

a) Unter der auf *E. v. Sydow* (1838) zurückgeführten Bezeichnung als *Regionalfarben* versteht man eine Skala von Grün über Gelb oder Hellbraun zu Mittelbraun und Dunkelbraun, die damit etwa einer Gliederung nach kulturgeographischen Regionen (Grünland, Ackerland, Bergland) entspricht.

b) *K. Peucker* (1898) legt dem Versuch zu einer gesetzmäßigen *Farbenplastik* folgende Regeln zugrunde:

— Je höher, desto heller	(Helligkeitsreihe)
— Je höher, desto farbsatter	(Sättigungsreihe)
— Je höher, desto wärmere Farbtöne	(Spektralreihe).

Diese drei Farbmerkmale bestimmen den Raumwert der „spektraladaptiven" Skala. Sie führt von einer mittleren Höhe in Gelb in der Folge Orangegelb, Gelborange, Braunorange, Orange, Rotorange, Orangerot und Rot zu den Berggipfeln und mit Grüngelb, Gelbgrün, Grün, Blaugrün, Graugrün, Grüngrau und Grau zu den Tälern. Die blaue Farbe wird den Gewässern vorbehalten. Obwohl die Theorie der Farbenplastik heute weitgehend abgelehnt wird, hat die Skala selbst bis heute auf die Praxis großen Einfluß ausgeübt.

c) Die heutigen *konventionellen Höhenfarbskalen* lassen sich als Verfeinerungen oder Abwandlungen von a) oder b) auffassen. Hierbei steigen die Höhenstufen progressiv nach oben, so daß sich z. B. die nachstehende Folge ergibt:

0—100 m Blaugrün
100—200 m Gelbgrün
200—500 m Gelb
500—1000 m Hellbraun
1000—2000 m Braun
2000—4000 m Rotbraun
über 4000 m Braunrot.

Anstelle der braunen Farbtöne werden auch aufgehellte Folgen (z. B. Violett — Grau — Weiß bei der Internationalen Weltkarte, 5.8.1) benutzt.
Die blauen Stufen der Ozeane zeigen mit zunehmender Tiefe eine stärkere Sättigung. In Küstennähe werden in der Regel geringere, im offenen Ozean größere, äquidistante Tiefenstufen gewählt.

3. *Luftperspektivische Höhenabstufung.* Die in der Schweiz entwickelte und auch dort vornehmlich angewandte Farbskala verfolgt andere Gesichtspunkte. Sie ist so gewählt, daß unter Ausnutzung des Effektes der Luftperspektive und unter Berücksichtigung des Zusammenspiels von Oberflächenfarbe und Schattenton möglichst natürliche Vorstellungen von der Landschaft geweckt werden. Um die Schummerung nicht zu beeinträchtigen, muß für die Höhenfarbe ein heller Ton gewählt werden, der jedoch mit dem Grünblau der Tiefe möglichst kontrastiert. Dieser Ton ist ein helles, rötliches Gelb. Die luftperspektivische Farbleiter umfaßt im allgemeinen von unten nach oben folgende, allmählich ineinander übergehende Farbtöne: graues Grünblau, Blaugrün, Grün, Gelbgrün, Gelb und rötliches Gelb.

5.3.2.8 *Kombinationen*

Da keine der besprochenen Darstellungsarten allein geeignet ist, die in 5.3.2.1 genannten Bedingungen einer Geländedarstellung zu erfüllen, liegt es nahe, dies durch Kombination zu erreichen.
Solche Kombinationen lassen sich aus der nachfolgenden Übersicht ableiten. Dabei ist jedoch zu berücksichtigen, daß die Anwendung von Schraffen einerseits den Gebrauch von Höhenlinien und Schummerung andererseits ausschließt.

Anwendung und Kombination von Verfahren der Geländedarstellung

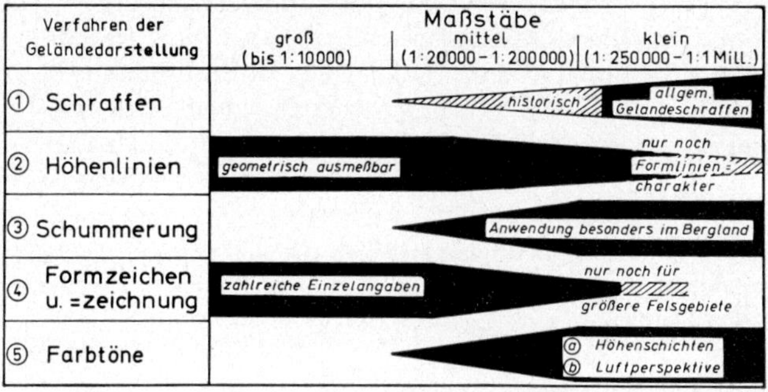

Die heute wichtigsten Kombinationen sind:

1. in Karten *großer Maßstäbe* Höhenlinien und Formzeichen;
2. in Karten *mittlerer Maßstäbe* Höhenlinien, Schummerung und Formzeichen.

   Bei den in der Schweiz entwickelten *Reliefkarten* sind Höhenlinien, Felsgerippzeichnung, Schummerung bei Schrägbeleuchtung und luftperspektivische Höhenabstufung zu einem harmonischen Gesamtbild vereinigt, das vor allem geeignet ist, die großen Formzusammenhänge optimal wiederzugeben [17]. Andererseits versucht *L. Brandstätter* [110], mit dem von ihm entwickelten System der *Scharungsplastik* die aus Luftbildmessungen zu gewinnenden Aussagen über die kleineren Formen kartographisch deutlicher zu machen. Hierbei werden äquidistante Höhenliniensysteme ausreichend mit Kantenlinien versehen, und an Böschungsänderungen verstärken lokale Schummerungen den Eindruck von der Struktur des Reliefs. Solche und andere Bemühungen um die bestmögliche Aussage finden ihren Niederschlag auch in den topographisch-geomorphologischen Kartenproben 1 : 25 000 (5.7.1) und in zahlreichen Alpenvereinskarten (5.7.3).
3. In Karten *kleiner Maßstäbe* Schummerung mit farbigen Höhenschichten.

5.3.2.9 *Genauigkeit und Prüfung der Geländedarstellung*

Angaben zur Genauigkeit und über geeignete Prüfverfahren können sich praktisch nur auf Höhenlinien und Höhenpunkte sowie auf Formzeichen beziehen, da die anderen Darstellungsmittel — Schraffen, Schummerung, Farbtöne — bei neueren Karten stets aus Höhenlinien abgeleitet werden. Das aus Messungen hervorgegangene Höhenlinienbild kann nie völlig fehlerfrei sein; man verlangt jedoch, daß es a) in *geometrischer* Hinsicht eine angemessene Genauigkeit aufweist und b) in *morphologischer* Hinsicht die Formen richtig wiedergibt (2.6.1).

a) Die *geometrische Genauigkeit* läßt sich angeben durch den mittleren Höhenfehler m_h der Gesamtheit aller auf den Höhenlinien gelegenen Punkte. In der von *C. Koppe* 1902 angegebenen Form ist

$$m_h = \pm (a + b \cdot \tan \alpha).$$

Dabei ist α die Geländeneigung; a und b sind Konstanten, die von Kartenmaßstab, Meßverfahren, örtlichen Verhältnissen und anderen Faktoren abhängen. Die Koppe'sche Formel läßt sich auch in der Fassung $m_h = \pm (a + b \cdot p/100)$ schreiben, wenn p die Geländeneigung in Prozenten angibt. Im Flachland ist demnach der Höhenfehler $m_h = \pm a$; er wächst mit zunehmender Geländeneigung. Das Ausmaß des Zuwachses hängt vom Faktor b ab; dieser ist bei terrestrischen Messungen meist größer als bei photogrammetrischen Messungen.

Anschaulicher als der Höhenfehler m_h ist der Lagefehler m_l, der nach Abb. 129 aus dem Höhenfehler mit $m_l = \pm m_h \cdot \cot \alpha$ hervorgeht:

$$m_l = \pm (b + a \cdot \cot \alpha).$$

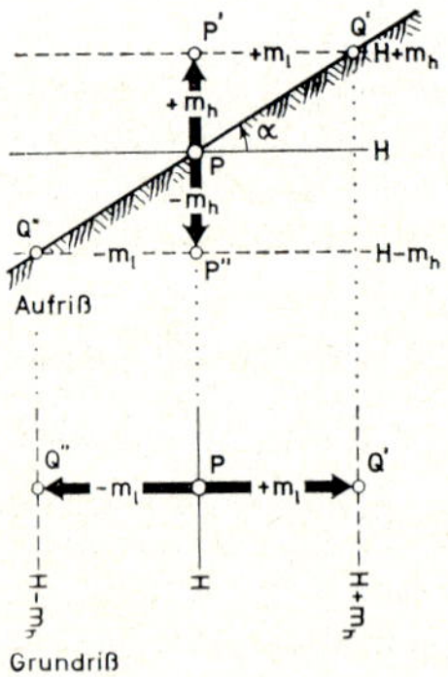

Abb. 129. Lage- und Höhenfehler von Höhenlinien

Im Flachland ist demnach der Lagefehler sehr groß; jede geringfügige Meßungenauigkeit hat erhebliche Grundrißverschiebungen der Höhenlinie zur Folge. In Karten großer Maßstäbe kann daher der Lagefehler spürbar größer sein als der graphisch bedingte Kartier- und Zeichenfehler der Situation; in Karten kleiner Maßstäbe ist es umgekehrt. Mit zunehmender Geländeneigung wird der Lagefehler der Höhenlinie immer geringer.

Für die „Deutsche Grundkarte 1 : 5000" (5.6.2.1) soll der mittlere Höhenfehler den Betrag $m_{h_1} = \pm\ 0{,}3$ m im Flachland (Äquidistanz 1 m oder kleiner) bzw. $m_{h_2} = \pm\ (0{,}4 + 3 \cdot \tan\alpha)$ [m] in den übrigen Fällen nicht überschreiten. Die nachstehende Tabelle gibt hierzu einige Zahlenwerte:

α (gon)	5	10	15	20	30	40	50
p (%)	7,87	15,83	24,01	32,49	50,95	72,65	100,00
m_{h_2} [m]	0,64	0,87	1,12	1,38	1,93	2,58	3,40
m_{l_2} [m]	8,08	5,52	4,66	4,23	3,78	3,55	3,40
m_{l_2} [mm i. d. Karte]	1,6	1,1	0,9	0,8	0,8	0,7	0,7

Da Geländeneigungen über 50 gon praktisch nicht vorkommen, würden demnach alle Höhenlinien der geometrischen Genauigkeit genügen, wenn ihr mittlerer Lagefehler $\pm\ 0{,}7$ mm in der Karte nicht überschreitet.

Für andere amtliche deutsche Kartenwerke ist die geometrische Genauigkeit in dieser Form nicht festgelegt. In der Schweiz gilt für den Grundübersichtsplan 1 : 10000 $m_h = \pm\ (1 + 3 \cdot \tan\alpha)$ [m] und für die Landeskarte 1 : 25000 $m_h = \pm\ (1 + 7 \cdot \tan\alpha)$ [m] [17].

b) Die *morphologische* Richtigkeit einer Höhenliniendarstellung erläutert Abb. 130 (nach *L. Brandstätter* [108]). Die linke Hälfte *(a)* zeigt ein fehlerfreies Höhenlinienbild mit den schraffierten Fehlersäumen für die Lagefehler m_l. Zwar liegen auch die Linien der rechten Hälfte *(b)* innerhalb des entsprechenden Fehlersaumes und genügen damit wohl den geometrischen Ansprüchen, doch entsprechen sie nicht den morphologischen Forderungen, da sie offensichtlich die

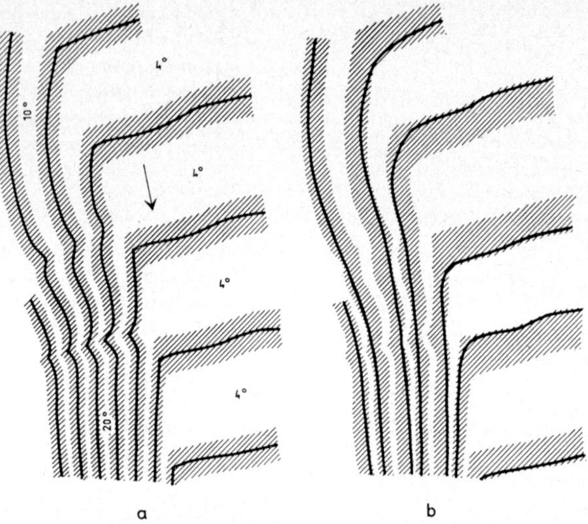

Abb. 130 Geometrische Genauigkeit und morphologische Richtigkeit von Höhenlinien

Formen falsch wiedergeben. So zeigt z. B. der gleichförmig geneigte Talgrund einige Stufen; Hangrinne und Hangnase sind vernachlässigt, und der scharfkantige Hangfuß ist ausgerundet.

c) Die *Prüfung* von Höhenlinien geht in *geometrischer* Hinsicht von Vergleichsmessungen übergeordneter Genauigkeit aus. Dabei kann es sich um einzelne Stichproben, um das gezielte Aufsuchen einer oder mehrerer Höhenlinien, um Profilschnitte oder um eine flächenhafte Neuaufnahme handeln. In *morphologischer* Hinsicht kommt es auf die Überprüfung der Nachbarbeziehungen an; sie kann nach dem Augenschein, durch Messung von Richtung und Betrag des Gefälles oder durch intensives Krokieren (2.6.3.3) vorgenommen werden.

d) Der mittlere Höhenfehler eines Höhenpunktes soll in der Deutschen Grundkarte 1 : 5000 den Wert $m_{H1} = \pm\, 0{,}2$ m (Äquidistanz 1 m oder kleiner) bzw. $m_{H2} = \pm\, 0{,}3$ m in den übrigen Fällen nicht überschreiten. *Imhof* [17] ermittelte mittlere Höhenfehler in 1 : 10000 zu $\pm$ (0,2 bis 0,5) m und in 1 : 25000 zu $\pm$ (0,4 bis 1,0) m.

Genauigkeitsangaben und Prüfverfahren bei Formzeichen erstrecken sich auf die geometrische Abgrenzung und die qualitativ sachgerechte Wiedergabe.

5.3.3 Schrift

Die Schrift ist das erläuternde Element der Karte. Obwohl sie die Situations- und Geländedarstellung teilweise beeinträchtigt, ist sie doch zu ihrer Ergänzung sowie zur Identifizierung und zum Verständnis der räumlichen Gegebenheiten unentbehrlich.

Eine Topographische Karte 1 : 25000 enthält oft mehr als 1000 Namen, Bezeichnungen und Höhenzahlen; eine einzige Atlaskarte kann sogar mehr als 5000 Schriftangaben aufweisen.

Über die allgemeinen *Merkmale der Kartenschrift* und die damit verbundenen Aussagemöglichkeiten siehe 4.3.7. Die *harmonische Einfügung* in ein vorwiegend linienhaftes Kartenbild gelingt am besten mit einer aus stärkeren und feineren Strichen bestehenden Schrift, z. B. Antiqua. Dagegen kann die Groteskschrift die linearen Elemente stärker beeinträchtigen, wenn diese — wie in Karten mittlerer Maßstäbe — in größerer Dichte auftreten; sie ist jedoch auch in kleinem Schriftgrad am besten lesbar.
In topographischen Karten besteht die Schrift gewöhnlich aus Namen, Erläuterungen (vielfach als Abkürzungen) und Zahlen.

1. Unter den *Namen* stehen die Siedlungsnamen an erster Stelle. Daneben gibt es Flurnamen (Gewann-, Wald-, Heide- und Bergnamen), Einzelnamen (z. B. Ruinen- und Burgnamen), historische Namen, weiter Landschafts-, Gebirgs-, Gewässer-, Gelände- und Inselnamen sowie Hoheitsbezeichnungen.

In amtlichen Karten werden politische Gemeinden in stehender Schrift (dabei Städte in Großbuchstaben), Gemeindeteile in rechtsliegender Schrift dargestellt. Die Schriftgröße kennzeichnet die Einwohnerzahl. Gewässer werden mit einer rückwärtsliegenden Schrift bezeichnet, die bei mehrfarbigen Karten meist blau ist.

Mit der Darstellung fremder Sprachbereiche ergeben sich — zwangsläufig vor allem bei Karten kleiner Maßstäbe — auch einige *Probleme der Schreibweise* [111, 112]:

a) Als *Exonyme* gelten die in der eigenen Sprache gehaltenen Namen von Orten in anderen Sprachgebieten. Sie werden allein oder neben dem landessprachlichen Namen angegeben, z. B. Milano/Mailand.

b) *Fremde Sprachen in lateinischer Schrift* sind zwar lesbar, doch kann im Einzelfalle die Aussprache nicht geläufig sein, vor allem bei den *diakritischen Zeichen*, wie z. B. bei a, á, à, â, ă, ạ, å. Wertvolle Hinweise hierzu enthält für den europäischen Bereich das Wörterbuch geographischer Namen [54].

c) *Fremde Sprachen in nichtlateinischer Schrift* werden nach bestimmten Regeln in die lateinische Schreibweise umgesetzt. Dabei ist die *Transkription* eine mehr phonetische Umschrift unter Erhaltung des Lautwerts (z. B. ARJOL für die russische Stadt OPEJI), die *Transliteration* eine buchstabengetreue Umsetzung (OREL), die auch eine Rückübertragung gestattet. In der Praxis trifft man oft auf Mischformen beider Verfahren [135].

Für das umfangreiche Schriftgut geographischer Namen für große Kartenwerke und für die Register von Atlanten bieten sich heute bereits praktikable Möglichkeiten der elektronischen Datenverarbeitung an. Dabei werden neben der Erfassung der Namen auch die Schriftmerkmale und die Positionsangaben festgehalten.

2. *Abkürzungen (Abbreviaturen)* sind Übergangsformen zu den Signaturen (4.3.4.1). Sie werden zur Entlastung des Kartenbildes und zur näheren Bezeichnung einer Signaturdarstellung angewandt, müssen aber in der Legende erläutert werden.

3. *Zahlen* treten auf als Höhen- und Tiefenangaben a) für die Erdoberfläche an Höhenlinien (Zähllinien) und -punkten bzw. Tiefenlinien und -punkten bei tiefen Gewässern und b) für die Gewässerspiegel fließender und stehender Binnengewässer, ferner zur Angabe von Hausnummern, Forst-

abteilungsnummern, Kilometrierungen, Entfernungen, Koordinaten sowie Zahlen des Suchgitters.

5.4 Kartennetz und Kartenrandangaben

5.4.1 Kartennetz

Das Kartennetz ist das Gerüst für die geometrische Lage des Karteninhalts. Es entsteht in der Kartenebene nach Abbildungsgesetzen, die im Kapitel über die *Kartennetzentwürfe* (3.) näher behandelt sind. Die Netzlinien stellen konstante und meist runde Zahlenwerte der geodätischen oder geographischen Koordinaten dar (z. B. alle runden 100 m, 200 m, 1 km, 2 km; 30′, 1°, 5° usw.).

Der *Kartenrahmen* enthält die Netzlinien in kurz angesetzten Strichen. Die Koordinatenwerte werden allen oder nur bestimmten Linien beigeschrieben (Abb. 94).

Im *Kartenfeld* werden die Netzlinien entweder 1. netzartig voll durchgezogen (Abb. 131a, c, d) oder 2. nur im Bereich der Schnittpunkte durch kleine Kreuze markiert (Abb. 131b) oder 3. überhaupt nicht dargestellt. Fall 1 tritt vor allem bei geographischen Netzen auf, da die Netzlinien häufig gekrümmt verlaufen und die entstehenden Netzmaschen auch bei geraden Netzlinien meist keine Quadrate sind. Die Fälle 2 und 3 bieten den Vorteil, daß sie das Kartenbild wenig bzw. gar nicht stören; sie erfordern jedoch zur Übertragung oder zur Entnahme von Koordinatenwerten die nachträgliche Vervollständigung des Netzes.

Bei Stadtkarten, Straßenkarten und Atlaskarten wird das Kartennetz häufig zum *Suchgitter* ausgestaltet, um das Auffinden von Straßen, Orten usw. mit Hilfe von Kennbuchstaben und -ziffern zu erleichtern.

5.4.2 Angaben in Kartenrand und Kartenrahmen

Der *Kartenrand*, die außerhalb des Kartenrahmens gelegene Kartenfläche, enthält die zum Verständnis und zur Auswertung des Karteninhaltes erforderlichen *Randangaben*. Zu diesen zählt man häufig auch die Angaben im Kartenrahmen.

Diese Angaben umfassen neben der Blattbenennung (5.5.2) und der Maßstabsangabe (in digitaler Form) meist noch die Zeichenerklärung *(Legende)*, Angaben über den Herausgeber und den Zeitpunkt der Herausgabe sowie einen graphischen Längenmaßstab. Häufig findet man auch noch nähere Angaben zum Berichtigungsstand, Hinweise zur magnetischen Orientierung, zum Gebrauch eines Suchgitters, einen Neigungsmaßstab sowie Angaben zum Kartennetzentwurf, über persönliche Bearbeiter oder beteiligte Institutionen, urheberrechtliche Vermerke (z. B. Copyright-Vermerk ©), ferner Orientierungsvermerke und Verzeichnisse bei Stadt-, Straßen- und Wanderkarten und schließlich *Nebenkarten* als Blattübersichten, zur Darstellung von Verwaltungsgrenzen oder als sog. Zuverlässigkeitsskizze, aus der Einzelheiten über die topographischen Unterlagen wie Vermessungsverfahren, Luftbilder, Aufnahmezeiten usw. ersichtlich sind.

Zu den Randangaben im weiteren Sinne kann man auch die Angaben rechnen, die sich auf der *Rückseite* der Karte in Form von Straßen- oder Ortsverzeichnissen, heimatkundlichen Beschreibungen, Bildern, Werbungen usw. befinden.

Die Angaben im *Kartenrahmen* bestehen im wesentlichen aus den Koordinatenzahlen für die Linien des Kartennetzes, den Zahlen und Buchstaben des Suchgitters, den Anschlußhinweisen zu den Nachbarblättern, den Richtungsangaben zum Verkehrsnetz sowie Teilen der Schrift, die als sog. Abgangsschrift aus dem Kartenfeld herausläuft (z. B. Gebirgsnamen) oder als sog. Zugangsschrift in das Kartenfeld hineinführt.

5.5 Äußere Kartengestaltung und Quellen

Während Karteninhalt, Kartennetz und Kartenrandangaben *sachliche* Bestandteile der Karte sind (1.4.2.2), werden bei der äußeren Kartengestaltung Einzelheiten der *formalen* Gliederung behandelt. Allgemein ist bei der Abgrenzung des Kartenfeldes und der Verteilung der Randangaben zu berücksichtigen, daß bei allen kartentechnischen Arbeiten wie Photographie, Kopie und Druck die vorgesehenen Formate ohne Schwierigkeiten darstellbar sind.

5.5.1 Abgrenzung des Kartenfeldes durch den Kartenrahmen

Topographische Karten sind meist *Rahmenkarten.* Norden liegt gewöhnlich oben; Überzeichnungen treten nur selten auf. Nach der Art der Abgrenzung kann man dabei folgende Fälle unterscheiden:

1. Der Kartenrahmen wird durch Netzlinien *geodätischer* Koordinaten gebildet.

Diesen Fall der sog. *Gitternetzkarten* trifft man vor allem bei Kartenwerken *großer* Maßstäbe an. Es ergibt sich für fast alle Karten ein konstantes Format (Abb. 131a); lediglich an den Rändern der Streifensysteme (3.7.2.1) bilden sich verschieden große Sonderformate (z. B. Trapeze und Sechsecke bei der Deutschen Grundkarte 1 : 5000).

2. Der Kartenrahmen wird durch Netzlinien *geographischer* Koordinaten gebildet.

Solche aus Meridian- und Parallelkreisabschnitten begrenzten Karten bezeichnet man auch als *Gradabteilungskarten.* Sie sind meist trapezförmig und von etwas unterschiedlichem Format. Man findet diese Abgrenzung bei vielen Kartenwerken *mittlerer* Maßstäbe in Verbindung mit einem Kartennetz aus geodätischen Koordinaten (Abb. 131b). Dieser Sachverhalt ist teilweise historisch bedingt. Die Abgrenzung tritt ferner bei Kartenwerken *kleiner Maßstäbe bis etwa 1:2500000* auf, dort aber mit geographischen Kartennetzlinien (Abb. 131c).

3. Der Kartenrahmen wird durch ein *Rechteck* unabhängig von den Netzlinien gebildet.

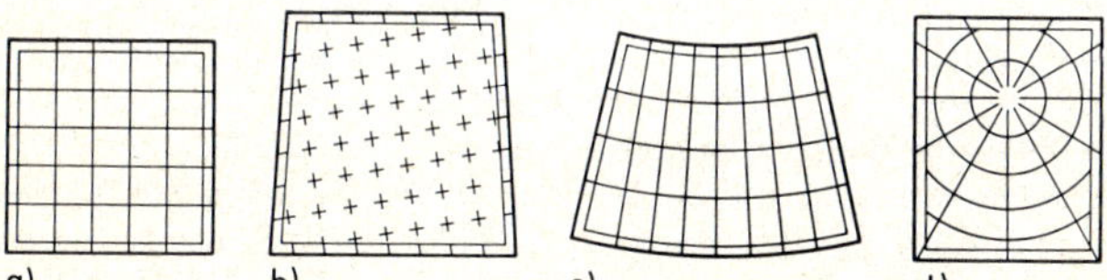

a) b) c) d)

Abb. 131. Kartennetze und Abgrenzungen des Kartenfeldes

a) Netz und Abgrenzung aus geodätischen Koord.
b) Netz aus geodät., Abgrenzung aus geogr. Koord.
c) Netz und Abgrenzung aus geographischen Koord.
d) Netz aus geogr. Koord., Abgrenzung rechteckig

Diese Abgrenzung kommt vor allem bei Karten *kleiner Maßstäbe etwa ab 1: 5000000* in Atlanten vor. Sie wird in erster Linie nach dem Atlasformat gewählt (Abb. 131d).

4. Bei *Einzelkarten* (z. B. Stadtkarten) richtet sich die Abgrenzung in erster Linie nach einer möglichst günstigen Lage der wichtigsten darzustellenden Objekte im Kartenfeld.

5.5.2 Kartenbenennung

Die Kartenbenennung soll die geographische Lage und den Maßstab einer Karte angeben. Die Bezeichnung von *Einzelkarten*, z. B. Stadtkarten, beschränkt sich gewöhnlich auf die Angabe von Kartenart, Ortsname und Maßstab („Stadtkarte Hannover 1 : 20000"). Bei *Kartenwerken* spielt darüber hinaus die Systematik in der Benennung des Einzelblattes eine wichtige Rolle; die Kartenbenennung setzt sich in diesem Falle aus der Blattnummer und dem Blattnamen zusammen.

Die *Blattnummer* ergibt sich aus der Kombination von Ziffern und/oder Buchstaben, die jeweils den horizontalen, westöstlichen Reihen (Zonen) und den vertikalen, nordsüdlichen Spalten (Kolonnen) von Blättern zugeordnet sind und von einem bestimmten Ausgangspunkt aus gezählt werden. Zu diesen Angaben kann noch eine Maßstabskennzahl (z. B. das römische C für 1 : 100000) treten. Atlaskarten, die gewöhnlich unregelmäßiger und auch überlappend angeordnet sind, werden meist durchlaufend numeriert.

Die Abbildung 132 zeigt a) das Benennungssystem der Topographischen Karte 1 : 25000, bei dem die Reihen von Norden nach Süden und die Spalten von Westen nach Osten jeweils mit zwei Ziffern gezählt werden. Dagegen werden b) bei der Internationalen Weltkarte 1 : 1000000 die Reihen vom Äquator her mit Großbuchstaben *A*, *B*, *C* usw. bezeichnet, während die Zählung der Spalten vom 180. Längengrad aus in östlicher Richtung durch fortlaufende Numerierung vorgenommen wird. Der vorgestellte Buchstabe N bzw. S kennzeichnet die nördliche bzw. südliche Erdhalbkugel.

Der *Blattname* wird meist durch den Namen der auf dem Blatt dargestellten größten Siedlung angegeben. Ist eine solche nicht vorhanden, wird der wichtigste topographische

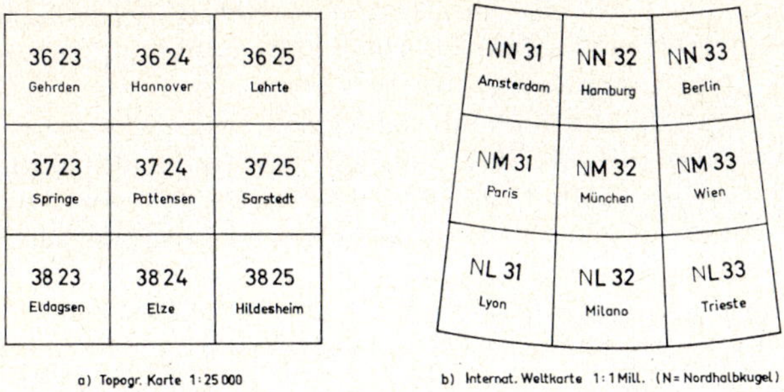

Abb. 132. Blattbezeichnungen

Gegenstand (z. B. Berg oder See) zur Bezeichnung herangezogen. Karten kleiner Maßstäbe, z. B. Atlaskarten, tragen gewöhnlich den Namen einer Region, eines Staates, eines Kontinents oder eines Teiles davon.

Bei Kartenwerken gibt es in der Regel besondere *Blattübersichten*, denen die Kartenbenennung entnommen werden kann. Weitere Bezeichnungen, die auch bei Bestellungen von Bedeutung sind, können sich auf die Art der Kartenausgabe (z. B. mit rotem Aufdruck für Fernstraßen, orohydrographische Ausgabe, Graudruck u. a.) beziehen.

5.5.3 Gestaltung von Kartenrahmen und Kartenrand

Die *geometrische* Form des *Kartenrahmens* ergibt sich aus der Abgrenzung des Kartenfeldes (5.5.1). Die *graphische* Gestaltung sieht häufig mehr Linien als die zur Abgrenzung nach innen und außen unbedingt erforderlichen Linien vor. So weisen z. B. die amtlichen deutschen Kartenwerke 5 Linien auf, von denen 2 als Innenleiste (geographische Minutenleiste) und 3 als Außenleiste angeordnet sind: zwischen diesen liegt das Mittelfeld mit den verschiedenen Schriftangaben. Bestimmte Kartenwerke (z. B. einige militärische), bei denen es häufig zu Zusammenfügungen benachbarter Blätter kommt, besitzen am Nord- und Ostrand keinen Kartenrahmen. Kartenfeldgrenze und Papiergrenze sind identisch und das Zusammenfügen ist damit sofort möglich, ohne daß Papier zu schneiden ist.

Größe und Form des *Kartenrahmens* richten sich nach dem Verhältnis von Kartenfeldformat zum Papierformat sowie nach dem Umfang und der Verteilung der Kartenrandangaben (5.4.2). Die Kartenbenennung befindet sich meist im oberen Teil des Randes; bei der Anordnung der übrigen Angaben wird der rechte und der untere Teil des Randes bevorzugt. Übersichtliche Gruppierungen, sachliche Zusammenfassungen und Trennungen, betontes Hervorheben und Unterdrücken sind dabei auch auf ihre ästhetischen Wirkungen zu prüfen. Praktische Gesichtspunkte, die auch die Wahl des Papierformats beeinflussen, sind die Handlichkeit im Gebrauch, das Unterbringen und schnelle Herausfinden in Schränken sowie für den Hersteller die Vereinfachung des Papiervorrats durch Wahl eines einheitlichen Formats für verschiedene Kartenwerke.

5.5.4 Quellen topographischer Karten

Die Ergebnisse von topographischen Vermessungen (vgl. 2.6.5) sowie Flurkarten, Stadtgrundkarten und Lagepläne sind die geometrischen Quellen für die Herstellung von topographischen *Grundkarten*. Ausgangskarten größerer Maßstäbe und Luftbilder dienen in geometrischer Hinsicht der Herstellung topographischer *Folgekarten*. Daneben gibt es aber noch weitere Unterlagen, die für die Herstellung jeder topographischen Karte von Bedeutung sind.
Eine wichtige Rolle spielen die *amtlichen Gemeindeverzeichnisse* [225] und Statistiken, denen man die amtliche Schreibweise, die Angabe der Wohnplätze und Ortsteile und die Einwohnerzahlen entnehmen kann. Daneben wird oft der Nachweis der Naturschutzgebiete, der Natur- und Kulturdenkmäler benutzt. In Grenzmerkblättern werden die den amtlichen Bekanntmachungen (Gesetzes- und Amtsblätter) entnommenen Änderungen von Verwaltungsgrenzen zusammengetragen. Archivunterlagen geben wichtige Hinweise zur Entstehung und Schreibweise von Flur- und Landschaftsnamen. Kreis- und Ortsbeschreibungen, heimatkundliche Veröffentlichungen und Museen liefern landeskundliche An-

gaben z. B. zur Geologie und Geomorphologie, zur Landschaftsgliederung sowie zur Entwicklung und Situation der Siedlungen, des Verkehrs und der Wirtschaft. Die Bestands- und Entwurfsdarstellungen anderer Stellen (z. B. Forstverwaltung, Straßenbau) liefern weitere Angaben (z.B. Gliederung der Forstabteilungen) und können die Fortführung erleichtern (z. B. Nachweis einer neuen Straße). Auch Pressenotizen, ja sogar öffentliche Ausschreibungen von Bauwerken können wertvolle Hinweise auf geplante Veränderungen der Landschaft und die Quellen weiterer Unterlagen geben.

5.6 Amtliche topographische Kartenwerke

5.6.1 Deutsche amtliche Kartographie

Wie in den meisten Staaten, lag auch in Deutschland die im vorigen Jahrhundert einsetzende systematische Landesaufnahme in der Hand militärischer Stellen. In Norddeutschland betrieb bis zum ersten Weltkrieg fast ausschließlich die dem Generalstab angeschlossene *Preußische Landesaufnahme* die Kartenherstellung, während in Süddeutschland auch Zivilbehörden beteiligt waren. Nach dem ersten Weltkrieg wurde die Landesaufnahme unter dem Namen *Reichsamt für Landesaufnahme* als zivile Dienststelle in den Geschäftsbereich des Reichsinnenministeriums übernommen, wobei ihr als Aufgaben die Triangulationen I. bis III. Ordnung, die Hauptnivellements und die Herstellung der Meßtischblätter für den norddeutschen Raum sowie die der Karten 1 : 50000 und kleiner vom ganzen Reichsgebiet zugewiesen wurden. Als angesichts des steigenden Kartenbedarfs der Umfang des Reichsamtes immer stärker zunahm, wurden im Jahre 1938, um einer zu starken Zentralisierung entgegenzuwirken, *Hauptvermessungsabteilungen* gegründet und ihnen unter der technischen Aufsicht des Reichsamts für Landesaufnahme die Triangulation der III. Ordnung, die Nivellements der II. Ordnung und die Bearbeitung der Kartenwerke 1 : 5000 und 1 : 25000 übertragen. Zugleich wurden ihnen auch die zugehörigen Archivunterlagen übereignet.

In Nord- und Ostdeutschland entstanden die Hauptvermessungsabteilungen als völlig neue Dienststellen, während in Hessen, Bayern, Baden und Württemberg die bis dahin selbständigen Landesvermessungsbehörden in den Hauptvermessungsabteilungen aufgingen. Im Hinblick auf die Kriegsfolgen hat sich diese teilweise dezentrale Entwicklung als günstiger Umstand erwiesen. Aus den Hauptvermessungsabteilungen sind die heutigen *Landesvermessungsämter* entstanden, die zugleich auch für ihr Land das Arbeitsgebiet des Reichsamtes für Landesaufnahme übernommen haben, da die Angelegenheiten des Vermessungs- und Kartenwesens Sache der Bundesländer sind [74]. Fast alle Länder haben inzwischen die Herstellung und Fortführung der Landeskartenwerke im Rahmen von *Vermessungsgesetzen* auf eine klare gesetzliche Grundlage gestellt.

Als Bundesbehörde, die jedoch vorwiegend mit Forschungsarbeiten befaßt ist, besteht heute nur das *Institut für Angewandte Geodäsie* in Frankfurt a. M. mit seiner Außenstelle in West-Berlin. Ihm sind jedoch durch ein Verwaltungsabkommen zwischen dem Bund und den Ländern (einschließlich West-Berlin) die Bearbeitung und Herausgabe der amtlichen Kartenwerke 1 : 200000 bis 1 : 1 Mill. für das Gebiet der Bundesrepublik Deutschland übertragen worden.

5.6.2 Amtliche topographische Kartenwerke in der Bundesrepublik Deutschland

Die amtliche Kartographie ist bestrebt, durch Inhalt und Maßstabsfolge der Karten möglichst alle Kartenwünsche zu erfüllen. Sie gibt zur Zeit folgende Kartenwerke heraus:

5.6.2.1 *Deutsche Grundkarte 1: 5000.* Sie ist eine topographische Grundkarte, enthält aber auch noch die Grundstücksgrenzen, soweit dies maßstabsbedingt möglich ist (Anlage 1 und [113, 168]).

Ihre Vorstufe ist die Deutsche Grundkarte 1 : 5000 (Grundriß) bzw. die Katasterplankarte 1 : 5000, deren Inhalt aus Katasterkarten abgeleitet und dann topographisch ergänzt wird. Diese Vorstufe ist also eine reine Situationsdarstellung, die aber bereits als Unterlage für viele Zwecke geeignet ist. Die Endstufe entsteht schließlich durch Erfassung und Wiedergabe der Geländeformen. Als weitere Vorstufe gilt teilweise auch die Luftbildkarte 1 : 5000 (Bd. II, 3.1.1) [196].

Der Deutschen Grundkarte liegt als Abbildungsart das Gauß-Krügersche Meridianstreifensystem (3.7.2.1) zugrunde. Jedes Kartenblatt (40 × 40 cm²) umfaßt eine Fläche von 4 km² und wird von den Gitterlinien (3.7.3) mit gerader, voller km-Bezifferung begrenzt; Ausnahmen bilden die Blätter an den Grenzmeridianen. Die Gitterlinien von 200 zu 200 m sind im Kartenrahmen ausgezogen und beziffert. Jedes Blatt wird benannt nach dem in ihm enthaltenen wichtigsten Orts-, Berg-, Gewann- u. dgl. Namen sowie den „Rechts"- und „Hoch"-Werten der linken unteren Blattecke.

Der Karteninhalt ist weitgehend grundrißtreu (wegen schmaler Wege siehe aber 5.3.1.2). Die Zeichenvorschriften sind in einem sog. *Musterblatt* [305] zusammengestellt. Der Zweifarbendruck der Endstufe bringt in *schwarz* die Situation und die Schrift einschl. Höhenangaben für Festpunkte und Gewässer, in *braun* die Höhenlinien und Höhenpunkte mit den Höhenzahlen sowie die natürlichen Kleinformen.

Über die zulässigen Lage- bzw. Höhenfehler sind in 5.3.1.6 bzw. 5.3.2.9 nähere Angaben enthalten.

Die Deutsche Grundkarte liegt zur Zeit weder in der Endstufe noch in der Vorstufe geschlossen vor; die Arbeiten an diesem Kartenwerk werden aber in den meisten Bundesländern mit Nachdruck betrieben. In Bayern wird sie nicht hergestellt, da dort die Höhenflurkarte 1 : 5000 vorliegt; das gleiche gilt für den württembergischen Landesteil von Baden-Württemberg, da es dort bereits Höhenflurkarten 1 : 2500 gibt. In Hessen entsteht sie nur auf Antrag; andererseits stellen dort die zuständigen Vermessungsbehörden im Bedarfsfalle die sog. *großmaßstäbige topographische Kartenunterlage* her, deren Blätter sich meist im Maßstab 1 : 5000 und im Blattschnitt der Deutschen Grundkarte 1 : 500 befinden.

5.6.2.2 *Topographische Karte 1 : 25000.* Die meisten Blätter dieses geschlossen vorhandenen Kartenwerks sind in der zweiten Hälfte des 19. Jahrhunderts durch Meßtischaufnahme (2.6.3.2), also als Grundkarten, entstanden. Die da-

nach als *Meßtischblatt* bezeichnete Karte übt aber auch heute noch vor allem dort Grundkartenfunktion aus, wo die Deutsche Grundkarte 1 : 5000 noch nicht vorliegt [169].
Das Einzelblatt ist als Gradabteilungskarte (5.5.1) im Abstand von 10 Längen- und 6 Breitenminuten geschnitten; das ergibt eine Nord-Süd-Ausdehnung von etwa 445 mm und eine mittlere Ost-West-Ausdehnung von rund 500 mm und demnach eine Geländefläche, die im Norden etwa 120 km², im Süden rund 140 km² beträgt. Die Kartenbenennung ist aus der in Abb. 131a dargestellten Weise ersichtlich.

Den meisten Blättern liegt als Abbildungsart die *Preußische Polyederprojektion* (3.5) zugrunde. Begrenzungsmeridiane und -parallelkreise bilden sich dabei längentreu ab; statt der sehr flachen Kreisbogenstücke der Parallelkreisbilder wurden jedoch deren Sehnen als Begrenzungslinien gewählt. Neu gezeichnete Blätter beruhen auf der Abbildung nach Gauß-Krüger (3.7.2.1). Die Unterschiede beider Abbildungsarten sind jedoch geringer als die Zeichenungenauigkeit. Alle Blätter enthalten die Netzlinien des Gauß-Krüger-Systems.

Der Karteninhalt ist vorwiegend grundrißähnlich. Das neue Musterblatt [303] berücksichtigt bereits in weitem Maße, daß die Karte in Zukunft auch Folgekarte sein soll, d. h. aus der generalisierten Deutschen Grundkarte 1 : 5000 abgeleitet wird.
Lange Zeit hindurch wurde die Karte einfarbig in schwarz gedruckt. Inzwischen ist aber das Kartenwerk bereits weitgehend auf die *dreifarbige Normalausgabe* umgestellt worden, und zwar Grundriß, Schrift und Felsen schwarz, Höhenlinien mit Zahlen sowie natürliche Kleinformen braun und Gewässer, Firnhänge, Gletscher mit ihren Namen blau. In einigen Ländern erscheinen auch Ausgaben mit zusätzlichem grünen Waldflächenton (Anlage 2).

Über die Genauigkeit des Karteninhalts gibt es keine Vorschriften. Allgemeine Hinweise über Lage- bzw. Höhengenauigkeit sind in 5.3.1.6 bzw. 5.2.3.9 enthalten. Eine Höhendarstellung 1 : 25 000 kann als brauchbar gelten, wenn der mittlere Höhenfehler den Betrag $m_h = \pm (0{,}6 + 8 \cdot \tan \alpha)$ [m] nicht wesentlich übersteigt.

5.6.2.3 *Topographische Karte 1:50 000.* Die Blätter dieses 1956 begonnenen und seit 1967 geschlossen vorliegenden

Kartenwerks sind Gradabteilungskarten in konformer Abbildung nach Gauß-Krüger. Ein Blatt umschließt das Gebiet von vier Vollblättern der Topographischen Karte 1:25000, ist also 12 Breitenminuten hoch und 20 Längenminuten breit. Die Blattbezeichnung besteht aus dem Großbuchstaben *L* (römische Zahl 50 als Symbol für den Maßstab) und der Blattnummer des im südwestlichen Viertel gelegenen Blattes 1 : 25000. Dazu tritt der Name des größten und bedeutendsten dargestellten Ortes.

Die Karte ist durch Generalisieren der Topographischen Karte 1 : 25000, teilweise auch der Dt. Grundkarte 1 : 5000, entstanden. Sie erscheint als vierfarbige Normalausgabe mit Grundriß und Schrift schwarz, Gewässer blau, Höhenlinien braun und Bodenbewachsung grün. Eine fünf- und mehrfarbige Ausgabe dient der formenplastischen Wiedergabe des Geländes durch eine zusätzliche Schummerung (Anlage 3 und [105, 302]); daneben gibt es teilweise noch Ausgaben mit rotem Fernstraßenaufdruck und orohydrographische Ausgaben (Darstellung nur des Gewässernetzes und des Geländes). Von den zivilen Ausgaben unterscheidet sich die abgeleitete militärische Karte 1 : 50000 vor allem durch das 1 km-UTM-Gitter und andere Randangaben [193].

5.6.2.4 *Karte des Deutschen Reiches 1: 100000.* Die Karte ist im 19. Jahrhundert aus den Meßtischblättern 1 : 25000 entstanden und als sog. *Generalstabskarte* bekannt geworden. Sie ist eine Gradabteilungskarte von 30 Längen- und 15 Breitenminuten Ausdehnung. Die Geländedarstellung ist in Schraffen (5.3.2.3) ausgeführt (Anlage 4).

Die heute veraltete Karte wird meist als ein- oder mehrfarbiges *Großblatt* (Zusammendruck von vier Einzelblättern) herausgegeben, und zwar noch solange, bis die neue Topographische Karte 1:100000 (5.6.2.5) geschlossen vorliegt.

5.6.2.5 *Topographische Karte 1: 100000.* An der Herstellung dieses Kartenwerks in Gauß-Krüger-Abbildung wird seit 1962 in den Ländern mit dem Ziel gearbeitet, die Karte des Deutschen Reiches 1 : 100000 (5.6.2.4) abzulösen. Ein Blatt umfaßt den Bereich von vier Vollblättern der Topographi-

schen Karte 1 : 50000; seine Ausdehnung beträgt also 24 Breiten- und 40 Längenminuten. Die Blattbezeichnung entspricht der bei der Topographischen Karte 1 : 50000, wenn man den Großbuchstaben *L* durch *C* ersetzt (römische Zahl 100).
Die Blätter, nach der Topographischen Karte 1 : 25000 und 1 : 50000 generalisiert, erscheinen in vierfarbiger Normalausgabe sowie in Ausgabearten wie die Topographische Karte 1 : 50000 (Anlage 5 und [100, 300]).

5.6.2.6 *Topographische Übersichtskarte 1: 200000.* Dieses seit 1961 vom Institut für Angewandte Geodäsie (5.6.1) bearbeitete und 1974 fertige Kartenwerk in Gauß-Krüger-Abbildung nimmt die Stelle der alten *Topographischen Übersichtskarte des Deutschen Reiches 1: 200000* ein. Ein Blatt erfaßt die Fläche von 4 Topographischen Karten 1 : 100000, ist also auf 48 Breiten- und 80 Längenminuten (= 1° 20′) ausgedehnt. Das bei den vorangehenden Karten benutzte System der Blattbezeichnung wird hier fortgesetzt durch Verwendung der Großbuchstaben *CC*.
Die nach den topographischen Karten größerer Maßstäbe (vor allem 1 : 25000) generalisierten, insgesamt 46 Blätter erscheinen in Ausgaben, die denen der Topographischen Karte 1:50000 entsprechen (Anlage 6 und [164, 301]). Im Gegensatz zu den vorangehenden Karten erscheinen hier aber lediglich Eisenbahnen und Schrift in Schwarz, während Siedlungen und Straßen in brauner Farbe gehalten sind.

5.6.2.7 *Übersichtskarte von Mitteleuropa 1: 300000.* Diese mehrfarbige Gradabteilungskarte von 1° Breite und 2° Länge zeigt eine Geländedarstellung teils in Schraffen, teils in Schummerung. Daneben gibt es Sonderausgaben als Verwaltungs- und Straßenkarten. Die Karten werden heute nicht mehr auf dem laufenden gehalten.

5.6.2.8 *Topographische Übersichtskarte 1: 500000.* Ein einheitliches Kartenwerk gibt es in diesem Maßstab zur Zeit noch nicht. Es existieren nur einige, in Form und Inhalt sehr verschiedenartige Karten der Länder, die jeweils ihren Bereich vorwiegend als Verwaltungs- oder Verkehrskarte darstellen. Da das Interesse an einem neuen Kartenwerk ständig wächst, sind seit 1972 Bestrebungen im Gange, die Entwicklung eines Militärkartenwerks 1 : 500000 aus der französischen

Version der britischen *World Map 1: 500000* auch für eine zivile Ausgabe in größeren Blattformaten nutzbar zu machen. Das für die Bearbeitung in Betracht kommende Institut für Angewandte Geodäsie wird dabei auch auf frühere Überlegungen zurückgreifen können [72, 162].

5.6.2.9 *Internationale Weltkarte 1: 1000000.* Von diesem Kartenwerk werden in der Bundesrepublik die beiden Blätter *NN 32* (Hamburg) und *NM 32* (München) amtlich betreut. (Weitere Einzelheiten siehe 5.8.1 und Anlage 7.)

5.6.2.10 *Fortführung der amtlichen Kartenwerke*

Von einer amtlichen Karte erwartet der Kartenbenutzer, daß sie möglichst weitgehend den topographischen Zustand darstellt, wie er zur Zeit des Kartenerwerbs besteht. Diese berechtigte Forderung angemessen zu erfüllen, ist gegenwärtig angesichts der raschen und umfangreichen Veränderungen des Landschaftsbildes das Hauptproblem jeder amtlichen Landesvermessung [170, 171].

Auf der verfahrenstechnischen Seite sind es vor allem die Anwendung der Photogrammetrie und der elektronischen Datenverarbeitung, von denen man sich zumindest eine Beschleunigung solcher Arbeiten erhofft. Aber auch die mehr organisatorischen Maßnahmen spielen eine entscheidende Rolle, wobei vor allem im Ablauf der Fortführungen zwei grundsätzliche Möglichkeiten bestehen: 1. *Fortführung in der Maßstabsfolge*, d. h. Berichtigung der Grundkarte mit anschließender Berichtigung der Folgekarten 1 : 25000, 1 : 50000 usw. Dieses System vermeidet konsequent jede Doppelarbeit, bewirkt aber, daß die Zeitspanne zwischen der Erfassung der Veränderung und ihrer Übernahme in die Folgekarten kleinerer Maßstäbe relativ groß ist. 2. *Parallele Fortführung*, d. h. möglichst gleichzeitige Berichtigung aller Maßstäbe nach jeweils dafür geschaffenen Unterlagen. Dem Zeitgewinn hierbei steht ein höherer topographischer Aufwand gegenüber. In der Praxis trifft man oft auf Mischformen; so werden vielfach die Karten 1 : 5000 und 1 : 25000 parallel fortgeführt und dann die weiteren Maßstäbe berichtigt.

Fortführungsumfang und Arbeitskapazität bestimmen den *Berichtigungsturnus*. Im Durchschnitt wird hierfür eine Zeitspanne von 5 Jahren angestrebt. In Ländern mit sehr unterschiedlicher Landschaftsstruktur gibt es auch noch Differenzierungen, z. B. 3 Jahre für Ballungsgebiete und am anderen Ende 10 Jahre für relativ dünn besiedelte Agrargebiete. Da ein solcher Turnus meist nicht zusammenfällt mit der Herausgabe einer neuen Druckauflage, kann es notwendig sein, vor einer neuen Auflage wenigstens die wichtigsten Veränderungen einzuarbeiten. Insgesamt sehen die Berichtigungsarbeiten der Landesvermessungsbehörden folgende Fälle vor:

1. Die *Berichtigung* bezieht sich auf sämtliche, im Bereich eines Blattes eingetretenen Veränderungen.
2. *Nachträge* beschränken sich dagegen auf wesentliche Veränderungen (z. B. im Siedlungsbild, im Verkehrs- und Gewässernetz).
3. *Einzelne Nachträge* sind Nachführungen einzelner Objekte bei vergriffener Auflage vor dem Nachdruck.
4. *Redaktionelle Änderungen* sind Arbeiten, die sich aus der Änderung von Verwaltungsgrenzen und Ortsnamen durch Eingemeindungen usw. ergeben, also keine topographischen Aufwendungen erfordern.

Sind umfangreiche Berichtigungen zu erwarten oder ist die geometrische Genauigkeit des Blattes unzureichend und liegen genauere Unterlagen vor, so kann es günstiger sein, das Blatt im Wege der *vollständigen Neuherstellung* zu bearbeiten.

5.6.3 Amtliche topographische Kartenwerke in der DDR

Der Aufbau topographischer Kartenwerke, die dem einheitlichen Konzept der osteuropäischen Staaten entsprechen und sich damit weitgehend an die sowjetische Kartographie anlehnen, hatte zwangsläufig die Aufgabe der alten deutschen Kartenwerke zur Folge. Die neuen Karten 1 : 10000 (Grundkarte), 1 : 25000, 1 : 50000, 1 : 100000, 1 : 200000, 1 : 500000 und 1 : 1000000 liegen inzwischen bereits geschlossen vor. Für bestimmte Schwerpunktgebiete sind auch noch die Maßstäbe 1 : 5000 und 1 : 2000 vorgesehen [76].

Allen Karten bis 1 : 500000 einschl. liegt eine *Gauß-Krüger-Abbildung* zugrunde, und zwar mit 3° breiten Meridianstreifen für 1 : 5000 und größer, mit 6° breiten Streifen für die übrigen Karten. Die Koordinaten beziehen sich auf das Ellipsoid von *Krassowskij* (2.3.2), die Höhenangaben auf den Pegel von *Kronstadt* (2.5.1). Alle Karten sind *Gradabteilungskarten*, die sich durch fortgesetztes Unterteilen des Bereiches einer Internat. Weltkarte 1 : 1 Mill. (5.8.1) in Anzahl und Format wie folgt ergeben:

1 Blatt	1 : 1000000	4° (Breite) × 6° (Länge)
zu je 4 Blättern	1 : 500000	2° (Breite) × 3° (Länge)
zu je 9 Blättern	1 : 200000	40′ (Breite) × 1° (Länge)
zu je 4 Blättern	1 : 100000	20′ (Breite) × 30′ (Länge)
zu je 4 Blättern	1 : 50000	10′ (Breite) × 15′ (Länge)
zu je 4 Blättern	1 : 25000	5′ (Breite) × 7′30″ (Länge)
zu je 4 Blättern	1 : 10000	2′30″ (Breite) × 3′45″ (Länge)
zu je 4 Blättern	1 : 5000	1′15″ (Breite) × 1′52,5″ (Länge)

Der mehrfarbige Karteninhalt ist gekennzeichnet durch ein stark betontes Verkehrsnetz sowie durch zahlreiche quantitative Angaben wie Straßen- und Gewässerbreiten, Gewässertiefen, Brückenbelastbarkeiten, mittlere Höhen und Abstände der Waldbäume usw. Die Geländedarstellung beschränkt sich auf Höhenlinien und -punkte. Die Karten, die vom Kartographischen Dienst Potsdam herausgegeben werden, sind nicht im Handel erhältlich.

5.6.4 Amtliche topographische Kartenwerke anderer Staaten

5.6.4.1 *Österreich.* Die wichtigste Karte des alten Österreich-Ungarn war die einfarbige *Spezialkarte* 1 : 75000, die im Blattschnitt und ihrer Geländedarstellung durch Schraffen der Karte des Deutschen Reiches 1 : 100000 entsprach. Aus ihr wurde die vierfarbige *Generalkarte von Mitteleuropa 1 : 200000* mit Geländewiedergabe in braunen Schraffen abgeleitet. Die nach dem Ersten Weltkrieg begonnene Neuaufnahme 1 : 25000 wird seit 1959 nicht mehr fortgesetzt. Statt dessen wird nunmehr auf der Grundlage der Gauß-Krüger-Abbildung die *Österreichische Karte 1 : 50000* hergestellt, deren 213 Blätter 1978 geschlossen vorliegen sollen. Wo sie gegenwärtig noch fehlen, dienen Vergrößerungen der Spezialkarte 1 : 75000 auf 1 : 50000 als Provisorium. Ein Kartenblatt 1 : 50000 umfaßt jeweils ein Gebiet von 15′ in Länge und Breite; die 7—8farbige Ausgabe enthält eine Schummerung in Schrägbeleuchtung. Zur Ablösung der Generalkarte 1:200000 wurde 1961 mit der Entwicklung der *Österreichischen Karte 1: 200000* begonnen, der ebenfalls die Gauß-Krüger-Abbildung zugrunde liegt. Jedes Blatt hat eine Ausdehnung von 1° in Länge und Breite und erscheint in 11—13 Farben mit Schräglichtschummerung. Von den insgesamt 23 Blättern lagen 1973 6 fertige Blätter vor. 1968 erschien die *Übersichtskarte von Österreich 1: 500000* auf der Grundlage der konformen Kegelabbildung mit zwei längentreuen Breitenkreisen bei 46° und 49°. Ein einziges 11farbiges Blatt umfaßt das gesamte Staatsgebiet und enthält neben der Schräglichtschummerung einen Straßenaufdruck in roter und gelber Farbe. Herausgeber aller Karten ist das Bundesamt für Eich- und Vermessungswesen in Wien [68, 227].

5.6.4.2 *Schweiz.* Im Bereich der großmaßstäbigen Karten geben die *Übersichtspläne 1: 5000 bzw. 1: 10000* die topographischen Ergebnisse der 1920 begonnenen Grundbuchvermessung wieder. Die Originalkartierungen stellen nahezu die gesamte Landesfläche dar: rund 50% davon liegen in veröffentlichter Form vor. Die anfänglich in 5—6 Farben hergestellten Pläne erscheinen bereits seit längerer Zeit in einfarbiger Form. In den mittleren Maßstäben sind die klassischen Kartenwerke, die Siegfriedkarte (1 : 25000 bzw. 1 : 50000) und die Dufourkarte (1 : 100000, Abb. 120) inzwischen durch neue Landeskartenwerke ersetzt worden, die wie die Übersichtspläne auf einer schiefachsigen Zylinderabbildung (3.7.2.2) beruhen. Die 9farbige *Landeskarte der Schweiz 1: 25000* besteht aus 279 Blättern, von denen jedes ein Kartenfeldformat von 0,48 m (NS) × 0,70 m (WO) aufweist. Vier Blätter dieser Karte ergeben im Normalfall ein Blatt der 6- bzw. 9farbigen *Landeskarte der Schweiz 1: 50000* (insgesamt 78 Blätter), und davon wiederum vier Blätter setzen sich zu einem Blatt der 10farbigen, mit rotem Straßenaufdruck versehenen *Landeskarte der Schweiz 1: 100000* zusammen (insgesamt 23 Blätter). Alle drei Kartenwerke zeichnen sich damit durch ein konstantes Blattformat, durch weitgehend einheitliche Zeichenschlüssel und eine hervorragende Reliefwiedergabe aus. Die für die Landeskarten zuständige Eidgenössische Landestopographie in Bern arbeitet zur Zeit noch an der Herstellung der *Landeskarte der Schweiz 1: 200000*. Ferner liegt seit 1965 die *Landeskarte der Schweiz 1: 500000* als ein Blatt vor. Eine neue Karte 1 : 1000000 befindet sich in Arbeit [18].

5.6.4.3 *Italien.* Für das gesamte Staatsgebiet liegt die *Carta topografica d'Italia 1: 25 000* in 3556 Blättern vor, die teils ein-, teils 3- und teils 5farbig sind und deren Blattschnitt 5′ in Breite und 7,5′ in Länge beträgt. Auf dieser Grundlage entsteht seit 1965 die 6farbige, mit Schummerung versehene *Carta topografica d'Italia 1: 50 000* mit 652 Blättern im Format 12′ × 20′ (wie die deutsche TK 50). Die 277 Blätter der *Carta topografica d'Italia 1: 100 000* (20′ × 30′ in Breite bzw. Länge) gibt es in 4 bzw. 6 Farben ohne bzw. mit Schummerung sowie als Graudrucke mit violetten Verwaltungsgrenzen. Die 69 Blätter der *Carta stradale d'Italia 1: 200 000* (40′ × 1° 30′ in Breite bzw. Länge) sind Straßenkarten mit und ohne Schummerung. Alle Kartenwerke beruhen auf der konformen Zylinderabbildung nach Gauß-Boaga bzw. UTM. Das Instituto Geografico Militare in Florenz, das die Karten herausgibt, pflegt auch besonders die Herstellung von Kartenreliefs durch plastische Verformung bedruckter Kunststofffolien (Bd. II, 3.2) [81].

5.6.4.4 *Frankreich.* Die klassische Karte Frankreichs war die *Carte de l'État Major 1:80 000,* eine rechteckig geschnittene Schraffenkarte, die von 1818—1878 hergestellt wurde und Ausgangsmaterial für mehrere andere Kartenwerke war. Sie wird heute durch die *Nouvelle Carte de France 1: 50 000* ersetzt, die auf der Grundlage der konformen Kegelabbildung je Blatt einen Bereich von 20 cgon Breiten- und 40 cgon Längenausdehnung erfaßt. Von den 1104 Blättern der 5- bis 6farbigen Karte (mit Schummerung) lagen 1973 etwa 75% fertig vor. Für die übrigen Gebiete behilft man sich mit Vergrößerungen der alten Karte 1 : 80000 auf 1 : 50000, jedoch im Blattschnitt der neuen Karte (sog. Type M). Als Grundkarte dient die überwiegend photogrammetrisch hergestellte *Carte topographique de base au 1: 25 000,* anfänglich in 1 : 20000 hergestellt. Insgesamt 4210 3- bis 5farbige Blätter überdecken im Format 10 cgon (Breite) × 20 cgon (Länge) das europäische Staatsgebiet; davon waren 1973 etwa 70% der Blätter fertig. Ein neues Kartenwerk ist auch die 8farbige, mit Schummerung versehene *Carte de France 1: 100 000,* die durch klare und großzügige Generalisierung und Angabe von km-Entfernungen besonders den Bedürfnissen des Kraftverkehrs Rechnung trägt. Sie umfaßt den Bereich von 4 Blättern 1 : 50000 und liegt mit 293 Blättern vollständig vor. Von den älteren Karten Frankreichs gibt es noch die aus jeweils 4 Blättern 1 : 80000 abgeleitete Karte 1 : 200000, die nur zeichnerisch erneuert wurde und durch die mit 46 Blättern fertige *Carte de France au 1: 250 000* abgelöst wird. Die *Carte de France et des pays limitrophes 1: 500 000* umfaßt Ausgaben mit unterschiedlicher Geländedarstellung; 4 Blätter decken den Bereich einer

Intern. Weltkarte 1 : 1 Mill. Die *Carte au 1: 500000 type World 1404* geht vom britischen Militärkartenwerk gleichen Maßstabs aus und bedeckt mit 18 Blättern ganz Frankreich. Herausgeber: Institut Géographique National, Paris.

5.6.4.5 *Luxemburg.* Es bestehen folgende Kartenwerke: 1) 30 Blätter 1 : 20000, 2) 30 Blätter 1 : 25000 und 3) 10 Blätter 1 : 50000. Die Gradabteilungskarten (Blattschnitt 10 cgon in Breite × 20 cgon in Länge bzw. für 1 : 50000 20 cgon × 40 cgon) beruhen in den Fällen 1) und 2) ganz, im Falle 3) teilweise auf einem Gauß-Krüger-System (Luxembourg-System). Die Kartengestaltung entspricht der bei den vergleichbaren französischen Karten. Herausgeber ist die Administration du Cadastre et de la Topographie [81].

5.6.4.6 *Belgien.* Das Staatsgebiet wird von 448 Blättern der *Carte topographique de Belgique 1: 10000* erfaßt. Die Gitternetzkarten auf der Grundlage der konformen Kegelabbildung sind teils ein-, teils 4—5farbige Ausgaben. Daneben ist seit 1955 die *Carte topographique de base 1: 25000* ausschließlich auf photogrammetrischem Wege entstanden (237 Blätter in 6—7 Farben). Ferner bestehen Kartenwerke 1 :50000, 1 : 100000 und 1 : 200000, die auf der Grundlage älterer Karten und jüngerer Luftbildauswertungen in einfacherer Form als Typ R (= Rapide) hergestellt wurden. Diese Karten sollen jedoch künftig durch Neubearbeitungen ersetzt werden, die auf der Karte 1 : 25000 fußen. Herausgeber ist das Institut Géographique Militaire, Brüssel [81].

5.6.4.7 *Niederlande.* Aus photogrammetrisch hergestellten Grundkarten 1 : 12500 sind die Kartenwerke *Topografische kaart op de schaal 1: 10000, 1: 25000, 1: 50000, 1: 100000* und *1: 250000* als Gitternetzkarten abgeleitet. Die 672 Blätter der Karte 1 : 10000 (Format 0,625 m hoch × 1,0 m quer) entstehen durch Vergrößerung der Grundkarte, jedoch ohne Geländedarstellung; eine Ausgabe mit Höhenpunkten befindet sich in Arbeit. Die 369 Blätter der Karte 1 : 25000 (Format 0,50 m NS × 0,40 m WO) gibt es in 7- und 2farbiger Ausgabe. Im gleichen Format und in gleichen Ausgabearten erscheinen die 110 Blätter der Karte 1 : 50000. Die ebenfalls gleichformatigen 34 Blätter der Karte 1 : 100000 gibt es nur in 6farbiger Ausgabe. Die 6 Blätter der 6farbigen Karte 1 : 250000 sind dagegen Gradabteilungskarten im Format 1° Breite × 2° Länge. Die Karten beruhen auf einer schiefachsigen stereoskopischen Abbildung (außer 1 : 250000 in UTM) und sollen alle 10 Jahre, in den Westteilen des

Landes auch alle 5 Jahre, berichtigt werden. Herausgeber ist der Topografische Dienst in Delft [81].

5.6.4.8 *Großbritannien.* Seitdem 1948 eine einheitliche Netzgrundlage im metrischen System in Form einer transversalen konformen Zylinderabbildung *(National Grid)* eingeführt wurde, sind die britischen Karten nach diesem Netz geschnitten. Die großmaßstäbigen *National Grid Plans* 1 : 1250 (0,4 m × 0,4 m) und 1 : 2500 (0,4 m × 0,4 m) enthalten neben den topographischen Gegenständen nur noch die Eigentumsgrenzen und einzelne Höhenpunkte. Die *Six-Inch-Map 1:10560*, durch 5 km-Gitterlinien geschnitten, enthält dagegen eine Höhenliniendarstellung mit Zählung in Fuß. Die rund 10200 zweifarbigen Blätter sollen bis 1980 neu bearbeitet sein. Die über 2000 4farbigen Blätter der *Provisional Series 1: 25000*, durch 10 km-Gitterlinien geschnitten, werden seit 1965 auf *Second Series 1: 25000* (10 km NS × 20 km WO) umgestellt, in denen die Höhenlinien in Metern gezählt werden. Auf alter Tradition beruht die *One-Inch-Map 1: 63360* (1 Inch : 1 Mile, siehe 2.2.1.2); sie umfaßt in der Regel je Blatt ein Gebiet von 45 km (NS) × 40 km (WO) und überdeckt mit 189 6farbigen Blättern das gesamte Staatsgebiet (Höhenlinien in Fuß). Die 8farbige *Quarter-Inch-Map 1: 250000* (früher 1 : 253440) liegt mit allen 17 Blättern vor, die verschiedene Formate aufweisen und sich auch gegenseitig überlappen. Die Geländedarstellung beruht auf Höhenlinien in Fuß, farbigen Höhenschichten und Schummerung. Herausgeber aller Karten ist der Ordnance Survey in Southampton [81, 229].

5.6.4.9 *Dänemark.* Die klassische topographische Grundkarte war viele Jahre lang im Maßstab 1 : 20000, bis 1952 die Herstellung der *4 CM KORT 1: 25000* (4 cm-Karte) begann. Von den 410 Blättern dieses Kartenwerks waren 1973 etwa 50% fertig; sie sind Gitternetzkarten im UTM-System, weisen ein auf die alte Dänische Meile zurückgeführtes konstantes Format von 0,45 m (NS) × 0,56 m (WO) auf und sind 6farbig gestaltet. Die 6farbige *2 CM KORT 1: 50000* (2 cm-Karte) setzt sich jeweils aus 4 Blättern 1 : 25000 zusammen. Von den 112 vorgesehenen Blättern lagen 1973 etwa 30% vor; sie lösen das Kartenwerk „Atlasblade 1 : 40000" ab. Die 6farbige *1 CM KORT 1: 100000* (1 cm-Karte) liegt mit 34 Blättern geschlossen vor; jedes Blatt enthält den Bereich von 4 Karten 1 : 50000, so daß sich auf der Grundlage des UTM-Systems ein konstantes Kartenformat für alle Kartenwerke ergibt. Mehr als Straßenkarte ist die 7farbige Karte *Danmark 1: 200000* konzipiert, die mit gegenseitigen Überlappungen in 12 Blättern geschlossen vorliegt, das Relief aber nur durch Höhenpunkte kennzeichnet. Herausgeber aller Karten ist das Geodætisk Institut in Kopenhagen [133].

5.6.4.10 *Norwegen.* 1954 wurde mit der Herstellung eines Kartenwerks 1 : 50000 auf der Grundlage einer Gauß-Krüger-Abbildung begonnen. Von den insgesamt 722 Blättern lagen 1973 etwa 40% vor. Wo die Blätter noch fehlen, werden Vergrößerungen aus dem älteren Kartenwerk 1 : 100000 herausgegeben. Von diesem Kartenwerk 1 : 100000 selbst werden keine neuen Karten mehr hergestellt; die vorhandenen 134 Blätter (von insgesamt 217) werden jedoch einstweilen noch weitergeführt. Alle Karten sind Gradabteilungskarten. Das Kartenwerk 1 : 250000 (1° × 2°) liegt mit 46 Blättern geschlossen vor. Herausgeber ist Norges Geografiske Oppmåling/Oslo [81].

5.6.4.11 *Schweden.* 1937 wurde mit der Herstellung der *Ekonomisk Karta 1: 10000* (Wirtschaftskarte) begonnen, die insofern eine Sonderstellung einnimmt, als sie eine Luftbildkarte (Bd. II, 3.1.1) ist, die auf der Grundlage von grün dargestellten Luftbildentzerrungen einen 3farbigen topographischen Aufdruck einschließlich Grundstücksgrenzen, Nutzungsangaben und Höhenlinien enthält. Die vorgesehenen 11600 Blätter sind Gitternetzkarten (Format 0,50 m × 0,50 m), sollen etwa 60% von Schweden erfassen und liegen zum größten Teil bereits vor. Etwa 1100 weitere Blätter sollen im Maßstab *1: 20000*, aber in ähnlicher Ausführung erscheinen. Auf der Grundlage der Wirtschaftskarte 1 : 10000 begann 1954 die Herstellung der *Topografisk Karta över Sverige 1: 50000*, die mit 655 Blättern rund 80% des Landes erfassen soll, während die restlichen 20% im Nordwesten durch 41 Blätter der *Topografisk Karta över Sverige 1: 100000* wiedergegeben werden sollen. Die Blätter beider Kartenwerke sind Gitternetzkarten vom Einheitsformat 0,50 m × 0,50 m, weisen einen einheitlichen Duktus auf (4farbig bzw. 7farbig im Bergland mit Schummerung) und lagen 1973 zu etwa 40% bzw. 60% vor. Als provisorisches Kartenwerk besteht noch die 8farbige *Provisorisk Översiktskarta 1: 250000* mit 48 Blättern in drei Ausgaben für Militär, Luftfahrt und Verwaltung; sie soll in den 70er Jahren durch ein neues Kartenwerk ersetzt werden. Allen Karten liegt ein Gauß-Krüger-System bzw. das UTM-System zugrunde. Sie werden vom Rikets Allmänna Kartverk in Stockholm herausgegeben [73].

5.6.4.12 *UdSSR.* Die Kartenwerke der Sowjet-Union sind streng nach dem System der Internationalen Weltkarte aufgebaut. Auch in der Bezifferung gehen sie von ihr als Grundeinheit aus. Man bearbeitet Karten in den Maßstäben 1 : 10000, 1 : 25000, 1 : 50000, 1 : 100000,

1 : 200000, 1 : 500000 und 1 : 1 Mill. Die Ausdehnung der einzelnen Blätter ergibt sich demnach wie in (5.6.3) beschrieben. Die sowjetischen Karten, die in den Maßstäben 1 : 100000 und kleiner bereits geschlossen vorliegen, sind inhaltlich besonders reichhaltig und enthalten zahlreiche Angaben, die man in den topographischen Karten anderer Staaten nicht findet, wie Strömungsgeschwindigkeit bei Flüssen, Höhen der Baumbestände bei Wäldern u. a. (vgl. 5.6.3).

5.6.4.13 *Bulgarien, Polen, Rumänien, Tschechoslowakei, Ungarn.* Das System der sowjetischen topographischen Kartographie mit den Gauß-Krüger-Koordinaten des Ellipsoids von Krassowskij sowie dem Pegel von Kronstadt als Höhenbezugsmarke ist auch auf diese Staaten ausgedehnt worden, so daß dort die früheren Kartenwerke, die noch auf deutsche Vorbilder (Polen) oder österreichische Unterlagen (Tschechoslowakei, Ungarn) zurückgingen, verschwunden sind.

5.6.4.14 *USA.* Die amtlichen Karten der USA werden für den zivilen Bedarf vom US Geological Survey in Washington herausgegeben. Sie sind sämtlich Gradabteilungsblätter und beruhen auf dem Blattschnitt der Internationalen Weltkarte. Als Maßstäbe sind heute folgende gebräuchlich: 1 : 24000, 1 : 62500, 1 : 250000 und 1 : 1 Mill. Man unterteilt dabei 1 Blatt 1 : 1 Mill. in 12 Blätter 1 : 250000; bei allen folgenden Maßstäben bilden inhaltlich jeweils 4 Blätter 1 Blatt des nächstfolgenden kleineren Maßstabes. Somit hat z. B. 1 Blatt 1 : 24000 die Abmessung von 7,5 Längen- und 7,5 Breitenminuten. In der Bezifferung kommt das System der Internationalen Weltkarte jedoch nur bei den Maßstäben 1 : 250000 und 1 : 1 Mill. zur Anwendung. Dabei weicht die Karte 1 : 1 Mill. allerdings in der Zeichengebung von der Internationalen Weltkarte ab. In den großen Maßstäben sind nur die dichter besiedelten Gebiete vorhanden; in der Zukunft soll einmal das ganze Land in 1 : 62500 vorliegen.

5.7 Andere topographische Kartenwerke und Karten

Unter diesem Sammelbegriff sollen noch weitere amtliche, aber auch private Karten von besonderer Bedeutung und Eigenart erfaßt werden. Es handelt sich dabei sowohl um topographische Karten als auch solche Karten, die im Grenzbereich zwischen topographischen und thematischen Darstellungen liegen. Ausführungen über Straßenkarten enthält Bd. II, 1.7, solche über Atlanten Bd. II, 2. Topographische

Kartenwerke der Erde sind in 5.8 zusammengestellt. Flurkarten (Katasterkarten) werden in Bd. II, 1.7 beschrieben.

5.7.1 Topographisch-geomorphologische Kartenproben 1 : 25000

Dem gleichnamigen, 1940 von *W. Behrmann* und *R. Finsterwalder* begründeten Arbeitskreis gehören Fachleute aus dem Hochschulbereich und dem amtlichen Vermessungswesen an. Seine Aufgabe ist die Herausgabe von Ausschnitten 4×6 km² aus der Topographischen Karte 1 : 25000, in denen die Wiedergabe besonders ausgeprägter geomorphologischer Verhältnisse auf intensiver topographischer und kartographischer Bearbeitung beruht. Jede Kartenprobe ist mit einer topographischen, kartographischen und geomorphologischen Beschreibung, teilweise auch mit Erd- und Luftbildern, mit Beispielen der benutzten Grundkarten und der Generalisierung sowie mit Varianten zu den kartographischen Gestaltungsmöglichkeiten versehen. Die insgesamt 30 Kartenproben, die 1975 vollständig vorliegen sollen, zeigen Beispiele aus dem Norddeutschen Flachland, dem Mittelgebirge (gefalteter Unterbau, Schichttafeln, -stufen und -kämme), dem Alpenvorland und den Alpen (Nördliche und zentrale Alpen). Sie sind ein hervorragendes didaktisches Mittel der Karteninterpretation und der gestaltenden Kartographie.

5.7.2 Stadtkarten

Diese werden von den Städten (Stadtvermessungsämtern) oder von anderen öffentlichen Stellen als *amtliche* Grund- oder Folgekarten, aber auch von *privater* Seite als Folgekarten herausgegeben. Die Maßstabsreihe der amtlichen Stadtkarten beginnt meist mit den auch als *Stadtgrundkarten* bezeichneten Rahmenkarten 1 : 1000. Von diesen werden häufig die Karten 1 : 2000 durch einfaches photographisches Verkleinern abgeleitet. Dagegen sind die Karten 1 : 5000 entweder mit der Deutschen Grundkarte 1 : 5000 identisch oder beruhen auf ähnlichen Konzepten.

Von besonderer Bedeutung sind vor allem die Folgekarten, die in einem Blatt das gesamte Stadtgebiet darstellen. Die Kartenmaßstäbe richten sich dabei nach der Ausdehnung des Stadtgebietes und dem vorgesehenen Kartenfeldformat; sie reichen von 1 : 5000 bis 1 : 30000, wobei die meisten Stadtkarten in den Bereich von 1 : 10000 bis 1 : 20000 fallen. Der Karteninhalt entsteht durch Generalisieren der Stadtgrundkarten, anderer topographischer Grundkarten, Flurkarten und Luftbilder.
Stadtkarten dienen der mannigfaltigen Planung und Verwaltung im Stadtgebiet, daneben aber auch in erheblichem Maße den verschiedenen Orientierungszwecken. Darstellungen, die vorwiegend nur der Übersicht und Orientierung dienen sollen und daher ihrem Maßstab entsprechend geometrisch und inhaltlich stärker vereinfacht sind, werden häufig auch als *Stadtpläne* bezeichnet.

Je nach Funktion der Stadtkarte ist das Siedlungsbild mehr oder weniger stark gegliedert. Öffentliche Gebäude sind meist besonders hervorgehoben. Historische Bauwerke und andere Sehenswürdigkeiten erscheinen mitunter in einer ihrem tatsächlichen Aussehen entsprechenden Ansichtsdarstellung. Auch das Straßen- und Verkehrsnetz wird gewöhnlich hervorgehoben; die Wiedergabe umfaßt alle Straßennamen, oft auch einzelne Hausnummern, ferner Parkplätze, Einbahnstraßen, Haltestellen, Nummern der Verkehrslinien usw. Im Gegensatz zu vergleichbaren topographischen Karten der amtlichen Landesvermessung herrschen die Flächenfarben vor, doch ist die Grundrißdarstellung in Strichen so gehalten, daß auch einfarbige, meist graue Drucke für Planungszwecke oder als Grundlage thematischer Karten alle Angaben zur Geometrie und zur Schrift enthalten.
Neben dem Kartennetz oder mit diesem identisch tritt in Stadtkarten meist ein *Suchgitter* auf, dessen Intervalle im Kartenrahmen durch eine systematische Folge von Buchstaben bzw. Ziffern bezeichnet sind und dessen einzelne Masche sich damit durch eine paarweise Kombination solcher Angaben bezeichnen läßt. Das Netz dient dem Auffinden von Straßen, öffentlichen Gebäuden usw. in Verbindung mit einem entsprechenden Verzeichnis.
Zu den bei Karten sonst üblichen Randangaben (5.4.2) tritt oft ein Verzeichnis der Straßen, Behörden, kulturellen Einrichtungen, das Stadtwappen, ein historischer Abriß, Beschreibungen, Bilder usw.

Vielfach erscheinen diese Angaben aber auch in einer besonderen Beilage.

Bei der Abgrenzung des Kartenfeldes ist nicht nur der Grenzverlauf für den Bereich der politischen Gemeinde zu berücksichtigen, sondern es sind evtl. auch noch solche Bereiche darzustellen, in denen wichtige Verkehrsanschlüsse, Erholungsgebiete, Sehenswürdigkeiten usw. liegen. In stärkerem Maße als bei anderen Karten treten Überzeichnungen und Nebenkarten auf. Oft müssen einzelne, weit ins Land hinausragende Flächen noch dargestellt werden. Großstadtkarten in relativ kleinem Maßstab erfordern meist noch eine Nebenkarte, die den Citybereich in größerem Maßstab wiedergibt.

Für den handlichen Gebrauch ist eine günstige Faltung (Falzung) vorzusehen. Meist trifft man auf eine Längsfalzung mit anschließender harmonikaartiger sog. Leporellofalzung. Bei der Plazierung der Randangaben ist hierauf Rücksicht zu nehmen. Gefaltete Stadtkarten werden häufig mit einem Umschlag aus festem Karton versehen, in den sie eingesteckt, eingelegt oder eingeklebt werden. Straßenverzeichnis, touristische Information usw. können sich dabei auf einem besonderen Blatt, aber auch auf der Kartenrückseite befinden.

Die vielen und raschen Veränderungen im Siedlungsbild zwingen dazu, die Stadtkarten in relativ kurzen Zeitabständen neu aufzulegen. Im Hinblick auf die meist hohen Auflagen — vor allem bei Großstädten — sind solche kurzen Fortführungsperioden jedoch auch wirtschaftlich vertretbar.

Einen guten Überblick zur deutschen Stadtkartographie gibt *H. Schriever* in [65]. Über das bemerkenswerte Gemeinschaftswerk mehrerer Großstädte „Amtliches Stadtplanwerk Ruhrgebiet" berichtet *F.-H. Hirt* [141].

5.7.3 Wanderkarten

Sie entstehen entweder durch Aufdruck aller für das Wandern wichtigen Daten (Wanderwege, Aussichtspunkte, Hütten usw.) in amtlichen Karten oder als Produkte der Privatkartographie, die nur zu diesem Zweck bestimmt sind oder als kombinierte Straßen- und Wanderkarten herausgegeben werden. Die Maßstäbe dieser Karten liegen zwischen 1 : 20000 und 1 : 100000.

Kartenrand oder Kartenrückseite enthalten häufig nähere Beschreibungen der Wanderrouten oder auch der Landschaft, ihrer Sehenswürdigkeiten, Geschichte usw. Unter den von großen Wandervereinen herausgegebenen Wanderkarten nehmen die *Alpenvereinskarten* eine besondere Stellung ein, da sie nicht nur gute Gebrauchskarten für Bergsteiger und Schifahrer sind, sondern mit ihrer kartographischen Geländedarstellung auch wertvolle geomorphologische Informationen vermitteln [60].

5.7.4 Wattkarten

Diese werden von den zuständigen Fachbehörden der Küstenländer herausgegeben. Sie stellen das bei Tideniedrigwasser trockenfallende Gebiet des Wattenmeeres dar und schließen damit die Lücke zwischen den Landkarten, in denen die Wattdarstellung nicht weiter differenziert wird, und den Seekarten, die zwar einige Tiefenpunkte darstellen, aber eingehendere Angaben meist erst für die schiffbaren Tiefen enthalten.

Wattkarten 1 : 5000 oder 1 : 10000 beruhen auf örtlichen Aufnahmen des Wattgebietes, während die Landflächendarstellung amtlichen Karten entnommen wird. Die abgeleiteten Wattkarten sind im Maßstab 1 : 25000. Da topographische Einzelheiten meist im Wattgebiet fehlen, besteht die Darstellung fast nur aus Höhenlinien, bei mehrfarbigen Ausgaben ergänzt durch farbige Höhenschichten (5.3.2.7). Bezugsfläche ist Normal-Null [114].

5.7.5 Deutsche Generalkarte 1 : 200000

So nennt sich ein von Mairs Geographischem Verlag 1952 herausgegebenes Kartenwerk, das die Bundesrepublik Deutschland auf 26 Blättern darstellt. Die in rechteckigem Querformat gehaltenen mehrfarbigen Karten enthalten das UTM-Gitter (3.7.2.2) und überlappen sich gegenseitig in einigen Fällen. Da die Karte das Straßennetz betont und mit zahlreichen Einzelangaben darstellt, eignet sie sich vor allem als Straßenkarte. Die Geländedarstellung besteht aus Schummerung und einzelnen Höhenpunkten. Waldgebiete erscheinen in einem grün strukturierten Flächenton.

Unter der Bezeichnung *Generalkarte Österreich* ist das Kartenwerk inzwischen mit 8 Blättern auf Österreich ausgedehnt worden, und als *Internationale Generalkarte* erscheinen darüber hinaus weitere Blätter von touristisch besonders wichtigen Bereichen der Mittelmeerküste und Norditaliens.

5.7.6 Militärisches Kartenwerk 1 : 250000 (Western Europe)

Die Einzelblätter sind Gradabteilungskarten von 1° Breiten- und 2° Längenausdehnung, die durch Teilung der Internationalen Weltkarte 1 : 1000000 (5.8.1) in 12 Blätter entstehen. Dabei wird der Benennung der IWK eine Unternummer zugefügt. Die mehrfarbige Karte enthält eine detaillierte Wiedergabe des Verkehrsnetzes. Das Gelände ist durch Höhenlinien und Schummerung dargestellt. Im Kartenfeld befindet sich ein UTM-Gitter (3.7.2.2) von 10 km Maschenweite. Die Randangaben sind in deutscher, englischer und französischer Sprache.

5.8 Topographische Kartenwerke der Erde

5.8.1 Internationale Weltkarte 1 : 1000000

Die Herstellung dieses internationalen Gemeinschaftswerks wurde 1891 durch den deutschen Geographen *A. Penck* angeregt und 1913 in einer auf der Pariser Konferenz angenommenen Konvention beschlossen. 1953 gingen die Funktionen des früheren Zentralbüros in Southampton auf das Kartographische Büro der Vereinten Nationen über; 1962 entstanden auf der Technischen Konferenz in Bonn neue Bearbeitungsrichtlinien. Die IWK soll zu Übersichtszwecken und als Grundlage thematischer Darstellungen dienen.

Die Blätter der IWK haben eine Abmessung von 4 Breitengraden und 6 Längengraden. Der Kartennetzentwurf beruhte bisher auf der *modifizierten polykonischen Abbildung* (3.5) des Ellipsoids nach *Clarke* ($a = 6378{,}24$ km, $b = 6356{,}56$ km) mit zwei längentreuen Meridianen, die um 2° beiderseits des Mittelmeridians liegen (Abb. 78). Neue Karten entstehen in Anlehnung an die Netzentwürfe der Internationalen Weltluftfahrtkarte 1 : 1000000 (5.8.2) auf der Grundlage der *konformen konischen Abbildung* mit zwei längentreuen Parallelkreisen (3.4.3.2) und den Dimensionen des Internationalen Erdellipsoids nach *Hayford* (2.3.2). Die Blattbezeichnung ergibt sich aus der Erläuterung zu Abb. 131b.

Die IWK ist eine mehrfarbige Karte mit einer Geländedarstellung durch farbige Höhenschichten (5.3.2.7). Die von den einzelnen Staaten herausgegebenen Blätter (siehe auch 5.6.2.9 und Anlage 7) erfassen zwar bereits weitgehend die Landflächen der Erde mit Ausnahme von Kanada, weichen jedoch in vielen Fällen vom vereinbarten Zeichenschlüssel ab und sind auch für manche Gebiete schon seit langer Zeit nicht mehr auf dem neuesten Stand [78, 107, 173].

5.8.2 Weltluftfahrtkarte 1 : 1000000

Diese *World Aeronautical Chart (WAC)* gilt als Standardkartenwerk der Internationalen Weltluftfahrtorganisation (International Civil Aviation Organization ICAO). Sie dient der Sichtnavigation und erscheint in zwei Ausgaben, nämlich *mit* und *ohne* sog. *Flugsicherungsaufdruck*. Während man die Ausgabe mit dem Aufdruck mehr zu den Themakarten rechnen muß (siehe Bd. II, 1.7.2.6), ist die Ausgabe ohne Aufdruck eine reine topographische Karte in mehreren Farben mit einer Geländedarstellung durch Höhenlinien, evtl. auch farbige Höhenschichten und Schummerung, ferner mit einer für die Orientierung zweckmäßigen Darstellung der Verkehrswege, Gewässer, Siedlungen und Waldgebiete.
Da das Kartenwerk in Netzentwurf und Blattschnitt weitgehend mit der Internationalen Weltkarte 1 : 1000000 (5.8.1) übereinstimmt, sind Bestrebungen im Gange, für beide Kartenwerke zu einem einheitlichen topographischen Karteninhalt zu kommen [163].

5.8.3 Weltkarte 1 : 2500000

Die seit 1964 erscheinenden Blätter dieses Kartenwerks sind eine Gemeinschaftsarbeit der 7 Staaten Bulgarien, ČSSR, DDR, Polen, Rumänien, UdSSR, Ungarn und sollen die Gesamtfläche der Erde, also einschließlich der Meere, erfassen [173, 191].

Der Netzentwurf beruht für jede Kartenreihe gleicher Breite auf einer mittabstandstreuen konischen Abbildung mit zwei längentreuen Parallelkreisen (3.4.1.2) und den Dimensionen des Erdellipsoids nach *Krassowskij* (2.3.2). Bei den Karten zwischen 60° und 90° nördlicher bzw. südlicher Breite verwendet man die mittabstandstreue Azimutalabbildung (3.2.1). Die Karten sind in der Breite um 12° ausgedehnt, in der Länge um Beträge, deren Werte von der Breite abhängen, und zwar beginnend mit 18° vom Äquator her, dann 24° ab 48° Breite, 36° ab 60° Breite und 60° zwischen 72° und 84° Breite; den Rest bilden die zwei kreisförmigen Polarkarten. Der Blattschnitt liegt so, daß weitgehend volle Blätter der Internationalen Weltkarte 1 : 1 Mill. (5.8.1) — mindestens sechs — erfaßt werden.

Die mehrfarbige Karte bringt eine Geländedarstellung mit Höhenlinien und farbigen Höhenschichten sowie eine lateinische Kartenschrift unter Anwendung von Transliterationsregeln (5.3.3) für die Sprachen in nichtlateinischer Schrift. Die Randangaben sind zweisprachig (englisch und russisch). Für die Herstellung thematischer Karten gleichen Maßstabs werden als Kartengrund auch noch drei Varianten herausgegeben, in denen bestimmte Darstellungen fortgelassen sind (z. B. Höhenschichten und Höhenlinien). Von den insgesamt 244 Blättern des durch seine Einheitlichkeit hervorstechenden Kartenwerks lagen 1973 etwa 70 % (alle Landflächen außer Sowjetunion) vor.

5.8.4 Deutsche Weltkarte 1 : 5000000

Im *Kartographischen Institut Meyer*, Mannheim, erscheinen seit 1965 die ersten Blätter dieses Kartenwerks, das mit 32 rechteckig geschnittenen und sich teilweise überlappenden Blättern alle Landschaften der Erde wiedergeben soll. 1973 lagen 5 Blätter vor. Der Kartennetzentwurf beruht auf einer Kombination verschiedener Abbildungsarten mit möglichst stetigen Übergängen an den Nahtstellen. Die Geländedarstellung besteht aus Höhenlinien, farbigen Höhenschichten und Schummerung. Eine Ergänzung zu diesem Kartenwerk bilden die Blätter der *Deutschen Meereskarte*, die in dem Werk „Meyers Neuer Geographischer Handatlas" erscheinen. Sie stellen in 1 : 25000000 die Weltmeere jeweils geschlossen dar und beruhen auf ähnlichen Abbildungsprinzipien der Kartennetze wie die Deutsche Weltkarte 1 : 5 Mill. [138].

5.8.5 Weitere Kartenwerke

1. Kartenwerk 1 : 5000000 der *American Geographic Society* mit 18 zum Teil sich überlappenden rechteckigen, aber unterschiedlich orientierten Blättern (nur Kontinente), deren Netzentwurf so beschaffen ist, daß die Blätter im Überlappungsbereich an beliebigen Stellen nahtlos aneinander gefügt werden können; 2. *Carte des Continents* 1 : 5000000 mit 34 Blättern für alle Landflächen und 3. *Carte Général du Monde* 1 : 10000000 mit 12 Blättern für die Erdoberfläche zwischen 57° südlicher und 72° nördlicher Breite; beide Kartenwerke werden vom Institut Géographique National (Paris) in rechteckig geschnittenen Blättern auf der Grundlage der transversalen (2) bzw. normalen (3) Mercatorabbildung des internationalen Erdellipsoids herausgegeben; 4. die *General Bathymetric Chart of the Oceans* 1 : 10000000, die als einheitliche Tiefenkarte aller Meere zur Zeit in Gemeinschaftsarbeit zahlreicher Staaten entsteht [116, 173].

5.9 Topographische Karten anderer Weltkörper

Faßt man alle Karten, die nicht die Erde oder einen Teil davon zum Gegenstand haben, als *astronomische* Karten zusammen, so hat man zu unterscheiden zwischen Himmelskarten und Gestirnskarten. *Himmelskarten*, auch Sternkarten genannt, sind Übersichtskarten über den Sternenhimmel (Bd. II, 1.7.3); *Gestirnskarten* können topographischer oder thematischer Art sein.

5.9.1 Topographische Karten des Erdmondes

Erste Darstellungen der Mondoberfläche beruhen auf visuellen Beobachtungen oder photographischen Registrierungen an den Sternwarten der Erde. Es handelt sich dabei entweder um Strichzeichnungen oder photographische Vergrößerungen, evtl. mit eingefügtem Gradnetz und Namensangaben.

Der Netzentwurf ergibt sich dabei meist aus der orthographischen Abbildung (3.2.5, daher auch mitunter als *selenographisch* bezeichnet) in transversaler Lage, in anderen Fällen auch aus einer abgewandelten stereographischen Abbildung (3.2.3).

Das erste moderne Kartenwerk entstand seit 1960 beim Aeronautical Chart and Information Center (ACIC), und zwar für den sichtbaren Teil der Mondoberfläche aus Refraktoraufnahmen verschiedener Sternwarten. Die Blatteinteilung dieser *Lunar Astronautical Chart (LAC) 1: 1000000* orientiert sich am System von Länge und Breite des Mondes und sieht für die gesamte Mondoberfläche 144 Blätter vor. Diese beruhen am Äquator auf der Mercatorbildung, in den mittleren Breiten auf der konformen Kegelabbildung und an den Polen auf der stereographischen Abbildung. Die Festlegung des Gradnetzes, des Mondradius und damit der kugelförmigen Bezugsfläche beruht auf astronomischen Messungen. Die Ungenauigkeit des Bezugsniveaus, die mit rund ± 0,5 km angegeben wird, führt dazu, daß Höhenangaben, die durch Interpolation zwischen bestimmten Bezugspunkten entstehen, in erster Linie nur relative Angaben sind. Die 84 Blätter vom sichtbaren Teil des Mondes (wegen der Libration knapp 60 % der Gesamtfläche) liegen inzwischen 4farbig mit 300 m-Höhenlinien und Schummerung vor. Für den Äquatorbereich gibt es auch noch 20 Blätter der *Apollo Intermediate Chart 1: 500000.*

Ein weiterer Aufschwung in der Mondkartographie setzte mit den Starts der sowjetischen und US-amerikanischen Mondsonden ab 1959 und der Auswertung des dabei entstandenen Bildmaterials ein. Bei den unbemannten Raumflügen wurden zunächst Fernsehbilder und dann photographische Bilder, letztere automatisch entwickelt und abgetastet, im Funkwege übertragen. Für die bemannten Raumflüge der Apollo-Missionen standen einfachere Photoapparate und ab 1971 Meßkammern zur Verfügung [143, 165].

Die Fernsehbilder des Ranger-Programms (1964—1965) ergaben eine Kartenserie, die Teile der Mondoberfläche in 1 : 1000000 und größer (kurz vor dem Aufprall sogar bis zu 1 : 1000) wiedergibt. Die funkübertragenen Photos des Lunar-Orbiter-Programms (1966—1967) dienten allgemein der Erfassung von Vorder- und Rückseite des Mondes, speziell auch der Erkundung von Landegebieten. Sie wurden zum Teil als digitale Geländemodelle bis zur Höhenliniendarstellung 1 : 25000 ausgewertet. Das mit Meßkammern gewonnene Bildmaterial der Apollo-Missionen 15 bis 17 erfaßt den größten Teil der Mondoberfläche und läßt exakte photogrammetrische Auswertung in größeren Maßstäben und durch Zweibildmessung zu.

Mit den Satellitenphotos ist es inzwischen auch möglich geworden, die Rückseite des Mondes kartographisch darzustellen. 1967 legten sowohl die UdSSR wie auch die USA erstmalig Karten 1 : 5000000 vor, die inzwischen weiter verbessert worden sind.

Auf der Grundlage der *Lunar Astronautical Chart 1:1000000* sind inzwischen auch thematische Karten, vor allem geologische sowie Navigationskarten für die Raumfahrt, entstanden. Das große Interesse an Darstellungen der Mondoberfläche spiegelt sich in zahlreichen weiteren Veröffentlichungen — auch aus der Privatkartographie — wieder, zu denen auch Mondatlanten und Mondgloben gehören.

5.9.2 Topographische Karten der Planeten

1. *Mars.* Zu den Darstellungen des Nachbarplaneten Mars gehören neben den historischen Aufzeichnungen von *Ch. Huygens* (1659) bis *G. Schiaparelli* (1888) der sowjetische *Atlas der Marsbilder* (1961) nach photographischen Aufnahmen der Observatorien und die Fernsehbilder der US-Sonden Mariner 4 (1964), 6 und 7 (1969) und 9 (1971). Besonders ergiebig war die Mission Mariner 9 mit rund 7000 Aufnahmen, die inzwischen zu einem Bildmosaik 1 : 5000000 der Marsoberfläche verarbeitet wurden. Die weitere Auswertung dieser Bilder durch den U. S. Geological Survey dient der Festlegung eines allgemeinen Bezugssystems und der Herausgabe eines *Marsatlas* mit 30 Karten 1 : 1000000. Die Anwendung der Kartennetzentwürfe entspricht der bei den Mondkarten 1 : 1000000. Für die mehrfarbige Karte ist ein Höhenlinienintervall von 1 km geplant. Bestimmte Bereiche sollen auch

in 1 : 500000 und 1 : 250000 dargestellt werden und damit die Landung der unbemannten Fähre Viking im Jahre 1976 vorbereiten [102]. Über mögliche Aufnahmen der sowjetischen Sonden Mars 2—7 (1971—1974) liegen keine Veröffentlichungen vor.

2. Ansätze zur kartographischen Wiedergabe der Oberfläche anderer Planeten ergeben sich für die *Venus* aus den Bildern mehrerer sowjetischer Sonden (ab 1966) und der US-Sonde Mariner 10 (1974), die anschließend auch noch *Merkur* aufnahm, ferner für *Jupiter* durch die Bilder der US-Sonde Pioneer 10.

Literaturverzeichnis

Übersicht über Fachzeitschriften siehe Seite 34

1. Hand- und Lehrbücher

[1] *Ackerl, F.:* Geodäsie und Photogrammetrie. Band 1 und 2. Wien 1950 bzw. 1956.
[2] *Arnberger, E.:* Handbuch der thematischen Kartographie. Wien 1966.
[3] *Bachmann, E.:* Wer hat Himmel und Erde gemessen? München 1965.
[4] *Bertin, J.:* Semiologie graphique. 2. Aufl. Paris 1973; deutsche Übersetzung Berlin 1974.
[5] *Cuenin, R.:* Cartographie générale. Band 1 und 2, Paris 1972/73.
[6] *Deumlich, F.:* Instrumentenkunde der Vermessungstechnik. Berlin (Ost) 1972.
[7] *Eckert, M.:* Die Kartenwissenschaft. Band I und II. Berlin und Leipzig 1921 u. 1925.
[8] *Fiala, F.:* Mathematische Kartographie. Berlin 1957.
[9] *Finsterwalder, R., u. W. Hofmann:* Photogrammetrie. Berlin 1968.
[10] *Großmann, W.:* Geodätische Rechnungen und Abbildungen in der Landesvermessung. Stuttgart 1964.
[11] *Großmann, W.:* Vermessungskunde I, Stückvermessung und Nivellieren. Sammlung Göschen Band 4468, 14. Aufl. Berlin 1972.
[12] *Großmann, W.:* Vermessungskunde II, Horizontalaufnahme und ebene Rechnungen. Sammlung Göschen Band 469, 11. Aufl. Berlin 1971.
[13] *Großmann, W.:* Vermessungskunde III, Trigonometrische und barometrische Höhenmessung, Tachymetrie und Ingenieurgeodäsie. Sammlung Göschen Band 6062, 10. Aufl. Berlin 1973.
[14] *Hammer, E.:* Über die geographisch wichtigsten Kartenprojektionen. Stuttgart 1889.
[15] *Hofmann, W.:* Geländeaufnahme — Geländedarstellung (Das geographische Seminar). Braunschweig 1971.
[16] *Hoschek, J.:* Mathematische Grundlagen der Kartographie. Mannheim 1969.

[17] *Imhof, E.:* Kartographische Geländedarstellung. Berlin 1965.
[18] *Imhof, E.:* Gelände und Karte. 3. Aufl. Erlenbach-Zürich 1968.
[19] *Imhof, E.:* Thematische Kartographie. Berlin 1972.
[20] *Jensch, G.:* Die Erde und ihre Darstellung im Kartenbild (Das geographische Seminar). Braunschweig 1970.
[21] *Jordan — Eggert — Kneißl:* Handbuch der Vermessungskunde. Band Ia: Geländeformen, Reproduktion, topographische Karten und Kartenabbildungen. Stuttgart 1957.
[22] *Jordan — Eggert — Kneißl:* Handbuch der Vermessungskunde. Band IIa: Geodätische Astronomie. Stuttgart 1970.
[23] *Jordan — Eggert — Kneißl:* Handbuch der Vermessungskunde. Band III: Höhenmessung und Tachymetrie. Stuttgart 1958.
[24] *Jordan — Eggert — Kneißl:* Handbuch der Vermessungskunde. Band IIIa/1—3: Photogrammetrie. Stuttgart 1972.
[25] *Jordan — Eggert — Kneißl:* Handbuch der Vermessungskunde. Band IV: Mathematische Geodäsie. Stuttgart 1958/59.
[26] *Jordan — Eggert — Kneißl:* Handbuch der Vermessungskunde. Band VI: Die Entfernungsmessung mit elektro-magnetischen Wellen und ihre geodätische Anwendung. Stuttgart 1966.
[27] *Landesvermessungsamt Baden-Württemberg (Herausgeber):* Handbuch für die topographische Aufnahme der Deutschen Grundkarte 1 : 5000. Stuttgart 1956.
[28] *Lehmann, G.:* Photogrammetrie. Sammlung Göschen Band 1188/1188a, 3. Aufl. Berlin 1969.
[29] *Maling, D. H.:* Coordinate Systems and Map Projections. London 1973.
[30] *Merkel, H.:* Grundzüge der Kartenprojektionslehre. Deutsche Geodätische Kommission, Reihe A, Heft 17/I und II. München 1956/1958.
[31] *Paschinger, H.:* Grundriß der Allgemeinen Kartenkunde. Teil I und II, 3. Aufl. Innsbruck/München 1967 bzw. 1966.
[32] *Richardus, P., und R. K. Adler:* Map Projections. Amsterdam 1972.
[33] *Robinson, A. H., und R. D. Sale:* Elements of Cartography. 2. ed. New York 1969.
[34] *Salistschew, K. A.:* Einführung in die Kartographie (a. d. Russischen). 2 Bände, Gotha 1967.
[35] *Schweißthal, R.:* Geländeaufnahme mit einfachen Hilfsmitteln. Frankfurt a. M. 1966.
[36] *Schwidefsky, K.:* Grundriß der Photogrammetrie. 6. Aufl. Stuttgart 1963.

[37] *Volquardts, H., und K. Matthews:* Vermessungskunde. Band 1 (23. Aufl.), Band 2 (12. Aufl.). Stuttgart 1972 bzw. 1973.

[38] *Wagner, K. H.:* Kartographische Netzentwürfe. Mannheim 1962.

[39] *Wilhelmy, H.:* Kartographie in Stichworten. 2. Aufl. Kiel 1972.

[40] *Witt, W.:* Thematische Kartographie. 2. Aufl. Hannover 1970.

2. Fachwörterbücher, Nachschlagewerke

[50] *Albertz, J., und W. Kreiling:* Photogrammetrisches Taschenbuch. Karlsruhe 1972.

[51] *Institut für Angewandte Geodäsie (Herausgeber):* Fachwörterbuch — Benennungen und Definitionen im deutschen Vermessungswesen, Heft 6 — Topographie. Frankfurt a. M. 1971.

[52] *Institut für Angewandte Geodäsie (Herausgeber):* Fachwörterbuch — Benennungen und Definitionen im deutschen Vermessungswesen, Heft 8 — Kartographie, Kartenvervielfältigungen. Frankfurt a. M. 1971.

[53] *Internationale Kartographische Vereinigung (Herausgeber):* Mehrsprachiges Wörterbuch kartographischer Fachbegriffe. Wiesbaden 1973.

[54] *Ständiger Ausschuß für geographische Namen (Herausgeber):* Duden-Wörterbuch geographischer Namen, Europa (ohne Sowjetunion). Mannheim 1966.

3. Monographien, Dissertationen, Bibliographien, Berichte

[60] *Arnberger, E.:* Die Kartographie im Alpenverein. München, Innsbruck 1970.

[61] *Berger, A.:* Bearbeitungsmodelle für EDV-unterstützte Generalisierung von Streusiedlungs- und Häuserreihengebieten in topographischen Karten. Diss. Bonn 1974.

[62] *Bodechtel, J., und H.-G. Gierloff-Emden:* Weltraumbilder der Erde. München 1970.

[63] *Bolliger, J.:* Die Projektion der schweizerischen Plan- und Kartenwerke. Winterthur 1967.

[64] *Bosse, H. (Herausgeber):* Kartographische Generalisierung (Textband und Beilagenband). 6. Arbeitskurs Niederdollendorf 1966, Mannheim 1967.

[65] *Bosse, H. (Herausgeber):* Deutsche Kartographie der Gegenwart. Bielefeld 1970.

[66] *Brassel, K.:* Modelle und Versuche zur automatischen Schräglichtschattierung. Diss. Zürich 1973.

[67] *Bundesamt für Eich- und Vermessungswesen:* Die österreichischen Meridianstreifen. Wien 1962.

[68] *Bundesamt für Eich- und Vermessungswesen:* Die amtliche Kartographie Österreichs. Wien 1970.

[69] *Frančula, N.:* Die vorteilhaftesten Abbildungen in der Atlaskartographie. Diss. Bonn 1971.

[70] *Gottschalk, H.-J.:* Versuche zur Definition des Informationsgehaltes gekrümmter kartographischer Linienelemente und zur Generalisierung. Deutsche Geodätische Kommission, Reihe B, Heft 189, Frankfurt a. M. 1971.

[71] *Grothenn, D.:* Untersuchungen zur Wattvermessung. Wiss. Arbeiten d. Institute f. Geodäsie u. Photogrammetrie d. Techn. Hochschule Hannover, Nr. 23, Hannover 1964.

[72] *Herrmann, Ch.:* Studie zu einer naturähnlichen topographischen Karte 1 : 500000. Diss. Zürich 1972.

[73] *Jonasson, F., und B. Sundquist:* The Official Maps of Sweden. Stockholm 1970.

[74] *Kriegel, O., und M. Böhm:* Das öffentliche Vermessungs- und Landkartenwesen in der Bundesrepublik Deutschland. Hamburg 1961.

[75] *Lange, T.:* Seetiefenmessung mit einem LIDAR-System. Deutsche Geodätische Kommission, Reihe C, Nr. 179, München 1972.

[76] *Meine, K.-H.:* Grundzüge der Organisation, des Inhalts und der Gestaltung der amtlichen topographischen Kartenwerke in den Teilen Deutschlands von 1945 bis 1965. Deutsche Geodätische Kommission, Reihe C, Heft 123, München 1968.

[77] *Mesenburg, P.:* Ein Beitrag zur Anwendung der Faktorenanalyse auf Generalisierungsprobleme topographischer Karten. Diss. Bonn 1973.

[78] *Meynen, E.:* International Bibliography of the "Carte internationale du Monde au Millionième". Bonn-Bad Godesberg 1962.

[79] *Perrier, G.:* Wie der Mensch die Erde gemessen und gewogen hat. Bamberg 1949.

[80] *Staufenbiel, W.:* Zur Automation der Generalisierung topographischer Karten mit besonderer Berücksichtigung großmaßstäbiger Gebäudedarstellungen. Wiss. Arbeiten d. Lehrst. f. Geodäsie, Photogrammetrie und Kartographie d. TU Hannover, Nr. 51. Hannover 1973.

[81] *United Nations:* World Cartography. Vol. X, New York 1970.

4. Zeitschriftenaufsätze

[100] *Appelt, G.:* Die Topographische Karte 1 : 100000. Allgemeine Vermessungs-Nachrichten 76 (1969) S. 28—38.

[101] *Bannert, D. und R. Mühlfeld:* ERTS und SKYLAB — zwei erdumkreisende Erdforschungs-Systeme. Bildmessung und Luftbildwesen 41 (1973) S. 113—122.

[102] *Batson, R. M.:* Mars Cartography 1973. Allgemeine Vermessungs-Nachrichten 81 (1974) S. 152—158.

[103] *Bauer, H.:* Dezimetergenaue Höhen durch Aerotriangulation. Bildmessung und Luftbildwesen 41 (1973) S. 104—107.

[104] *Bayer-Helms, F.:* Über die Definition der Basiseinheit Meter. Allgemeine Vermessungs-Nachrichten 81 (1974) S. 24—36.

[105] *Beck, W.:* Die Topographische Karte 1 : 50000. Allgemeine Vermessungs-Nachrichten 76 (1969) S. 13—27.

[106] *Beck, W.:* Generalisierung und automatische Kartenherstellung. Allgemeine Vermessungs-Nachrichten 78 (1971) S. 197—205.

[107] *Böhme, R.:* Die Internationale Weltkarte 1 : 1000000. Allgemeine Vermessungs-Nachrichten 78 (1971) S. 2—12.

[108] *Brandstätter, L.:* Exakte Schichtlinien und topographische Geländedarstellung. Sonderheft 18 der Österreichischen Zeitschrift für Vermessungswesen, Wien 1957.

[109] *Brandstätter, L.:* Schattenplastik oder Scharungsplastik. In: Grundsatzfragen der Kartographie, S. 72—91, Österreichische Geographische Gesellschaft, Wien 1970.

[110] *Brassel, K.:* Ein- und mehrfarbige Printerdarstellungen. Kartographische Nachrichten 23 (1973) S. 177—183.

[111] *Breu, J.:* Die Transkription in der Kartographie. In: Grundsatzfragen der Kartographie, S. 92—118, Österreichische Geographische Gesellschaft, Wien 1970.

[112] *Breu, J.:* Kartographie und Ortsnamenkunde. Internationales Jahrbuch für Kartographie XI (1971) S. 291—302.

[113] *Brindöpke, W.:* Die Photogrammetrie bei der Herstellung der Deutschen Grundkarte 1 : 5000. Bildmessung und Luftbildwesen 39 (1971), S. 190—193.

[114] *Buhse, H.-J.:* Topographische Wattkarten der Niedersächsischen Wasserwirtschaftsverwaltung. Jahresbericht 1961 (Band XIII) der Forschungsstelle Norderney, Norderney 1962.

[115] *Dumitrescu, V.:* Kosmographische Perspektiv-Projektionen. Allgemeine Vermessungs-Nachrichten 81 (1974) S. 142—151.

[116] *Ermel, H.:* Der deutsche Beitrag zur Neuherstellung der General Bathymetric Chart of the Oceans (Gebco). Kartographische Nachrichten 17 (1967) S. 79—86.

[130] *Finsterwalder, R.:* Zur Höhendarstellung und deren Generalisierung im Maßstab 1 : 100000. Allgemeine Vermessungs-Nachrichten 58 (1951) S. 187—193.

[131] *Finsterwalder, R.:* Begriffe Kartographie und Karte. Geographisches Taschenbuch 1951/52, S. 408—411.

[132] *Finsterwalder, R.:* Zur Terminologie im Vermessungswesen. Zeitschrift für Vermessungswesen 81 (1956) S. 13—16.

[133] *Gertsen, W. M.:* Danish Topographic Mapping. The Cartographic Journal 7 Nr. 2 (Dezember 1970) S. 113—121.

[134] *Gigas, E.:* Die Universale Transversale Mercatorprojection (UTM). Vermessungstechnische Rundschau 24 (1962) S. 329 bis 334.

[135] *Grebe, P.:* Transkription und Transliteration in der Kartographie. Kartographische Nachrichten 12 (1962) S. 161—166.

[136] *Hake, G.:* Kartographie und Kommunikation. Kartographische Nachrichten 23 (1973) S. 137—148.

[137] *Hake, G.:* Kartographische Ausdrucksform und Wirklichkeit. In: Festschrift zum 65. Geburtstag von G. Jensch, Berlin 1973.

[138] *Hanle, A.:* Die Deutsche Weltkarte 1 : 5000000. Allgemeine Vermessungs-Nachrichten 78 (1971) S. 24—33.

[139] *Heißler, V.:* Untersuchungen über den wirtschaftlich zweckmäßigsten Bildmaßstab bei Bildflügen mit Hochleistungsobjektiven. Bildmessung und Luftbildwesen 22 (1954) S. 37ff.

[140] *Hentschel, W.:* Beitrag zum automatischen Berechnen und Zeichnen von kartographischen Netzentwürfen. Kartographische Nachrichten 22 (1972) S. 239—241.

[141] *Hirt, F.-H.:* Amtliches Stadtplanwerk Ruhrgebiet. In: Die Karte als Planungsinstrument, Schriftenreihe Siedlungsverband Ruhrkohlenbezirk, Heft 36, Essen 1970.

[142] *Hobbie, D.:* Höhenauswertung in Orthoprojektoren. Bildmessung und Luftbildwesen 39 (1971) S. 29—36.

[143] *Hopmann, J.:* Mondvermessung und Mondkarten. Allgemeine Vermessungs-Nachrichten 78 (1971) S. 172—187.

[160] *Kneißl, M., und W. Pillewizer:* Reliefherstellung, Anaglyphenkarten und photomechanische Schummerung. Veröffentlichung der Deutschen Geodätischen Kommission, Reihe B, Heft 5, München 1952.

[161] *Knorr, H.:* Die Herausarbeitung der Landschaftsformen in der neuen Topographischen Übersichtskarte 1 : 200000. Deutsche Geodätische Kommision, Reihe B, Heft 118, Frankfurt a. M. 1965.

[162] *Knorr, H.:* Studie über ein amtliches Kartenwerk im Maßstab 1 : 500000. Deutsche Geodätische Kommission, Reihe B, Heft 131, Frankfurt a. M. 1966.

[163] *Knorr, H.:* Gedanken über eine gegenseitige Angleichung der Internationalen Weltkarte und der Weltluftfahrtkarte im Maßstab 1 : 1000000. Deutsche Geodätische Kommission, Reihe B, Heft 84, Frankfurt a. M. 1962.

[164] *Knorr, H.:* Die Topographische Übersichtskarte 1 : 200000. Allgemeine Vermessungs-Nachrichten 76 (1969) S. 39—52.

[165] *Konecny, G.:* Photogrammetrische Verfahren zur Auswertung von Satellitenbildern des Mondes. Allgemeine Vermessungs-Nachrichten 81 (1974) S. 122—141.

[166] *Kost, R. W.:* Die Entwicklung der Geländedarstellung in Karten. Mitteilungen des Reichsamts für Landesaufnahme, Sonderheft 14, Berlin 1937.

[167] *Krallert, W.:* Die Karte. Beiträge zur Begriffsbestimmung und Abgrenzung. Internat. Jahrbuch für Kartographie III (1963) S. 39—53.

[168] *Krauss, G.:* Das deutsche Grundkartenwerk. Vermessungstechnische Rundschau 30 (1968) S. 95—111.

[169] *Krauss, G.:* Die Topographische Karte 1 : 25000. Allgemeine Vermessungs-Nachrichten 76 (1969) S. 2—12.

[170] *Krauss, G.:* Die Laufendhaltung der amtlichen topographischen Kartenwerke in der Bundesrepublik Deutschland. Kartographische Nachrichten 20 (1970) S. 59—68.

[171] *Krauss, G.:* Die Laufendhaltung der topographischen Kartenwerke in der Bundesrepublik Deutschland. Bildmessung und Luftbildwesen 39 (1971) S. 208—214.

[172] *Kretschmer, I.:* Zur Wahl der Netzentwürfe in der thematischen Kartographie. In: Grundsatzfragen der Kartographie, S. 150 — 169. Österreichische Geographische Gesellschaft, Wien 1970.

[173] *Kretschmer, I.:* Stand und heutige Bedeutung der großen Weltkartenwerke. Mitteilungen der Österreichischen Geographischen Gesellschaft, Band 115 (1973) S. 124—150.

[174] *Ledersteger, K.:* Das internationale Meter und seine Festlegung. Zeitschrift für Vermessungswesen 81 (1956) S. 33—46.

[175] *Louis, H.:* Die Karte als wissenschaftliche Ausdrucksform. Wiss. Abhandlungen des 31. Deutschen Geographentages Würzburg 1957, S. 243—259, Wiesbaden 1958.

[190] *Meine, K.-H.:* Zeitschriften und Schriftenreihen für Kartographie sowie geodätische und geographische Zeitschriften mit

kartographischen Beiträgen, Stand 1967/68. Geographisches Taschenbuch 1966/69, S. 26—32.

[191] *Meine, K.-H.:* Karta Mira — World Map — Weltkarte 1 : 2500000. Allgemeine Vermessungs-Nachrichten 78 (1971) S. 12—23.

[192] *Moritz, H.:* Über das Geodätische Bezugssystem 1967. Zeitschrift für Vermessungswesen 93 (1968) S. 81—88.

[193] *Müller, T.:* Die Entwicklung des neuen deutschen militärischen Kartenwerks 1 : 50000. Allgemeine Vermessungs-Nachrichten 74 (1967) S. 435—446.

[194] *Neugebauer, G.:* Die topographisch-kartographische Ausgestaltung von Höhenlinienplänen. Kartographische Nachrichten 12 (1962) S. 102—109.

[195] *Neumann, J.:* Gibt es bei der quantitativen Siedlungsgeneralisierung Gesetzmäßigkeiten? Nachrichten aus dem Karten- u. Vermessungswesen, Reihe I, Heft 55, S. 45—91, Frankfurt a. M. 1972.

[196] *Pape, E.:* Die Deutsche Grundkarte 1 : 5000 als Luftbildkarte. Bildmessung und Luftbildwesen 39 (1971) S. 194—198.

[197] *Pillewizer, W., und F. Töpfer:* Das Auswahlgesetz, ein Mittel zur kartographischen Generalisierung. Kartographische Nachrichten 14 (1964) S. 117—121.

[198] *Podpečan, A.:* Die graphische Ermittlung von Orthodromen auf kleinmaßstäblichen Karten. Petermanns Geographische Mitteilungen 115 (1971) S. 316—318.

[220] *Sander, W.:* Praxis der Aerotriangulation im amtlichen Vermessungswesen. Bildmessung und Luftbildwesen 39 (1971) S. 215—220.

[221] *Schmidt-Falkenberg, H.:* Begriff, Einteilung und Stellung der Kartographie in heutiger Sicht. Kartographische Nachrichten 14 (1964) S. 52—63.

[222] *Schmidt-Falkenberg, H.:* Zum Begriff „geistige Schöpfung" in der Kartographie und zum urheberrechtlichen Schutz kartographischer Ausdrucksformen. Kartographische Nachrichten 24 (1974) S. 1—5.

[223] *Simmerding, F.:* Zur gesetzlichen Neuordnung des Eich- und Meßwesens mit einer geschichtlichen Betrachtung über die Definition der Längeneinheit. Zeitschrift für Vermessungswesen 95 (1970) S. 141—149.

[224] *Srnka, E.:* The Analytical Solution of Regular Generalisation in Cartography. Internationales Jahrbuch für Kartographie X (1970) S. 48—62, Gütersloh 1970.

[225] *Thieme, K.:* Die amtlichen Gemeindeverzeichnisse der Bundesrepublik. Kartographische Nachrichten 18 (1968) S. 109—119.
[226] *Töpfer, F., und W. Pillewizer:* Das Auswahlgesetz, ein Mittel zur kartographischen Generalisierung. Kartographische Nachrichten 14 (1964) S. 117—121.
[227] *Wagner, W.:* Die österreichische Kartographie der Gegenwart. Kartographische Nachrichten 23 (1973) S. 9—17.
[228] *Yoéli, P.:* Die Richtung des Lichtes bei analytischer Schattierung. Kartographische Nachrichten 17 (1967) S. 37—44.
[229] *Ziegler, T.:* Über das Vermessungs- und Liegenschaftswesen in Großbritannien. Zeitschrift für Vermessungswesen 95 (1970) S. 390—405.

5. Zeichenvorschriften

[300] *Bayerisches Landesvermessungsamt:* Musterblatt für die Topographische Karte 1 : 100000, München 1961.
[301] *Institut für Angewandte Geodäsie:* Musterblatt für die Topographische Übersichtskarte 1 : 200000, Frankfurt a. M. 1970.
[302] *Landesvermessungsamt Baden-Württemberg:* Musterblatt für die Topographische Karte 1 : 50000, Stuttgart 1970.
[303] *Landesvermessungsamt Nordrhein-Westfalen:* Musterblatt für die Topographische Karte 1 :.25000, Bonn-Bad Godesberg 1967.
[304] *Niedersächsisches Landesverwaltungsamt — Landesvermessung —:* Musterblatt für die Deutsche Grundkarte 1 : 5000, Hannover 1971.

Namen- und Sachverzeichnis